技術士技能檢定

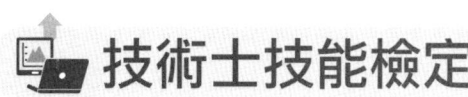

電腦軟體應用

乙級術科解題教本 | Office 2021

Word + Excel + Access

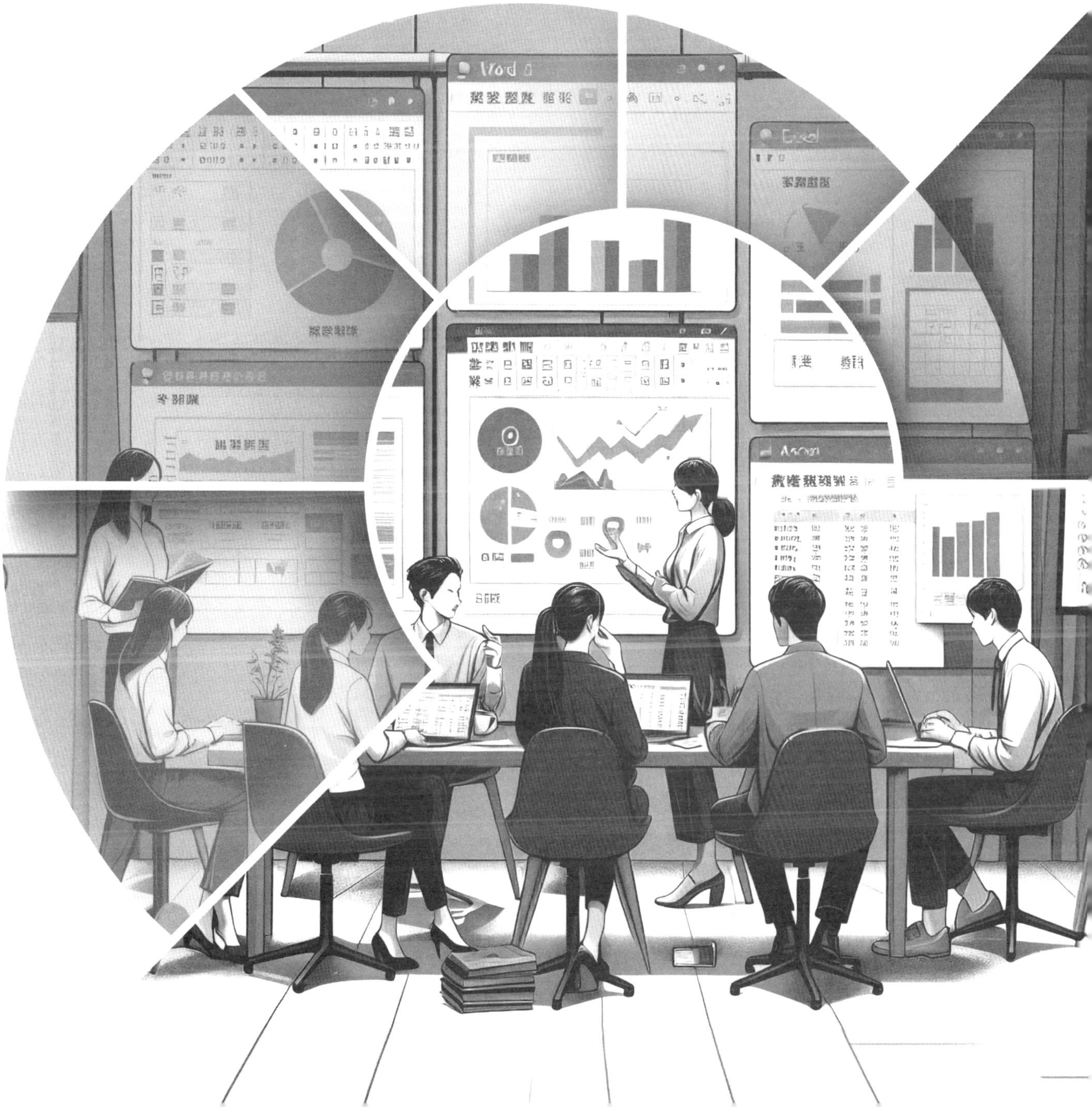

軟體應用乙級檢定術科準備說明

術科解題首重資料庫觀念，對資料不熟悉是無法進行「資料處理」的，有許多考生向我反應步驟太多背不起來，我只能說「沒開竅」，如何開竅呢？必須先從「少林蹲馬步」做起：

1. 熟悉所有考題資料表名稱：Dept、Employee、Sales…
   標準：背出所有資料表名稱

2. 熟悉每一個資料表欄位：例如：Sales 資料表
   欄位：業務姓名、客戶寶號、產品代號、數量、交易年…
   標準：背出所有欄位名稱

> **解說**
>
> 以上兩個步驟不要死背，應開啟資料表實際看著資料內容，將資料表名稱與資料內容串起來，回到實務；自己想著如果是 Employee(員工基本資料)，那該記錄那些資料？如此才容易記住。

3. 資料表之間的關係
4. 練習看著報表，腦中浮現該由哪幾個資料表抓資料

完成以上 4 個步驟後，你便具備「系統分析」的能力了，術科考題是實務系統的縮小版，因此準備術科一定得回到實務工作的思維，「人」如何抓資料、「電腦」就如何抓資料，如果腦袋打結就先撇開電腦回到原點，如果不用電腦；以手工作業你如何抓資料。

練習解題前請務必先研讀：Access 重點說明，不要躁進，先把「資料」弄清楚，否則後面的學習會是「痛苦」的。

本書章節編排是根據題目難易度：題組五→四→三→六→二→一，題組五、四、三可說是完全相同的基本題型，題組六加入「記錄串接」的應用，題組二加入「多重統計主題」的應用，題組一偏重「Excel 參照功能」、「Word 合併列印」。

每一個題組的解題程序：

1. 以 Word 建立 5 個附件的基本環境
   先完成附件一後，複製 5 份，再針對各附件差異做修改

   不要急著解題！一個好廚師做菜前一定會將準備功夫做足，否則菜炒好了，才忙著找盤子、準備佐料，一團亂的情況發生，炒好的菜都失去火候了。

   5 個附件的基本環境設定便是解題的基本準備動作。

2. 以 Access 建立資料關聯，做資料整合
   將題組中 5 個附件所需資料完全整合，大多數的附件所需資料是相同的，只不過是統計的「標的」、「條件」不同，因此應將 5 個附件做整合解題，一次完成，這也是筆者認為對讀者學習上最大的幫助。

3. 以 Excel 做資料統計、排序、篩選、統計圖
   5 個附件資料的依存度、相似度很高，因此一次解完所有附件，將可提高解題效率及正確度。

4. 以 Word 做文書編輯，印出答案報表
   本書特別強調解題「程序」，每一題組除附件四的統計圖、附件五的文書編輯外，其他三份附件都是表格報表，解題程序一模一樣，因此也是 5 份附件依序統一處理。

目錄

1　Word、Excel、Access 基礎教學

1-01　Word 基礎教學 1-2
1-02　Excel 基礎教學 1-17
1-03　Access 基礎教學 1-40

2　術科試題及解題程序

題組五：試題編號 930205 2-3
題組五：術科解題 2-18
題組四：試題編號 930204 2-48
題組四：術科解題 2-59
題組三：試題編號 930203 2-90
題組三：術科解題 2-102
題組六：試題編號 930206 2-132
題組六：術科解題 2-144
題組二：試題編號 930202 2-171
題組二：術科解題 2-184
題組一：試題編號 930201 2-222
題組一：術科解題 2-234

▶ 線上下載

本書「影音教學」：
GOGO123 網站 https://gogo123.com.tw/?page_id=12895

Word、Excel、Access 基礎教學

1-01 ■ Word 基礎教學

1-02 ■ Excel 基礎教學

1-03 ■ Access 基礎教學

1-01　Word 基礎教學

▶ 01.尺規設定

題目要求：紙張上、下、左、右邊界皆為 3 公分，因此建議尺規單位也調整為「公分」，與下圖一致：

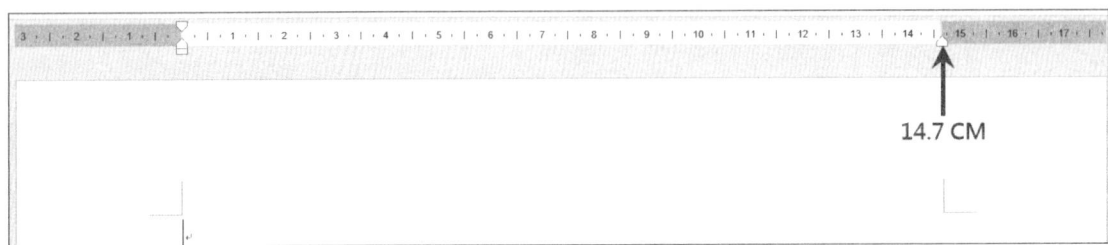

設定方式：

- 檔案 → 選項 → 進階

  使用垂直卷軸向下捲動 2 頁，約在頁面中央處可看到以下 2 項設定：

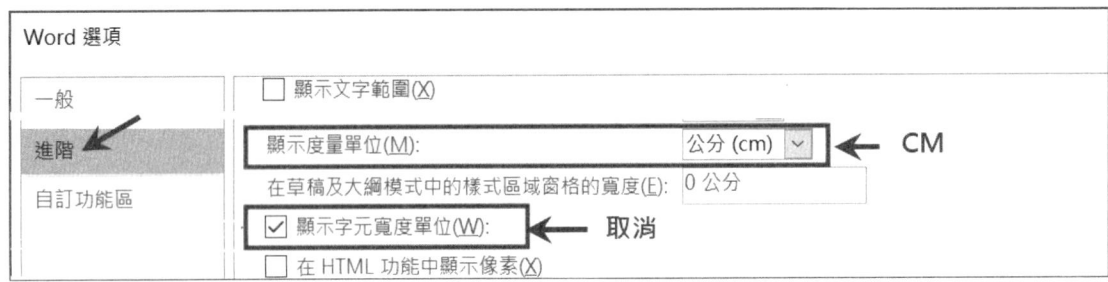

▶ 02.版面設定

題目要求：

紙張上、下、左、右邊界均為 3CM。

- 版面配置 → 邊界 → 自訂邊界

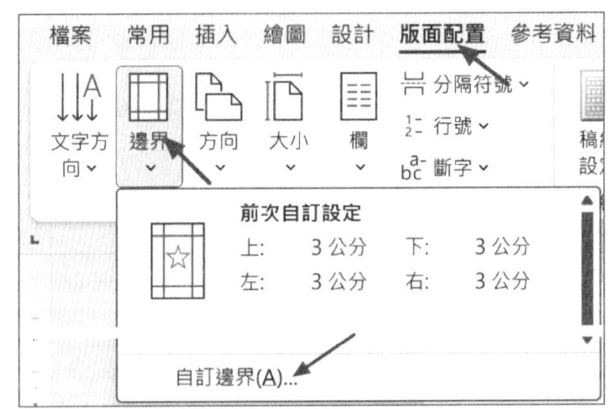

設定如右圖：
　　上：3　　下：3
　　左：3　　右：3

設定時使用 Tab 鍵在對話方塊設定項目中移動會較為便利。

- 完成邊界設定後，尺規刻度改變，如下圖：

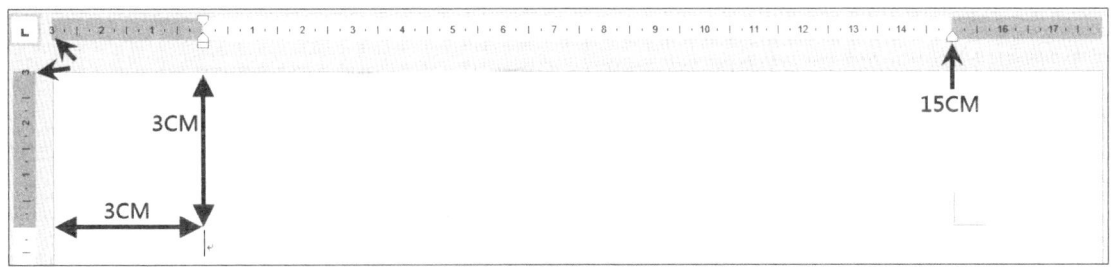

▶ 03-頁面框線

題目要求：
頁面上、下各畫一條 1 點之橫線。

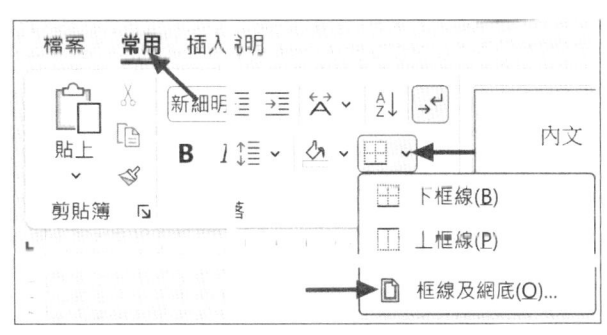

- 常用 → 框線 → 框線及網底

　設定如右圖：
　　　點選：頁面框線標籤
　　　樣式：單線－實心
　　　寬：1 pt
　　　點選：上框線
　　　點選：下框線
　　　點選：選項鈕

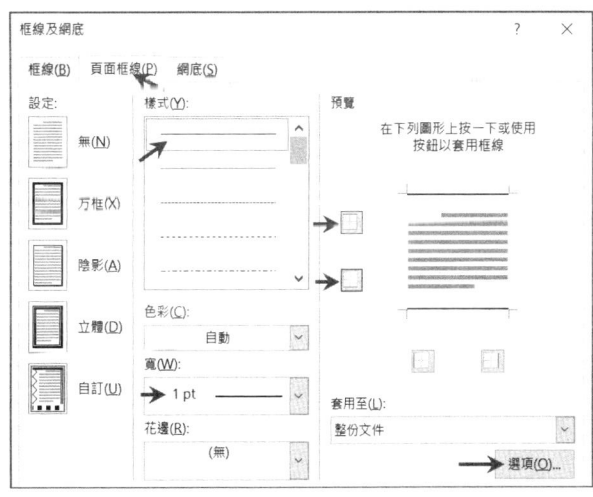

1-3

度量基準：文字

（上方的邊界設定不須理會）

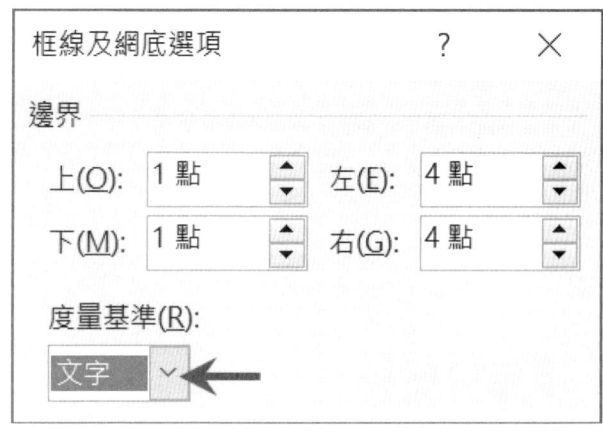

- 完成框線設定

  結果如右圖：

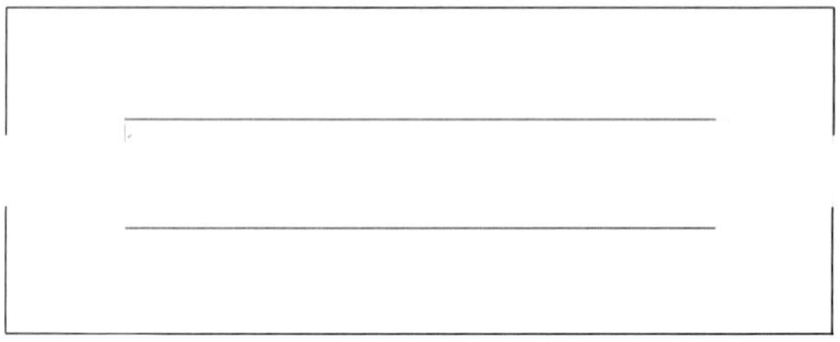

解說

框線：只會在設定的地方產生框線。

頁面框線：會在每一頁相同的地方重複顯示框線。

▶ 04-頁首頁尾

題目要求：頁首、頁尾如下圖(以題組五為例)。

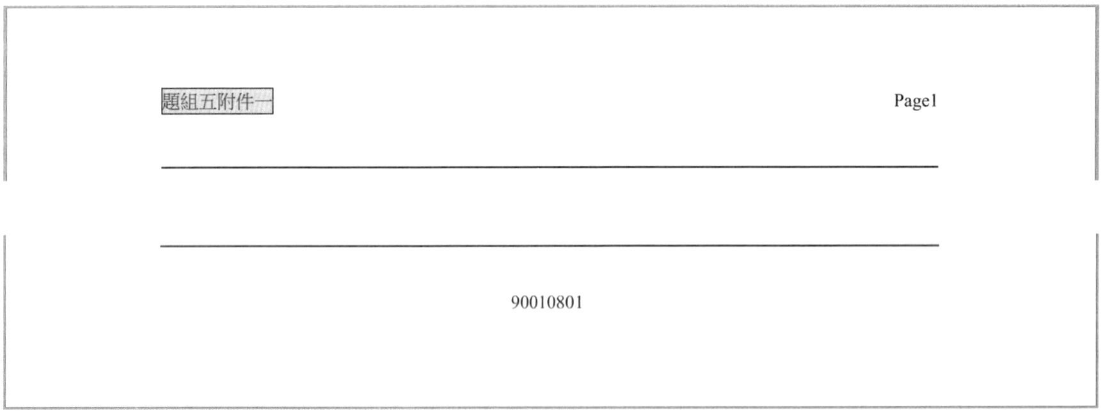

題組五附件一　　　　　　　　　　　　　　　　　　Page1

90010801

「頁首/頁尾」一般使用慣例都會有：左、中、右 3 個位置，Word 系統「頁首/頁尾」預設值也是如此，如果紙張頁面寬度改變，系統也會自動調整讓「頁首/頁尾」依然保持：靠左、置中、靠右，因此解題時我們只要根據考題要求在適當位置輸入資料即可。

Word、Excel、Access 基礎教學

頁首/頁尾工具列

所有功能都在「頁首」、「頁尾」、「頁碼」3 個下拉鈕中。

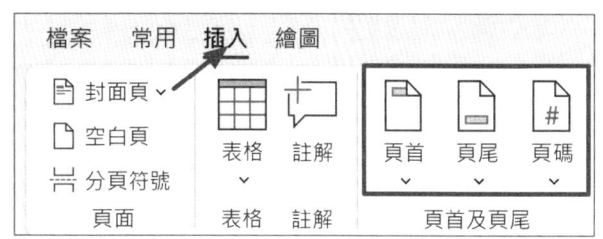

建立頁首

- 插入 → 頁首 → 空白三欄，產生頁首如下圖：

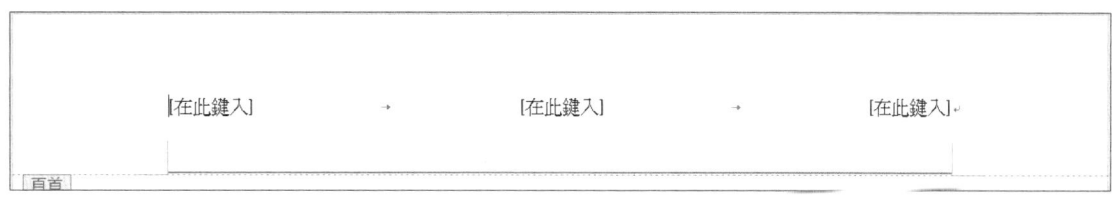

- 選取：左〔在此輸入〕，輸入：「題組五附件一」，設定：文字框線、網底
  選取：中〔在此輸入〕，按 Delete 鍵
  選取：右〔在此輸入〕，輸入：「Page」，插入 → 頁碼 → 目前位置 → 純數字

解說

頁首中間沒有內容，因此按 Delete 鍵刪除〔在此輸入〕。

「Page 1」的「1」是系統頁碼，是會隨著頁數而顯示：1、2、3、...，而非手動輸入「1」，所有頁數都顯示固定的「1」。

- 選取：頁首
  常用 → 字型：
  　中文字型 → 新細明體
  　字型 → Times New Roman

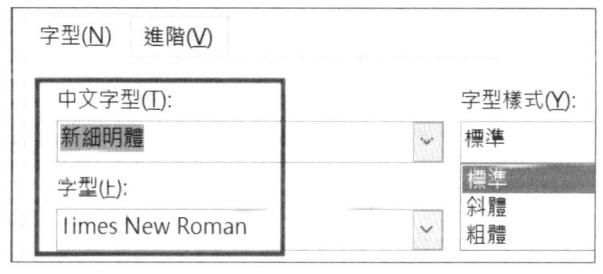

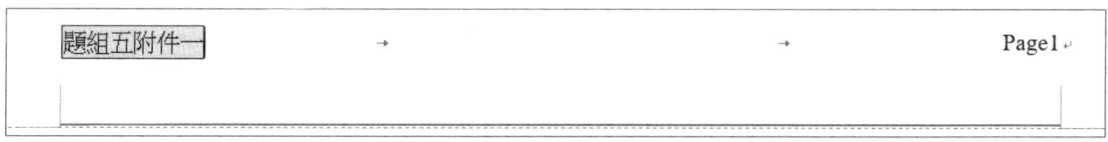

1-5

> **解說**
>
> 請注意字型設定前後 Page 字體變化。
>
> Page 與頁碼之間題目並未規範間隙大小，因此中間是否輸入一空白字元都可。頁首、頁尾字體大小預設 10 pt，與題目要求相同，因此不需設定。

建立頁尾

- 插入 → 頁尾 → 空白三欄，產生頁尾如下圖：

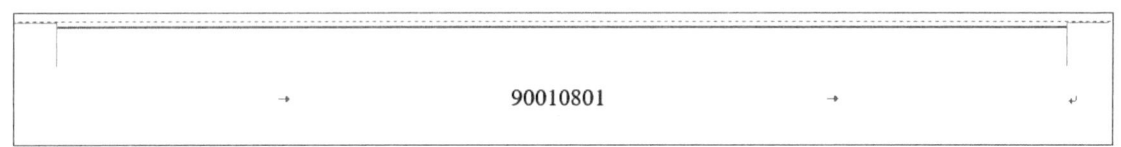

- 選取：左「在此輸入」，按 Delete 鍵
  選取：中「在此輸入」，輸入：「90010801」(准考證號碼)
  選取：右「在此輸入」，按 Delete 鍵

- 選取：頁尾，常用 → 字型，設定如下：
  中文字型 → 新細明體、字型 → Times New Roman

```
                          90010801
```

▶ 05.直式/橫式文件

每一個題組大約都有 2 個附件要求橫式文件，以題組五為例，附件三、附件四都必須轉向為橫向。

- 版面配置 → 方向 → 橫向

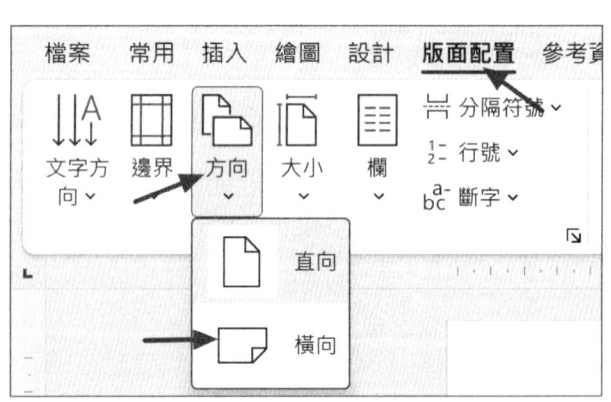

- 完成結果如右圖：

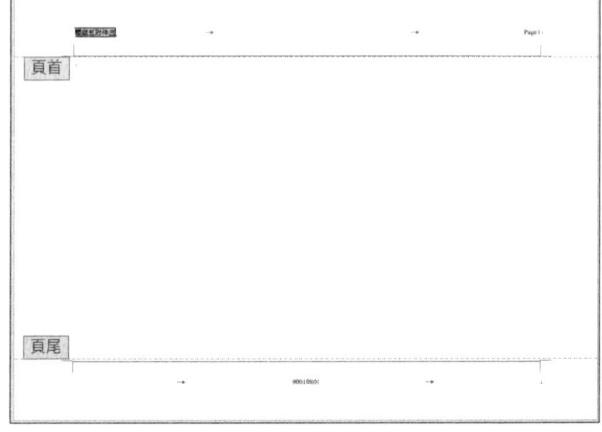

▶ 06.複製 5 張附件

每一個題組 5 個附件的版面要求都大同小異，因此建議解題時挑選附件一作為標準範本，完成設定後存檔，再將此範本複製 5 份逐一修改，以題組五為例操作步驟如下：

A. 建立標準範本：
   建立新文件 5-1.docx，版面設定 → 頁面框線 → 頁首頁尾，存檔

B. 產生 5 個附件
   另存新檔為：5-2、5-3、5-4、5-5

C. 逐一修改附件的頁首頁尾內容
   逐一編輯：5-2、5-3、5-4、5-5 文件頁首頁尾

D. 橫式文件轉向
   將 5-3 轉向為橫式文件、將 5-4 轉向為橫式文件

> **解說**
>
> 考題規範中對於檔案名稱無任何限制，交卷時只須交出列印完成報表，監評老師也只根據報表評分，因此存檔是考生個人避免當機資料遺失的行為，所以上面範例所用檔案名稱是作者個人習慣。
>
> 建議考生平常、考時都將完成檔案儲存在桌面上，這是最不容易忘掉的地方！

▶ 07.表格內文設定

題目規定一般文字格式如下：

字型：中文 → 新細明體或細明體，英文及數字 → Times，大小 → 12 pt

1. 選取整個表格
2. 常用 → 字型
   中文字型 → 新細明體
   字型 → Times New Roman
   字型樣式：標準、大小：12

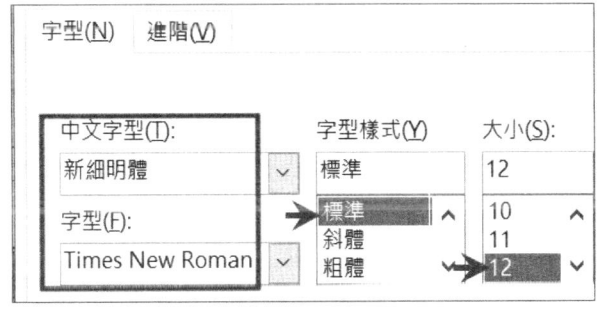

> **解說**
>
> 設定時請特別注意！務必全選後一次設定所有內文，以免產生遺漏的狀況。

08.調整表格欄位寬度

Excel 工作表資料貼至 Word 文件後，需要經過欄位寬度調整才能符合題目要求，Word 提供很有效率的欄位寬度調整功能，如右圖：

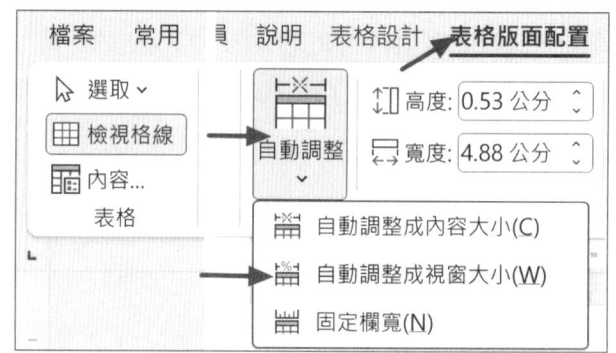

1. 將插入點置於表格內，表格版面配置 → 自動調整 → 自動調整成視窗大小

   調整前：

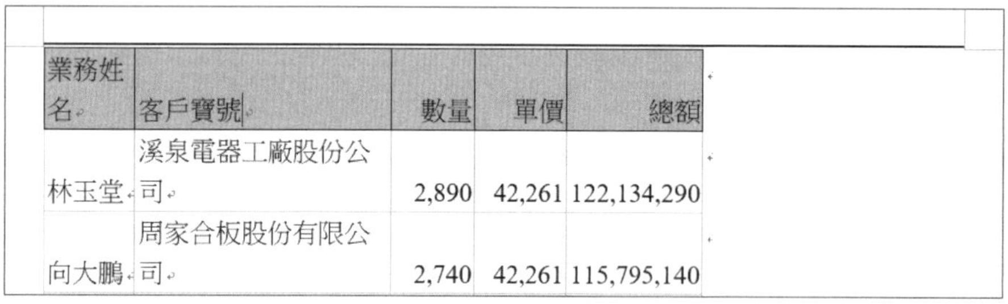

業務姓名	客戶寶號	數量	單價	總額
林玉堂	溪泉電器工廠股份公司	2,890	42,261	122,134,290
向大鵬	周家合板股份有限公司	2,740	42,261	115,795,140

   調整後：

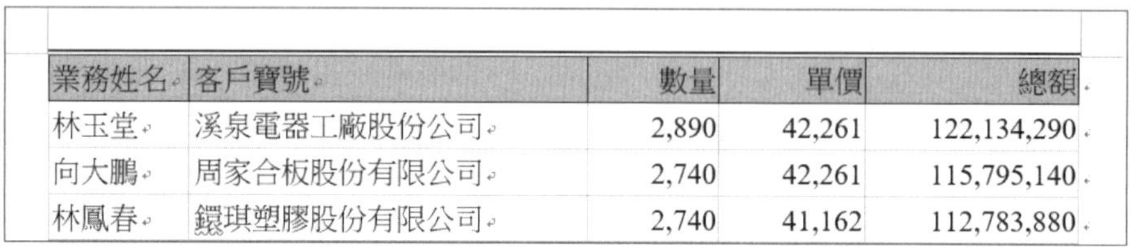

業務姓名	客戶寶號	數量	單價	總額
林玉堂	溪泉電器工廠股份公司	2,890	42,261	122,134,290
向大鵬	周家合板股份有限公司	2,740	42,261	115,795,140
林鳳春	鑽琪塑膠股份有限公司	2,740	41,162	112,783,880

09.報表標題列

題目規定：表格附件的頁數若是超過一頁，「報表標題＋欄位名稱列」必須跨頁重複，只有表格才有「重複標題列」的功能，因此報表標題列必須作成「表格」列。

- 若是報表標題被作成一般段落，將無法設定「重複標題列」，如下圖：

90 年公司各部門業績統計報表

28-Jul-2017

部門名稱	主管姓名	業務員姓名	業績目標	達成業績	業績達成率	毛利
業務一課	☐	☐	☐	☐	☐	☐

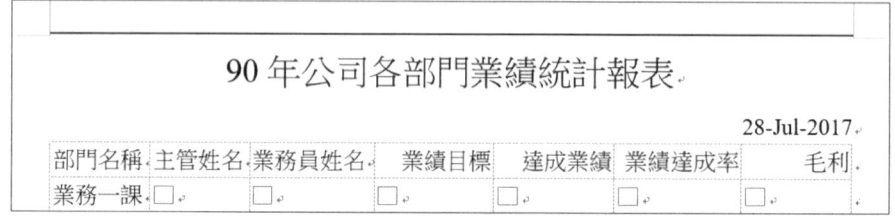

正確做法：

1. 選取表格第 1~2 列，按右鍵 → 插入 → 上方列
   合併第 1 列，輸入：報表標題文字、設定格式
   合併第 2 列，輸入：日期，設定格式，結果如下圖：

Word、Excel、Access 基礎教學

90 年公司各部門業績統計報表						
						28-Jul-2017
部門名稱	主管姓名	業務員姓名	業績目標	達成業績	業績達成率	毛利
業務一課	☐	☐	☐	☐	☐	☐

解說

請注意！上圖的標題是放在表格列中，並非一般段落。

2. 選取表格第 1~3 列
   表格版面配置 → 重複標題列
● 結果：
   每一頁上方重複顯示 1-3 列。

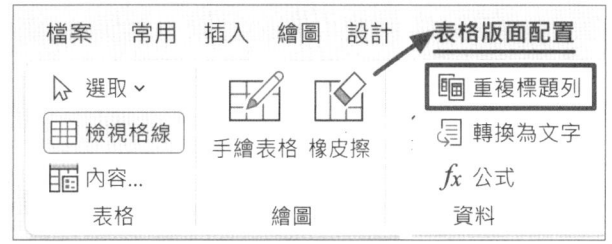

▶ 10.重複執行上一個動作 F4 快捷鍵

數字報表中經常有重複性的設定動作，例如：4 個部門總計列的格式要求都一樣，這時就不需要逐一設定，簡單一點的就利用複製格式的油漆刷，這裡我們要介紹的是更高級的 F4 功能鈕，它的名子叫做「重複執行上一個步驟」。

● 以題組二附件三為例，報表中有 4 個部門加總列，格式如下圖：

業務一課								
	王玉治	417600	42000000	31523000	75.05%	13138000	31.28%	125363
	吳美成	417600	42000000	24276000	57.80%	10130000	24.12%	0
	林鳳春	708000	36000000	56664000	157.40%	23216400	64.49%	445756
	陳曉蘭	354000	36000000	14449500	40.14%	5424500	15.07%	0
部門加總			156000000	126912500		51908900		571119

解題步驟如下：

1. 選取業務一課的部門加總列
2. 常用 → 框線 → 框線及網底
   框線：
   上框線：1 1/2 pt 單線
   下框線：1 1/2 pt 雙線

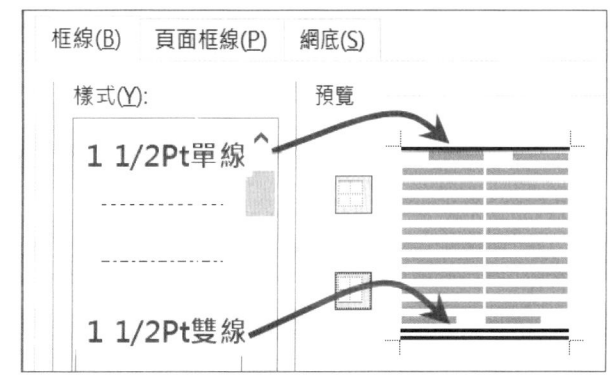

1-9

網底：
填滿：灰-25%

□	陳曉蘭	364620	86920000	41242150	47.45%	17737890	20.41%	0
部門加總	□	□	347680000	247867390		106593350		505577

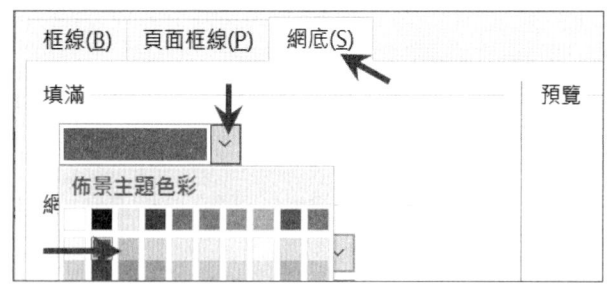

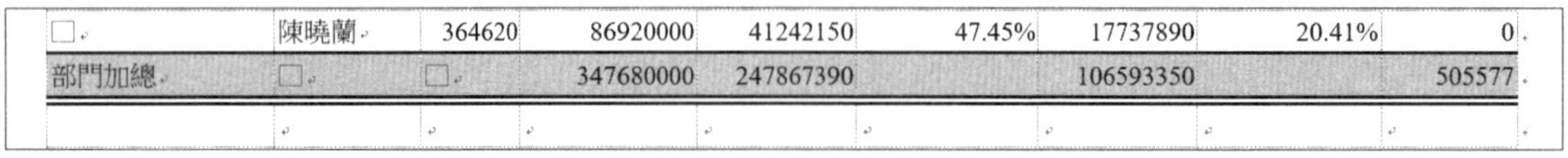

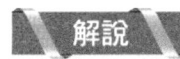

解說

題目沒有規定網底顏色，因此只要有網底效果即可。

3. 選取業務二課的部門加總列，按 F4 快捷鍵
   選取業務三課的部門加總列，按 F4 快捷鍵
   選取業務四課的部門加總列，按 F4 快捷鍵

解說

F4 只能重複執行上「一」個動作，而上面的加總列事實上有：上框線、下框線、網底 3 個動作，將 3 個動作包裹在對話方塊中就算是一個動作。

11.匯入 ODT 文字檔

每一個題組的附件五都必須匯入 ODT 文字檔案，以下範例我們使用 YR3.ODT 檔案。

1. 開啟 5-5 文件
2. 插入 → 物件 → 文字檔
   檔案：C:\...\YR3.ODT

現在人們擁有一部個人電腦是很平常的一件事，但是同時擁有好幾部個人電腦的
人也不在少數，這個現象在一般企業辦公室內更趨明顯。剛開始，可能是因為個人
電腦軟硬體的進步、辦公室的擴展，對使用電腦輔助工作的依賴性越來越高，由好幾
個人共用一部，變成一個人一部，甚至因用途的區隔，而超過一部。於是問題就慢慢
地產生了，大家開始不確定哪一部電腦的檔案是最新或正確的，也開始厭倦利用磁片
將資料拷來拷去，一個不小心或者運氣不好，檔案還會被舊檔案或壞掉的檔案蓋掉。

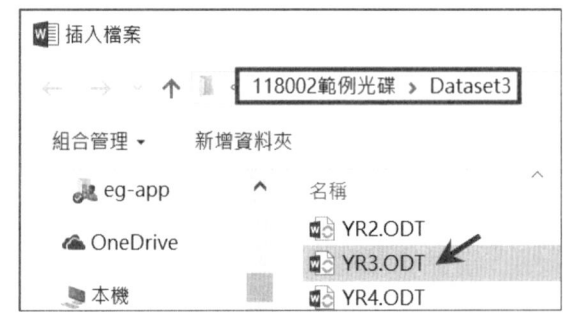

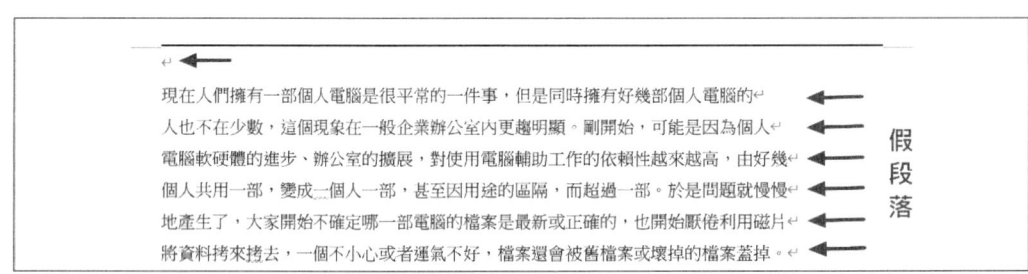

Word、Excel、Access 基礎教學

請注意！匯入內容每一列後面都有一個段落符號，這樣的內容是無法編輯的。

▶ 12.刪除多餘段落

匯入的 ODT 文字檔每列文字後面都有一個段落符號，我們必須找出真正的段落，並將多餘的段落符號刪除，文件內容才有辦法編輯。

觀察內容發現：

前方有文字的：假段落，前方沒文字的：真段落 → 單一段落：假段落，連續段落：真段落

請參考下圖：

1. 將插入點置於文件最上方
2. 常用 ＞ 取代
   尋找目標：^p、取代為：***
   按全部取代鈕

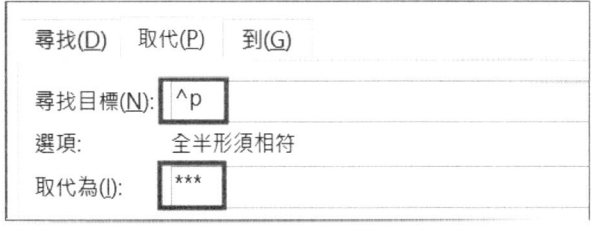

單一的假段落被替換為「***」，連續的真段落被替換為「******」。

1-11

常用 → 取代
尋找目標：******、取代為：^p
按全部取代鈕

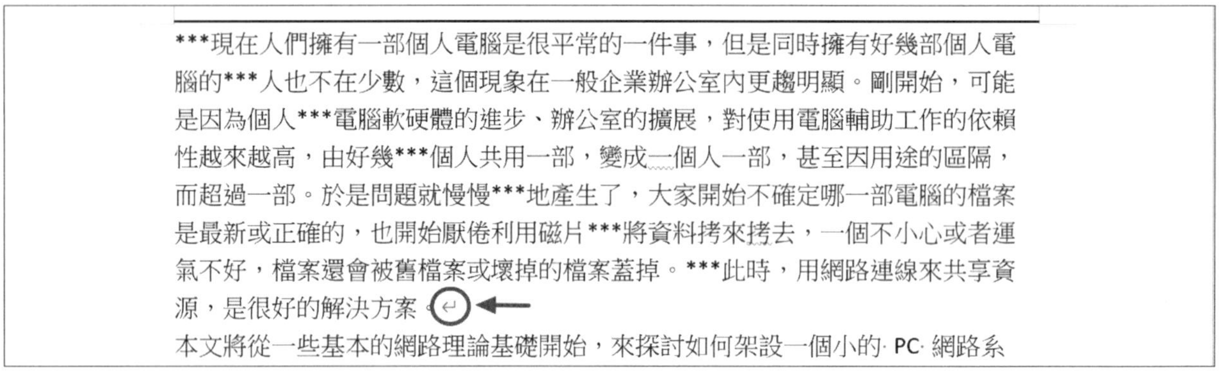

現在人們擁有一部個人電腦是很平常的一件事，但是同時擁有好幾部個人電腦的人也不在少數，這個現象在一般企業辦公室內更趨明顯。剛開始，可能是因為個人***電腦軟硬體的進步、辦公室的擴展，對使用電腦輔助工作的依賴性越來越高，由好幾***個人共用一部，變成一個人一部，甚至因用途的區隔，而超過一部。於是問題就慢慢***地產生了，大家開始不確定哪一部電腦的檔案是最新或正確的，也開始厭倦利用磁片***將資料拷來拷去，一個不小心或者運氣不好，檔案還會被舊檔案或壞掉的檔案蓋掉。***此時，用網路連線來共享資源，是很好的解決方案。↵
本文將從一些基本的網路理論基礎開始，來探討如何架設一個小的 PC 網路系

3. 常用 → 取代
   尋找目標：***、取代為：
   按全部取代鈕

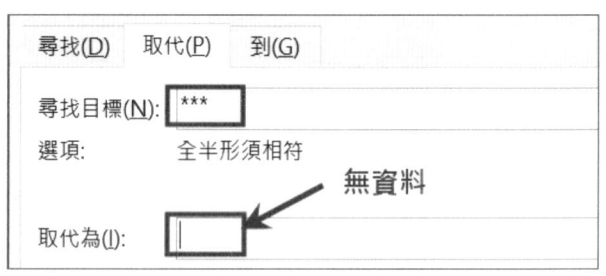

▶ 13.段落內文設定

題目要求：
字型：中文 → 新細明體，英數 → Times New Roman，大小 → 12 pt
段落：左右對齊、首行縮排 2 字元

設定方式：
按 Ctrl + A：全選
常用 → 字型
中文：新細明體
英數：Times New Roman
大小：12

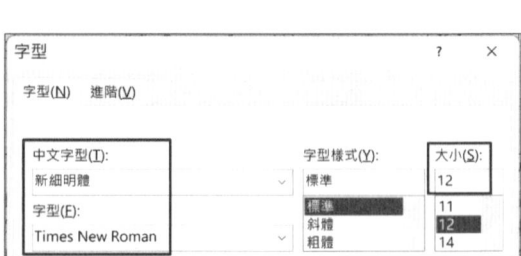

常用 → 段落
縮排與行距標籤：
對齊方式：左右對齊
特殊：第一行

Word、Excel、Access 基礎教學

→現在人們擁有一部個人電腦是很平常的一件事,但是同時擁有好幾部個人電腦的人也不在少數,這個現象在一般企業辦公室內更趨明顯。剛開始,可能是因為個人電腦軟硬體的進步、辦公室的擴展,對使用電腦輔助工作的依賴性越來越高,由好幾個人共用一部,變成一個人一部,甚至因用途的區隔,而超過一部。於是問題就慢慢地產生了,大家開始不確定哪一部電腦的檔案是最新或正確的,也開始厭倦利用磁片將資料拷來拷去,一個不小心或者運氣不好,檔案還會被舊檔案或壞掉的檔案蓋掉。此時,用網路連線來共享資源,是很好的解決方案。

→本文將從一些基本的網路理論基礎開始,來探討如何架設一個小的 PC 網路

解說

設定時務必全選後一次設定所有內文!以免產生遺漏的狀況。

由於尺規單位設定為 CM 因此縮排單位由「2 字元」變為「0.85 公分」。

以上是題目明文要求,但實際解題時發現以下 2 個問題:

A. 標點符號溢出:

軟體共享:在應用軟體上,我們可以只使用一套網路版軟體,放在一部檔案伺服器電腦上,透過網路系統,讓網路上每部電腦都能共享。而不需要在每部電腦各放一套該應用軟體,造成採購上成本的浪費。

周邊設備共用:例如繪圖機(Plotter)、印表機(Printer)、數據機(Modem)、硬碟機、可讀寫光碟機等等,我們可以透過網路系統的使用,將這些周邊設備共享。尤其在較昂貴的設備上,節省下來的金錢就很可觀了。

B. 圖片寬度設定:

今日網路之所以能如此的普及,網路產品、技術的發展功不可沒;而在產品和技術的發展過程中,路由器即扮演著非常重要的角色。本文使以網路的發展趨勢、技術和市場需求等因素,來探討路由器在網路規劃、應用上的定位和變革。

由於較大型網路的規劃必須考慮到資料傳輸效率的問題,所以在規劃時 14字 路切割成多個子網路,稱為網際網路。橋接器是最早被採用於規劃網際網路的連線設備,也是連接多個區域網路成大型網路最經濟、最簡單的方法。然而在運作上橋接器卻有許多的缺點,如必須記憶大量工作站的 MAC 層

以題組一附五為例,題目要求圖片寬度:「圖右側 14 個字」!

Word 文件預設文字間會自動壓縮,上、下列文字並不會垂直對齊,因此要調整圖片右側所有列的字數皆為 14 個字就有 點麻煩,因此必須取消字元間壓縮設定。

常用 → 段落

中文印刷樣式:

取消:所有分行符號設定

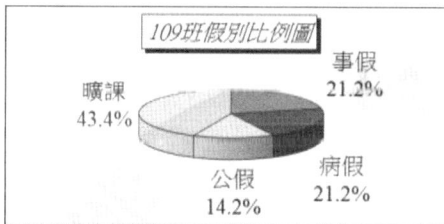

1-13

軟體共享：在應用軟體上，我們可以只使用一套網路版軟體，放在一部檔案伺服器電腦上，透過網路系統，讓網路上每部電腦都能共享。而不需要在每部電腦各放一套該應用軟體，造成採購上成本的浪費。

周邊設備共用：例如繪圖機（Plotter）、印表機（Printer）、數據機（Modem）、硬碟機、可讀寫光碟機等等，我們可以透過網路系統的使用，將這些周邊設備共享。尤其在較昂貴的設備上，節省下來的金錢就很可觀了。

解說

「標點符號」溢出的現象消失了！

常用 → 段落 → 中文印刷樣式　　　　字元間距控制：不壓縮
點選：選項鈕

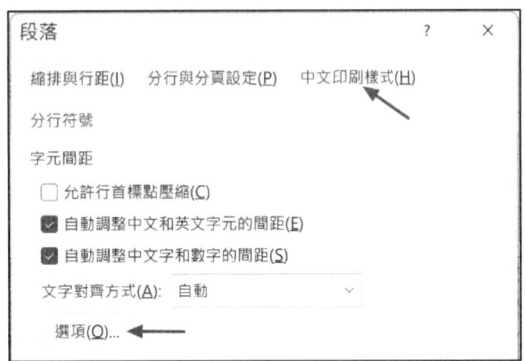
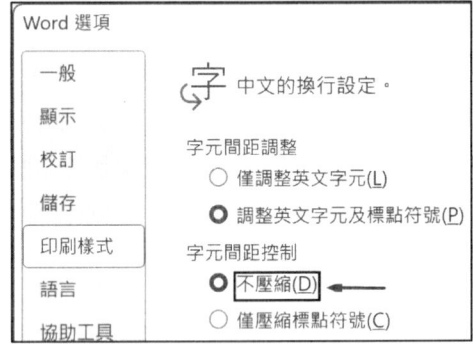

- 設定前：

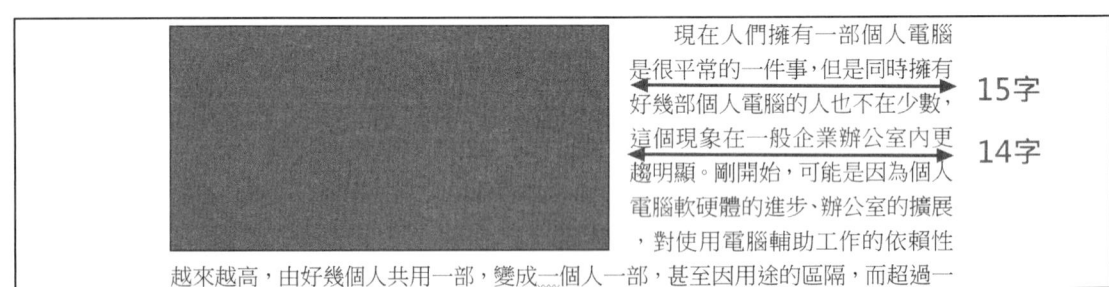

- 設定後：

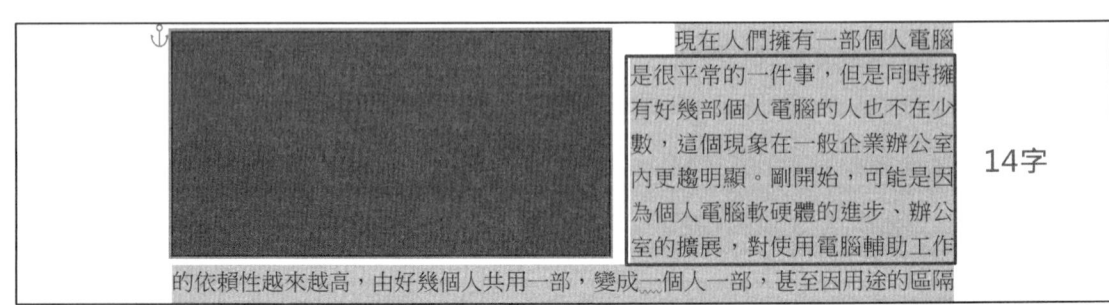

Word、Excel、Access 基礎教學

▶ 14.統計圖的貼上

考題中要求的統計圖，必須由 Excel 工作表中複製後貼到 Word 文件中，分為以下 2 種狀況：

A. 附件三或附件四的大圖：

在 Word 文件中直接按 Ctrl + V (貼上)，因為系統預設是貼上「物件」，如此在 Excel 所設定的字體大小都不會因為圖型大小改變而異動，題目對於文字大小有明確規範。

B. 附件五的小圖：

在 Word 文件中執行：常用 → 貼上 → 選擇性貼上 → 圖片，如此圖片內的文字大小就可隨著圖片大小而改變，不會因為圖片縮小而讓圖片內的文字顯得太大，題目對於文字大小無明確規範。

▶ 15.圖片的版面配置

系統預設的圖片版面配置是「與文字排列」，但考題要求的全部是「文繞圖 → 矩形」，因此不論是「貼上統計圖」或是「插入圖片」，都必須設定圖片的版面配置為「文繞圖 → 矩形」，設定方法如下：

● 選取圖片，版面配置選項 → 文繞圖 → 矩形，如下圖：

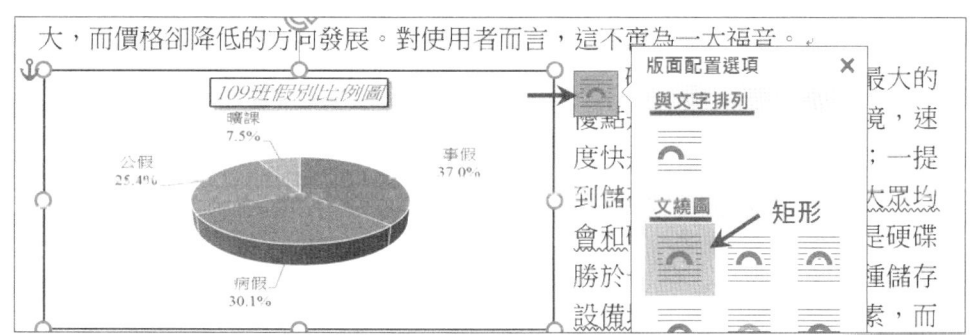

▶ 16.圖片的大小

題目對於附件五中圖片的大小都以：幾字寬、幾列高來規範，因此無法以對話方塊做精確的設定，而必須採用目測法以拖曳圖片控點的方式調整圖片高度、寬度，如右圖：

▶ 17.圖片的位置

目前的評分只根據列印報表(廢除存檔備查)，因此圖片位置設定可以使用對話方塊作精準設定，也可以採用目測法拖曳設定，因為列印結果的微小誤差監評老師是很難扣分的，「我覺得好像差了一點點…」，這樣的感覺是無法作為評分標準的。

1-15

18.合併列印疑難雜症

題組一附件四是唯一考到合併列印功能的題目，由於軟體應用丙級考生們就學過「合併列印」，因此這裡我們只針對題組一附件四，解題時所會遇到的疑難雜症加以解說。

合併列印設定檔案字體大小是 12 pt，合併結果檔案卻是 10 pt，請參考下圖：

大小：10 pt
於·書·先生：
····貴子弟於淑珍至本月份為止，因曠缺過多，經估算其操行成績為60分，已達65
分以下，為免於期末操行成績不及格，請··貴家長多予關照並悉心勸勉，以免遭

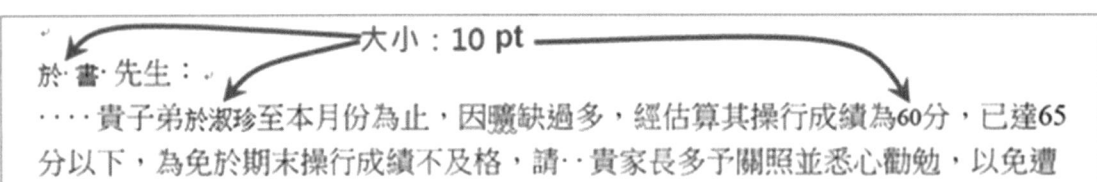

● 檢查文件預設字體：
版面配置 → 版面設定

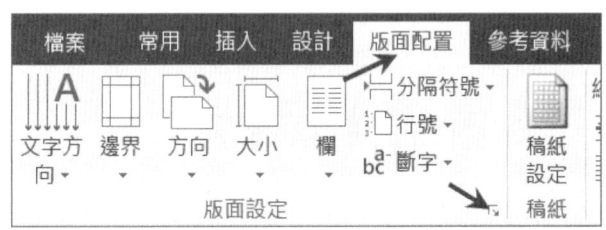

檔案
常用
插入
設計
版面配置
參考資料
文字方向
邊界
方向
大小
欄
分隔符號
行號
斷字
稿紙設定
版面設定
稿紙

文件格線 → 設定字型

邊界
紙張
版面配置
文件格線
直書/橫書
方向:
水平(Z)
套用至(Y):
整份文件
設定字型(F)...

● 右圖的設定就是錯誤的根源

字型(N)
進階(V)
中文字型(T):
細明體
字型樣式(Y):
標準
大小(S):
10
字型(F):
Courier New
標準
斜體
粗體
8
9
10

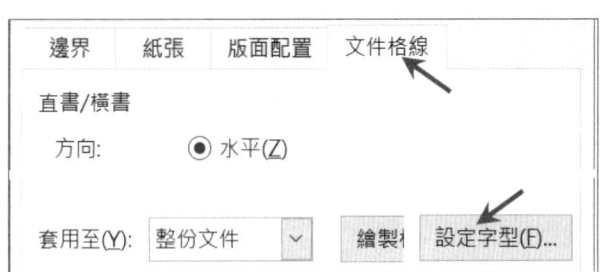

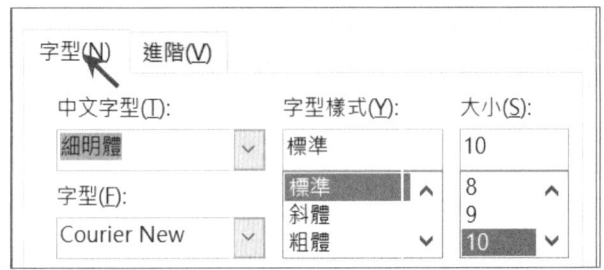

● 請將設定更改為：新細明體、Times New Roman、標準、12
重新執行合併列印結果，產生正確合併列印結果，如下圖：

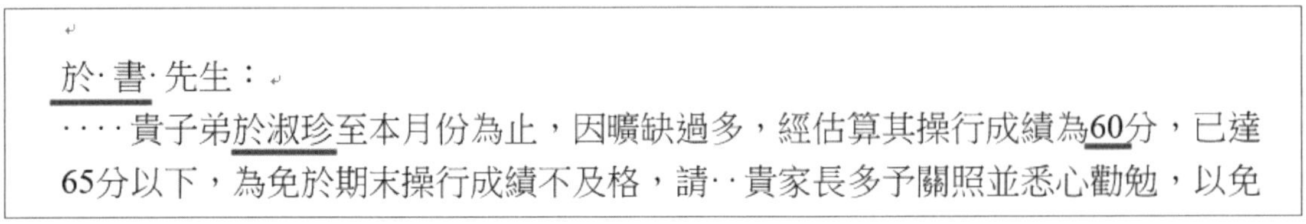

於·書·先生：
····貴子弟於淑珍至本月份為止，因曠缺過多，經估算其操行成績為60分，已達
65分以下，為免於期末操行成績不及格，請··貴家長多予關照並悉心勸勉，以免

1-02　Excel 基礎教學

▶ 01.將資料由 Access 查詢複製到 Excel 工作表

我們使用 Access 查詢作為資料整合平台，完成資料整合後必須將資料移到 Excel 工作表，作統計、計算、篩選、繪製統計圖等工作，將資料複製到 Excel 的方法有很多種，我們只介紹最便利的方法：「拖曳插入」。

1. 同時開啟：Excel、Access 系統，並列顯示
2. 將 Access 查詢拖曳至 Excel 工作表的 A1 儲存格，如下圖：

- 完成拖曳後，Excel 工作表資料如下圖：

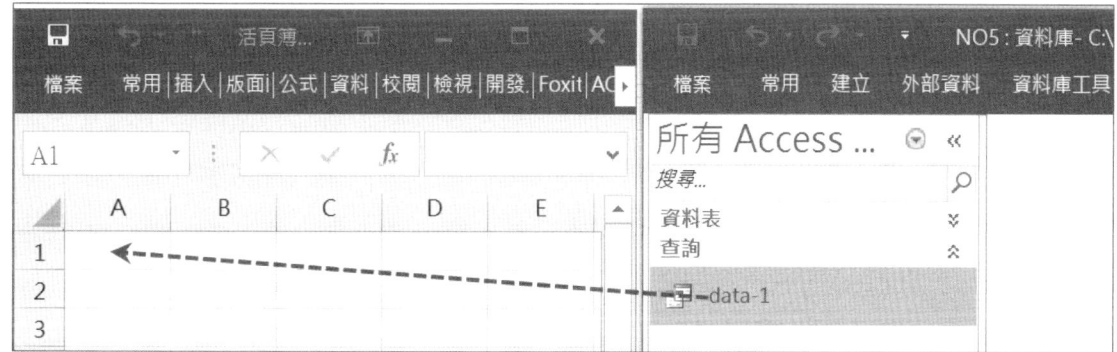

▶ 02.調整最適欄寬、最適列高

由上一節的結果可知：欄寬太小、資料太長，因此一筆資料以多列顯示，題目規定一筆資料只能以一列顯示，因此必須調整最適欄寬、最適列高。

1. 選取所有儲存格，向右拖曳任一個欄位邊界線(增加欄寬)

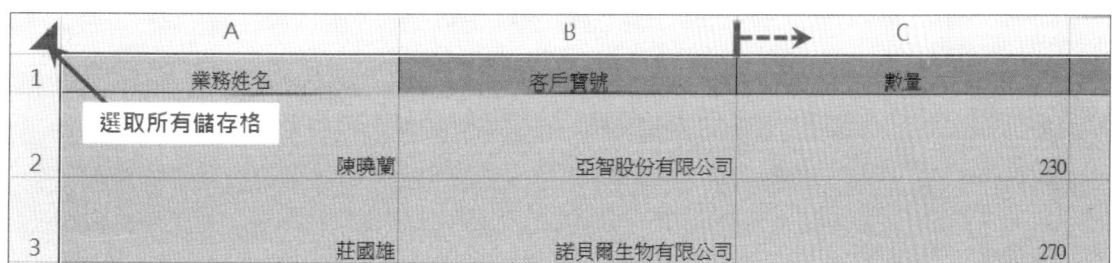

2. 在任意一個欄邊界上連點 2 下 → 最適欄寬
   在任意一個列邊界上連點 2 下 → 最適列高，完成結果如下圖：

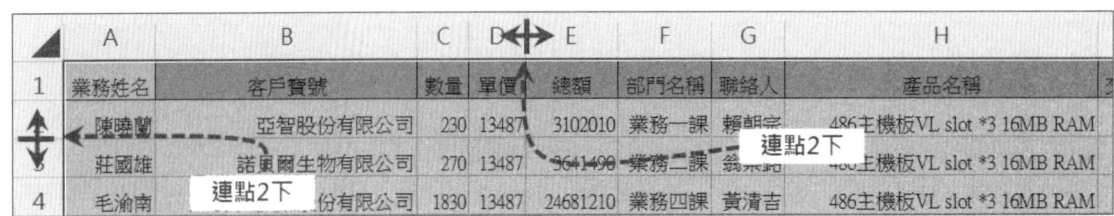

03.千分位、百分比、小數點

題目所要求的數字格式只有以下 3 種：千分位、小數點、百分比，必須在 Excel 完成設定，在 Word 是無此功能的。

- 設定千分位、小數點、百分比最簡單、最直接的方法就是使用：
  常用工具列的功能鈕，如右圖所示。

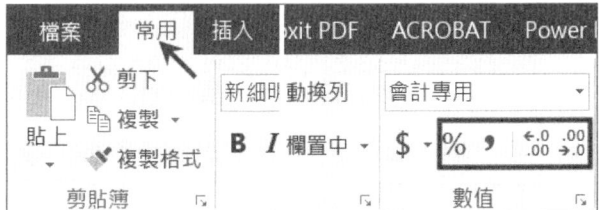

千萬記得！「 , 」千分位鈕千萬不要使用，會產生疑難雜症，錯誤範例如下：

1. 選取 C、D 欄位後，點選：常用 → 千分位鈕，結果如下圖：

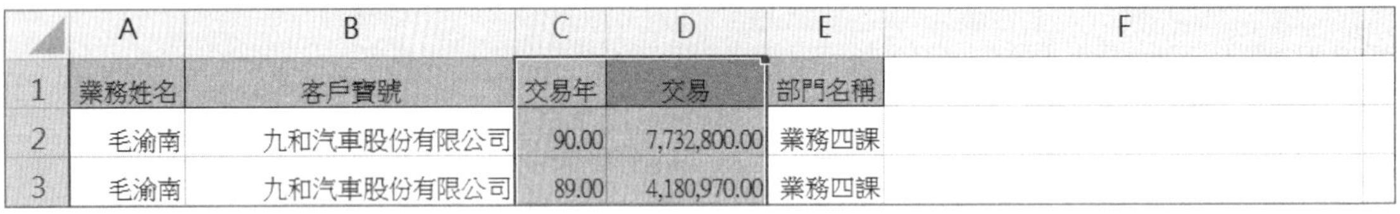

	A	B	C	D	E	F
1	業務姓名	客戶寶號	交易年	交易	部門名稱	
2	毛渝南	九和汽車股份有限公司	90.00	7,732,800.00	業務四課	
3	毛渝南	九和汽車股份有限公司	89.00	4,180,970.00	業務四課	

2. 複製整份資料，貼到 Word 文件，結果如下圖：

> **解說**
>
> 請注意看：C、D 欄位列高為 2 列高度！
> 這是因為 C、D 欄位的數字經過 Excel 千分位鈕設定後，數字前方被塞入許多空白字元，雖然看不見，卻形成 2 列高度，使用取代方法刪除所有空白字元，列高便會恢復正常。

- 正確的千分位設定方式：
  常用 → 數值
  數值標籤：
  類別：數值
  選取：使用千分位

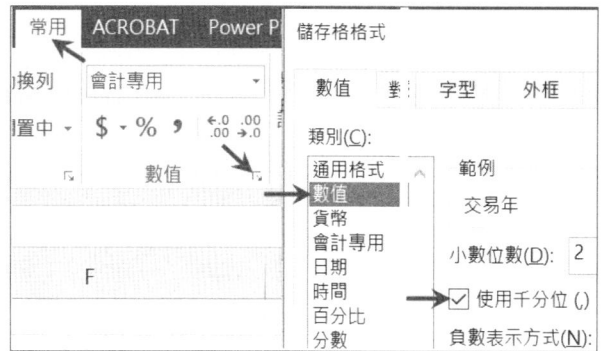

- 正確設定千分位後，貼到 Word 文件，資料正確如下圖：

業務姓名	客戶寶號	交易年	交易	部門名稱
毛渝南	九和汽車股份有限公司	90.00	7,732,800.00	業務四課
毛渝南	九和汽車股份有限公司	89.00	4,180,970.00	業務四課

▶ 04.取代

統計報表中，部門合計的說明文字「xxx 合計」與題目要求不同的「部門加總」不同，可以一個一個手動編輯，但不符合學習的精神，因此我們還是採用「取代」的方法。

範例：題組三附件三

題目要求："業務一課 合計"、"業務二課 合計"、"業務三課 合計"、"業務四課 合計"、全部變更為「部門加總」

	A	B	C	D	E	F
1	部門名稱	業務姓名	年薪	業績目標90	加總 - 90年業績	加總 - 達成毛利
2	業務一課	王玉治	430128	86920000	59329290	25514060
3		吳美成	430128	86920000	77134650	33170560
4		林鳳春	729240	86920000	70161300	30170840
5		陳曉蘭	364620	86920000	41242150	17737890
6	業務一課 合計				247867390	106593350
7	業務二課	向大鵬	289224	74930000	27513690	11832440
8		吳國信	457320	74930000	64682552	27814650
9		莊國雄	484512	74930000	66217360	28476860
10		陳雅賢	669912	74930000	61356130	26383670
11	業務二課 合計				219769732	94507620

1. 選取 A 欄
2. 常用 → 尋找與取代：取代
   尋找目標：*合計
   取代成：部門加總
   按全部取代鈕

範例：題組五附件二

題目要求：刪除「ｘｘｘ合計」的說明文字

1. 選取 B 欄
2. 常用 → 尋找與取代：取代
   尋找目標：*合計
   取代成：　（無內容）
   按全部取代鈕

▶ 05.數值自訂格式

題組二附件三「比例」欄位要求在數值資料後方加上「:1」字樣，如下圖：

1-20

Word、Excel、Access 基礎教學

「比例」是一個數值欄位，因此可以用「自訂格式」功能加上「:1」字樣，設定步驟如下：

- 選取 O 欄
  常用 → 數值：數值
  類別：自訂
  類型：0.00 ".1" (自行輸入)

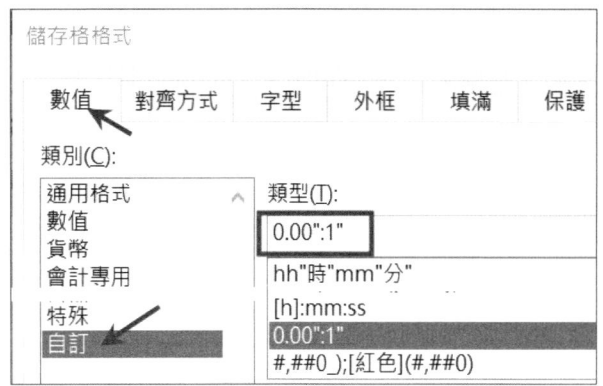

0.00：數字格式 → 整數無千分位，小數點補滿 2 位。
":1"：為附加文字內容。

▶ 06.排序

- 題目若只要求單一鍵值排序
  例如：題組六附件二：
  「資料內容依業務姓名遞增排序」直接使用遞增排序鈕即可。

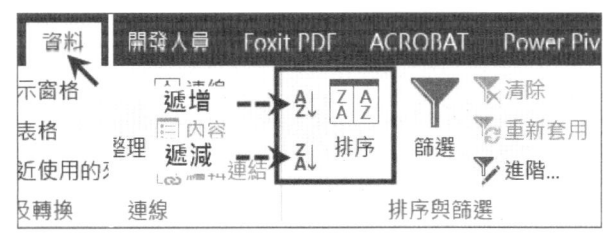

- 題目要求最複雜的資料排序，例如：題組五附件一，排序要求如下：

  > ● 資料內容依「總額」遞減排序，總額相同者依「單價」遞減、「數量」遞減、「業務姓名」遞增排序。

1-21

操作步驟如下：

1. 資料 → 排序設定

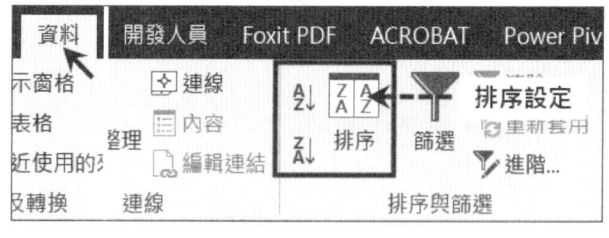

2. 選取：總額 → 最大到最小
   按新增層級鈕
   選取：單價 → 最大到最小
   按新增層級鈕
   選取：數量 → 最大到最小
   按新增層級鈕
   選取：業務姓名 → A 到 Z

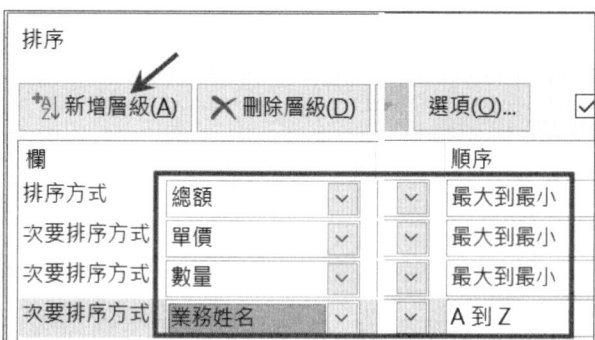

- 疑難雜症：
  排序設定時請注意看下圖右上角的：「我的資料有標題」，是否被勾選？

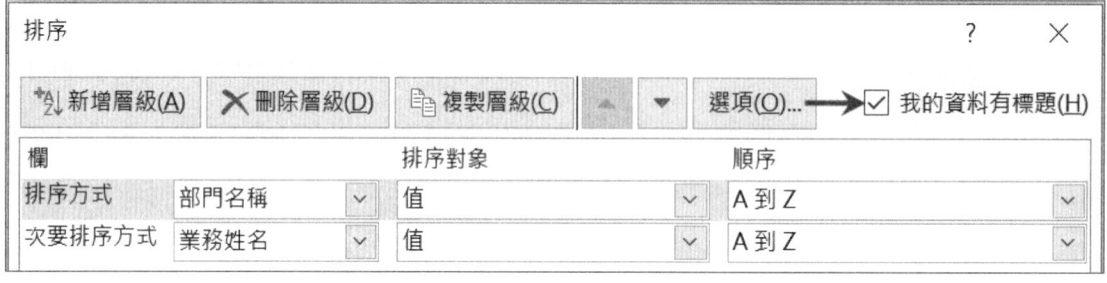

若系統判斷錯誤：沒有選取「我的資料有標題」，請自行勾選，否則第 1 列的欄位名稱將會混入資料列中。

▶ 07.篩選

考題中只有題組三附件一使用到篩選功能，詳細設定請參閱題組三解題說明。

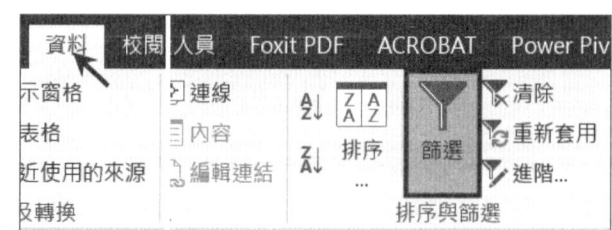

▶ 08.樞紐分析表－建立

考題中的統計絕大部分是以「樞紐分析表」完成，建立的樞紐分析表步驟如下：

插入樞紐分析表

1. 選取資料範圍內任一個儲存格，例如：下圖中的 B3 儲存格

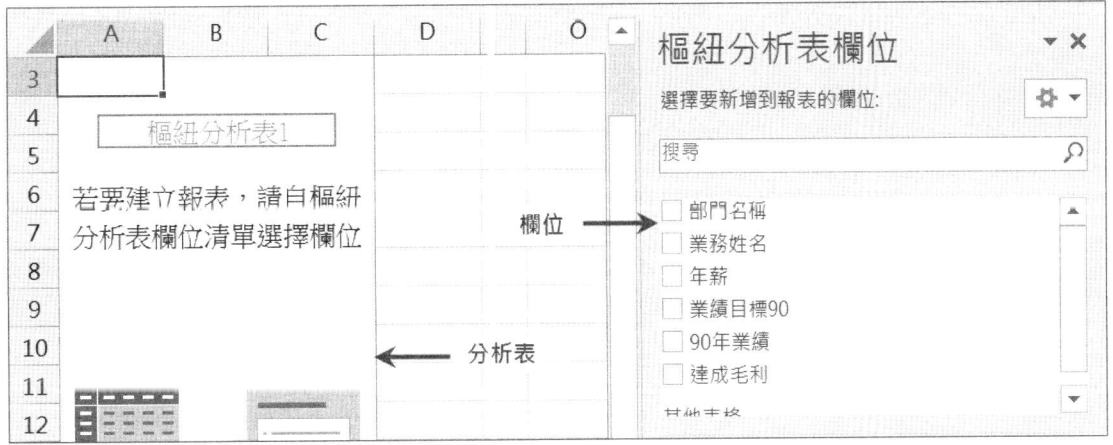

建議不要自行選取資料範圍，系統根據選取的儲存格，上、下、左、右偵測資料範圍，可大幅降低操作錯誤的發生。

2. 插入 → 樞紐分析表

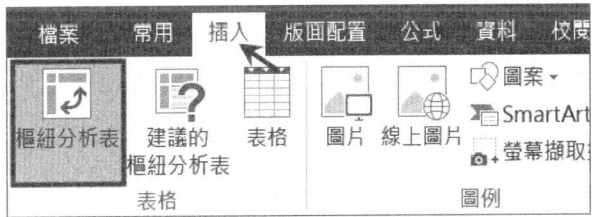

上圖作用儲存格 A3 在樞紐分析表範圍內，上圖右側顯示出欄位設定區。
若操作者選取 D3 儲存格(不在樞紐分析表範圍內)，右側的欄位設定區將會消失，因此要作欄位設定前，必須先選取樞紐分析表範圍內任一儲存格。

1-23

09.樞紐分析表－古典式版面配置

預設的樞紐分析表在作資料分類時，會將不同層次的分類欄位放置在同一個欄，例如：右圖所顯示的就是「部門名稱」、「業務姓名」欄位都被放在 A 欄中，只以內縮方式表達 2 個不同欄位。

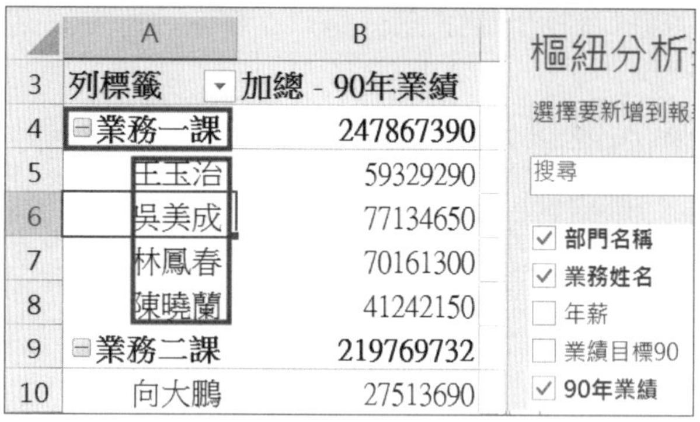

考題所要求的報表格式：將每一個分類以不同的欄位表示，如下圖所表示的就是 4 個分類欄位分開顯示：

部門名稱	業務姓名	客戶寶號	聯絡人	總額
業務一課				
	王玉治	溪泉電器工廠股份有限公司	林慶文	54,520,000
		洽興金屬工業股份有限公司	陳動森	32,250,000

我們將樞紐分析表設定為「古典式樞紐分析表版面配置」便可達到題目要求，另外；古典式還有一個操作上的便利，可以直接將欄位拖曳至樞紐分析表中，這種拖曳選取欄位的方式是最直覺的。

- 「古典式樞紐分析表版面配置」
  設定步驟：
  在樞紐分析表內按右鍵→ 選項
  顯示標籤：
  選取：古典式樞紐分析表...

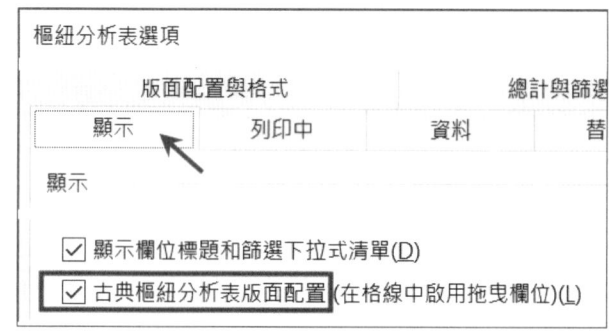

10.樞紐分析表－基本架構

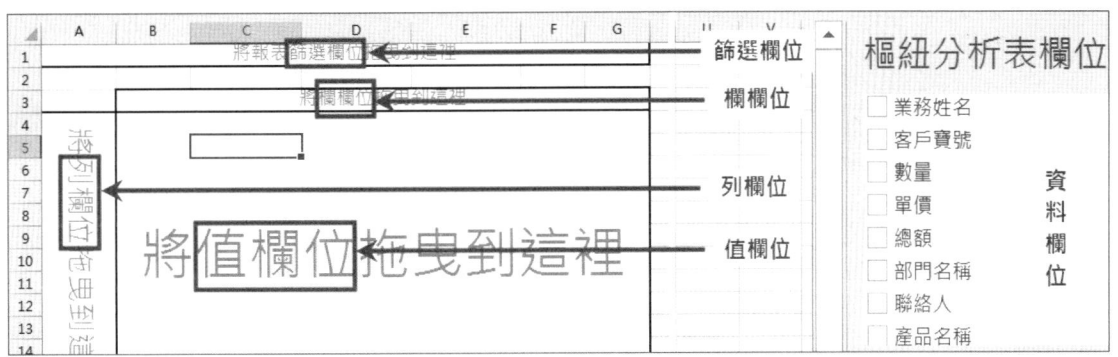

資料統計分為 3 個部分：資料分類、資料統計、資料篩選，解說如下：

篩選欄位

解題過程未使用此功能，因此不做介紹。

列欄位

分類資料預設就是放在列欄位上，當我們勾選「部門名稱」(文字欄位)時
A 欄顯示「部門資料」，請參考下圖範例：

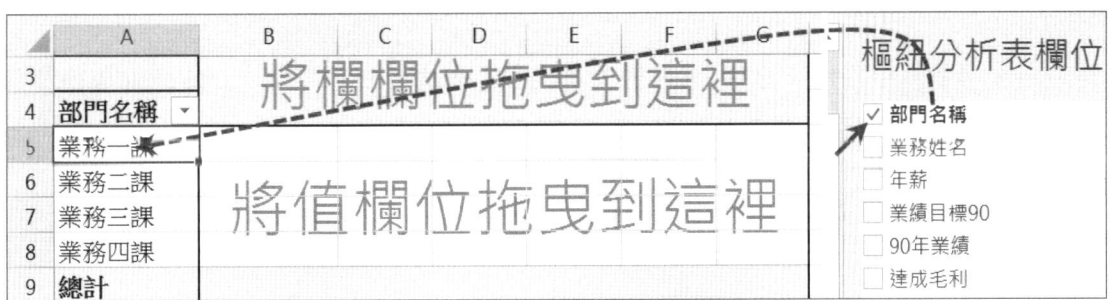

當我們再勾選「業務姓名」(文字欄位)時 B 欄顯示「業務姓名」資料，請參考下圖範例：

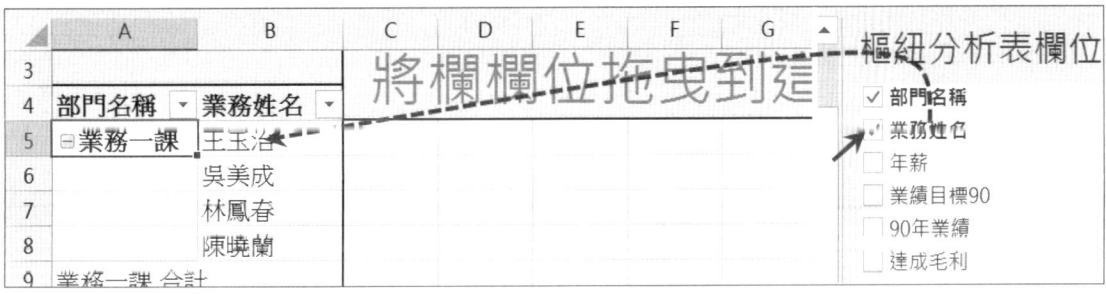

由於系統預設是將數字欄位視為統計資料，若要將數字欄位當成分類資料，就必須用拖曳的方式來選取欄位，以下圖為例：一個員工一年只有一個業績目標，因此業績目標雖然是數字，卻不能用來加總：

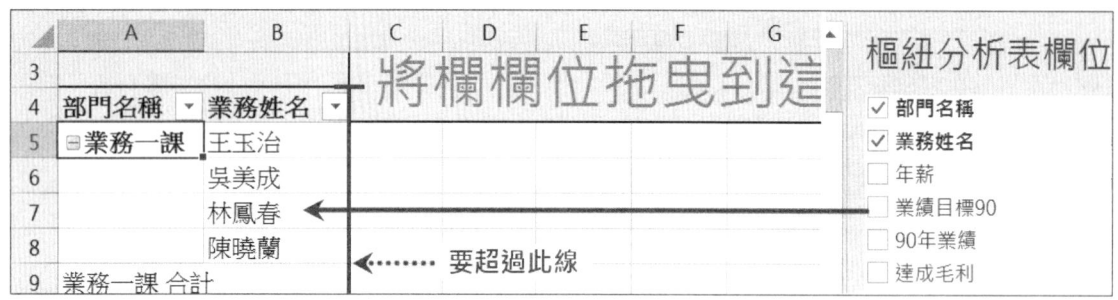

結果如下圖：

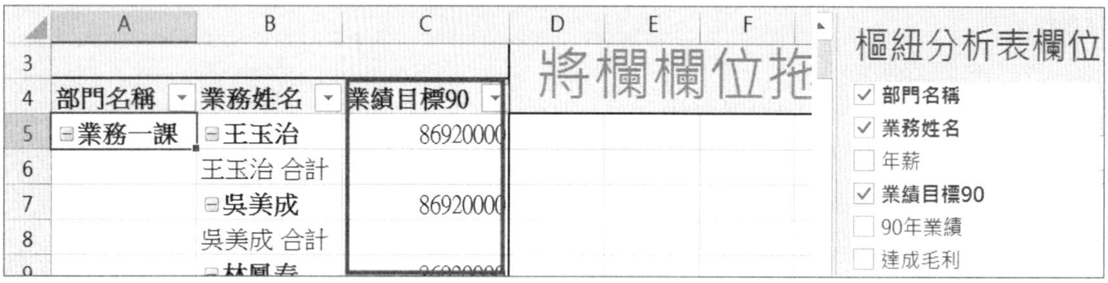

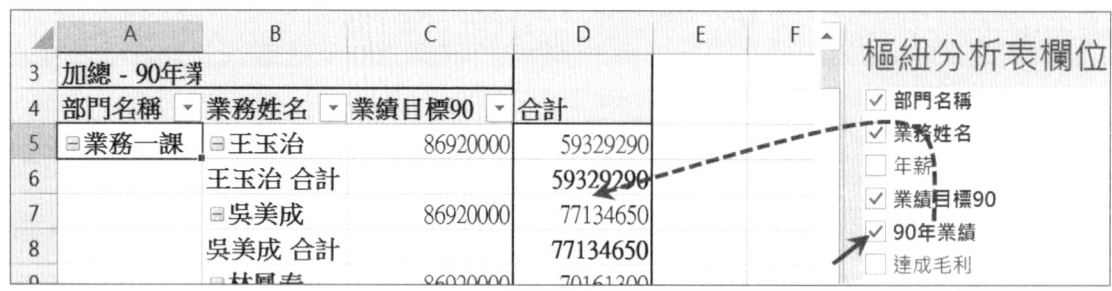

值欄位

系統預設將數字資料視為統計資料，當我們勾選「90年業績」(數字資料)，此欄位就會被擺在「值欄位」，一個業務員一年有好多筆交易，因此必須被合計，請參考下圖：

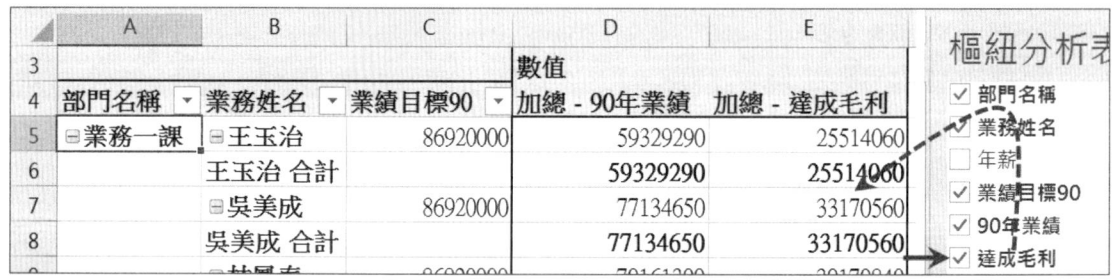

統計欄位可以有好幾個，因此再次勾選「達成毛利」，結果如下圖：

欄欄位

有些報表需要做到欄、列交叉分析，例如題組五附件三：

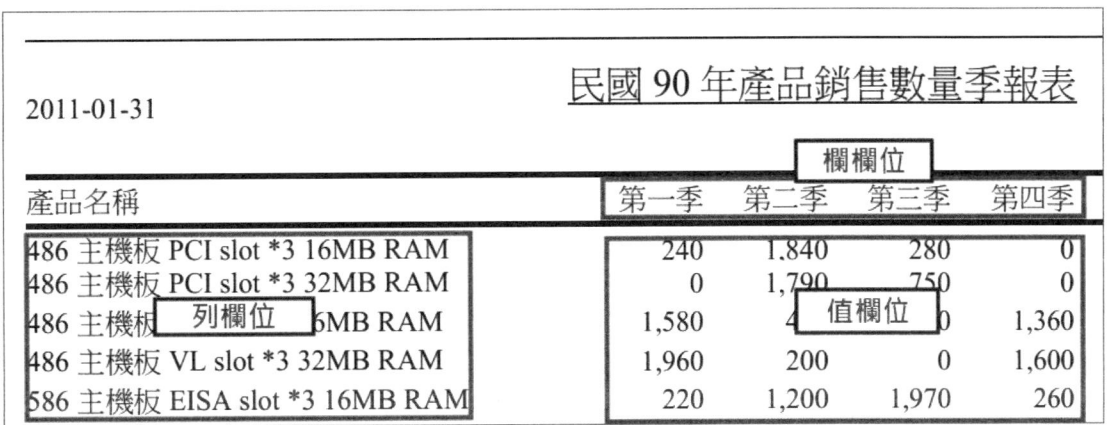

設定「欄欄位」必須使用手動拖曳方式，請參考下圖：

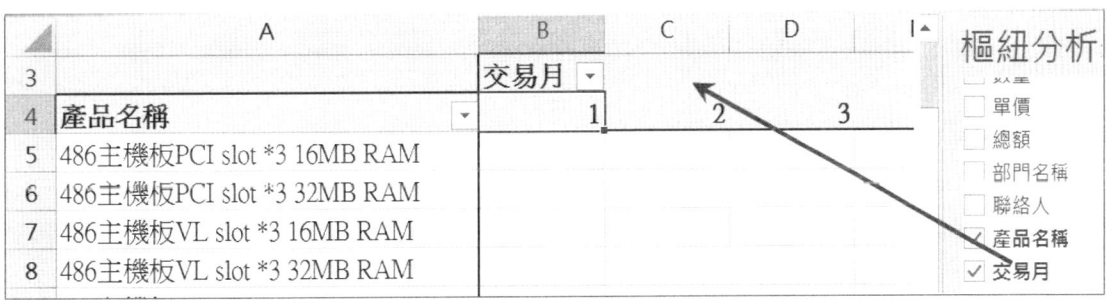

▶ 11.樞紐分析表－資料群組

上一節範例的欄欄位題目要求是「季」而不是「月」，因此必須將「交易月」做轉換：3 個月為 1 季。

- 在「交易月」上按右鍵
  選取：組成群組
  間距值：3

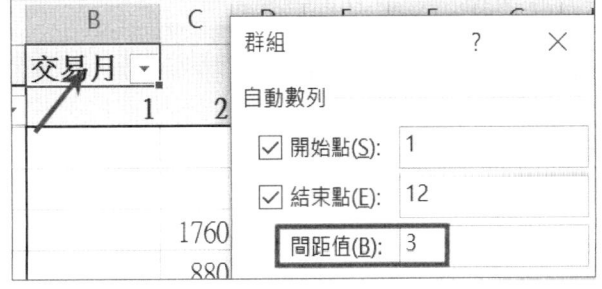

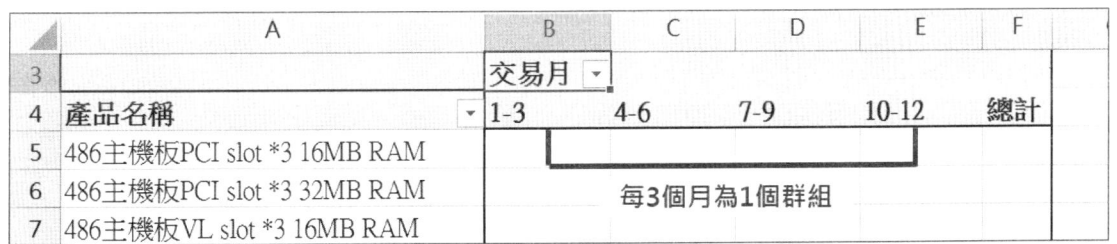

▶ 12. 樞紐分析表－零值顯示

題目對於樞紐分析表中儲存格沒有資料時有 2 種要求：

A. 顯示「0」(題組五附件三)

B. 顯示「無交易」(題組六附件一)

設定方法如下：

- 在樞紐分析表內按右鍵
  選取：樞紐分析表選項
  選取：版面配置與格式標籤

  在「若為空白儲存格，顯示」對話方塊中輸入文字。

- 題組五附件三設定結果 (若為空白儲存格，顯示：0)：

- 題組六附件一設定結果 (若為空白儲存格，顯示：無交易)：

▶ 13.樞紐分析表－資料篩選

題組六附件一要求「近三年：90、91、92」年資料：

- 點選交易年欄位下拉鈕
  取消：88、89

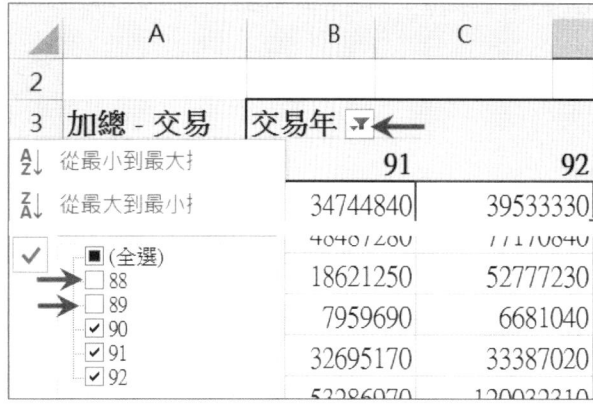

▶ 14.樞紐分析表－小計列

樞紐分析表的「列欄位」的欄位數如果 >=2 (如下圖：4 個欄位)，就會自動為最低階以外的列作小計功能，如下圖中除了最低階的「聯絡人」欄位外，每一個「客戶」、每一個「業務」、每一個「部門」都被插入小計列：

	A	B	C	D	E	F
3	加總 - 總額					
4	部門名稱	業務姓名	客戶寶號	聯絡人	合計	
5	業務一課	王玉治	漢寶農畜產企業公司	林慶文	131,452,380	
6			漢寶農畜產企業公司 合計		131,452,380	
7			九和汽車股份有限公司	陳勳森	48,974,400	
8			九和汽車股份有限公司 合計		48,974,400	
13		王玉治 合計			209,530,710	

題目要求的報表格式多半只有一層小計，因此必須取消多餘的小計列。

以題組五附件二為例，設定如下：

- 在「客戶寶號」上按右鍵，取消：小計"客戶寶號"，設定如下圖：

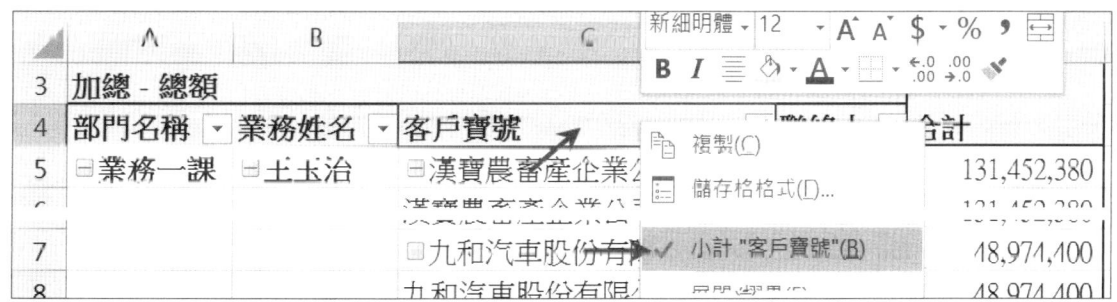

- 結果如下圖：

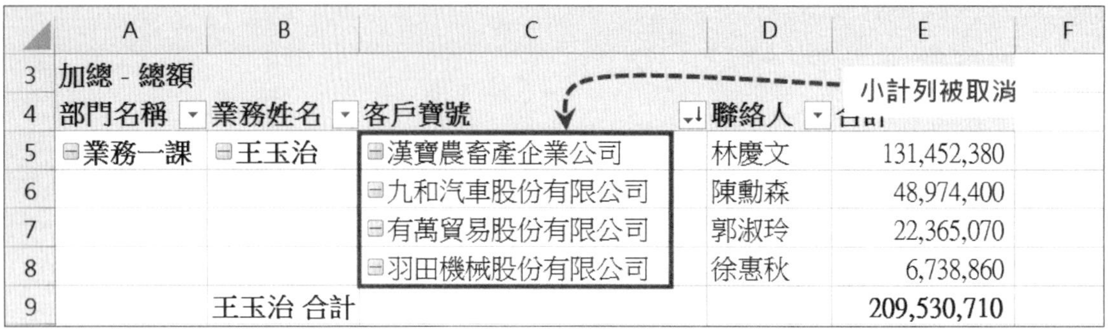

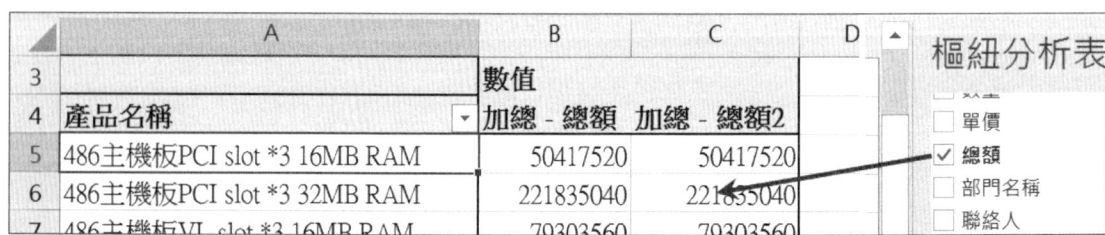

▶ 15.樞紐分析表－總和百分比

題目要求報表中常有「總和百分比」計算，例如：題組五附件三，「銷售百分比」欄位為每一筆銷售額佔銷售總額的百分比，如下圖：

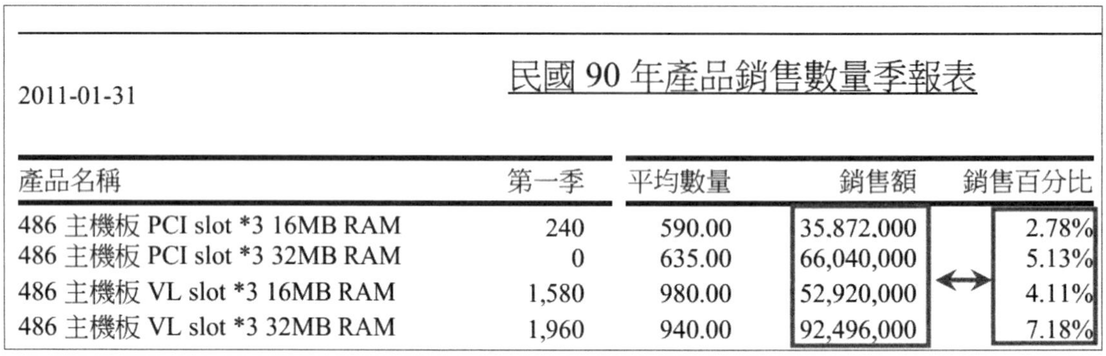

2011-01-31	民國 90 年產品銷售數量季報表				
產品名稱		第一季	平均數量	銷售額	銷售百分比
486 主機板 PCI slot *3 16MB RAM		240	590.00	35.872.000	2.78%
486 主機板 PCI slot *3 32MB RAM		0	635.00	66,040,000	5.13%
486 主機板 VL slot *3 16MB RAM		1,580	980.00	52,920,000	4.11%
486 主機板 VL slot *3 32MB RAM		1,960	940.00	92,496,000	7.18%

樞紐分析表提供自動計算「總和百分比」的功能，操作步驟如下：

- 原始「總額」合計：

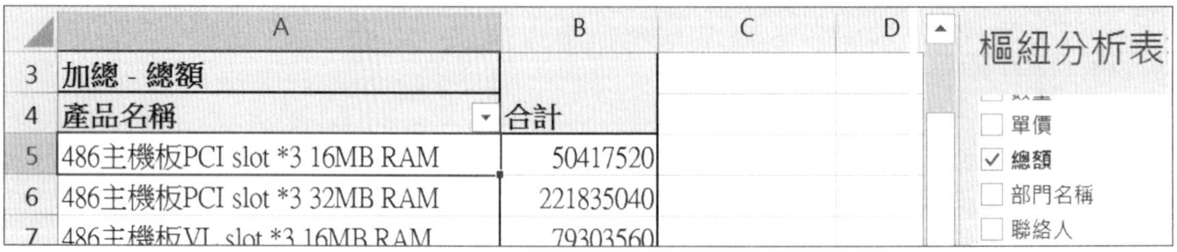

- 將「總計」欄位拖曳至「值欄位」中 (再增加一個「總計」欄位)

Word、Excel、Access 基礎教學

- 在 C3 儲存格上按右鍵
  選取：值的顯示方式 → 總計百分比

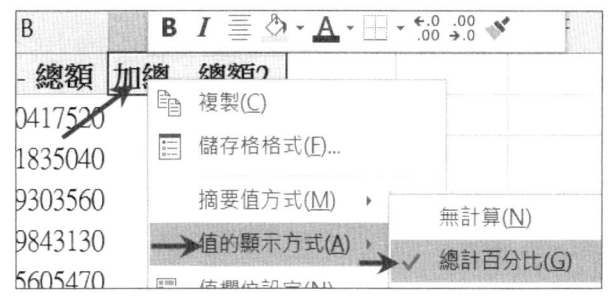

3	列標籤	加總 - 總額	加總 - 總額2
4	486主機板PCI slot *3 16MB RAM	50417520	2.39%
5	486主機板PCI slot *3 32MB RAM	221835040	10.53%
6	486主機板VL slot *3 16MB RAM	79303560	3.76%

▶ 16.樞紐分析表－填滿相同項目

題組四附件三、題組六附件一(下圖)都要求「填滿相同項目」功能，如下圖。

	A	B	C	D	E	F
3	加總 - 交易		交易年			
4	業務姓名	客戶寶號	90	91	92	總計
5	⊟毛渝南	九和汽車股份有限公司	19646570	19691020	25355560	64693150
6		有萬貿易股份有限公司	無交易	3991550	10081750	14073300
7		羽田機械股份有限公司	29893350	4461940	2110080	36465370
8		漢寶農畜產企業公司	19472240	6600330	1985940	28058510
9	⊟王玉治	中衛聯合開發公司	13139910	5703500	4020500	22863910
10		善品精機股份有限公司	無交易	28783200	39523200	68306400

設定方法如下：

- 在 A4 儲存格上按右鍵
  選取：欄位設定
  選取：版面配置與列印
  選取：重複項目標籤

	A	B	C	D	E	F
3	加總 交易		交易年			
4	業務姓名	客戶寶號	90	91	92	總計
5	⊟毛渝南	九和汽車股份有限公司	19646570	19691020	25355560	64693150
6	毛渝南	有萬貿易股份有限公司	無交易	3991550	10081750	14073300
7	毛渝南	羽田機械股份有限公司	29893350	4461940	2110080	36465370
8	毛渝南	漢寶農畜產企業公司	19472240	6600330	1985940	28058510
9	⊟王玉治	中衛聯合開發公司	13139910	5703500	4020500	22863910

1-31

17. 樞紐分析表－資料編輯與複製

樞紐分析表資料格式與考題報表格式要求多少會有差異，但樞紐分析表不允許直接修改表上的文字，因此我們解題時，會將樞紐分析表部分內容複製貼到另一張工作表或空白儲存格上，再進行文字編輯，範例操作如下：

- 選取 F8:A4 範圍 → 按複製鈕，參考下圖：

	A	B	C	D	E	F
2						
3	加總 - 交易	部門名稱				
4	交易年	業務一課	業務二課	業務三課	業務四課	總計
5	88	232164970	255795480	189625390	155470080	833055920
6	89	174723120	227414080	141851500	211215180	755203880
7	90	247867390	219769732	310152340	288444890	1066234352
8	總計	654755480	702979292	641629230	655130150	2654494152

- 選取 A10 儲存格 → 按貼上鈕，結果如下圖：

	A	B	C	D	E	F
9						
10	交易年	業務一課	業務二課	業務三課	業務四課	總計
11	88	232,164,970	255,795,480	189,625,390	155,470,080	833,055,920
12	89	174,723,120	227,414,080	141,851,500	211,215,180	755,203,880
13	90	247,867,390	219,769,732	310,152,340	288,444,890	1,066,234,352
14	總計	654,755,480	702,979,292	641,629,230	655,130,150	2,654,494,152

一般選取資料的習慣都是「左上到右下」(A4:F8)，但由於 A4 儲存格有下拉鈕，無法作為拖曳的起點，因此建議反方向拖曳選取。

請注意！複製的範圍不包含樞紐分析表最上方的第 3 列。

請注意！完成複製的 A10 儲存格是沒有下拉鈕的，A10:F14 範圍是一般資料，是可以編輯的。

18.統計圖－圖形類別

考題所要求圖表類型表列如下：

題組附件	名稱	大分類	小分類
1-3	平面橫條圖		
1-5	立體圓形圖		
2-4	組合圖 直條圖-折線圖於副座標軸		
3-4	立體直條圖		
4-3	立體直條圖		
4-5	立體圓形圖		
5-4	折線圖 含資料標記的折線圖		
6-3	立體圓形圖		

19. 統計圖－快速版面配置

統計圖中有一些主要項目，例如：
A. 圖表標題
B. 水平軸標題
C. 垂直軸標題
D. 圖例
E. 資料標籤
F. 資料標記
G. 格線

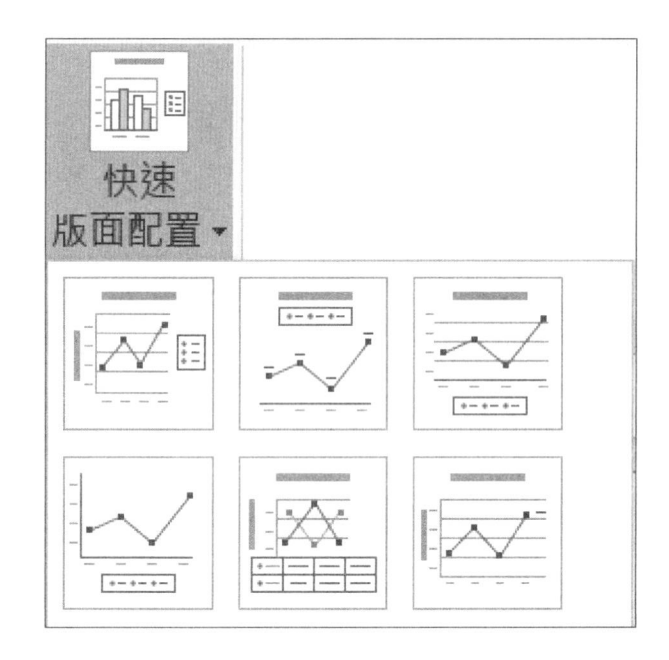

透過「快速版面配置」可以挑選最適當的圖表項目組合，省略後續不必要的「增加/移除項目」的工作。

20. 統計圖－增加/移除項目

當「快速版面配置」無法 100%符合題目要求時，我們必須自己手動增加或移除圖表項目，利用統計圖右上方的 ➕ 鈕，勾選：增加項目、取消勾選：移除項目。

範例：題組一附件三

要求：顯示主要垂直格線

設定如右圖：

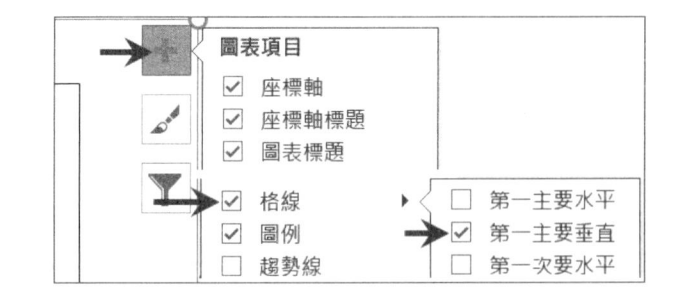

21. 統計圖－圖表位置

大圖：

　　每一個題組的附件三或附件四必定是一個純統計圖考題，整張報表就是一個統計圖，我們稱為大圖，我們建議將大圖獨立為一張工作表，不要與資料混在一起。

小圖：

　　有些題組的附件五文書資料編輯中會附帶一個小的統計圖，我們稱為小圖，我們建議就讓統計圖與原始資料共存於同一張工作表。

切換統計圖位置：

- 大圖：選取新工作表
  小圖：選取工作表中的物件

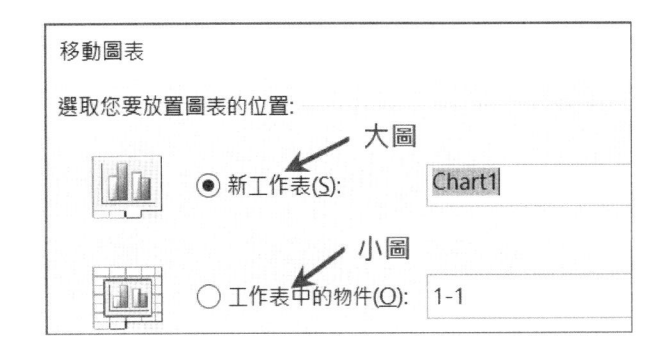

▶ 22.統計圖－字型設定

以下 2 項文字字型設定是大圖、小圖共同的規範：

A. 不包含圖表標題的所有文字：
   中文字型：新細明體，英文、數字字型：Times New Roman

B. 圖表標題文字：
   中文字型：新細明體、英文字型：新細明體

大圖對於文字大小有明確的規定：

範例：題組一附件三

要求：圖標標題 → 16 pt、垂直軸標題 → 14 pt、圖例 → 10 pt、…

小圖對於文字大小完全沒有規範，考生可憑目測法自行決定圖表內各項目字體大小，由於沒有扣分點，因此監評老師也不得以「好看與否？」作為評分標準。

由於統計圖內文字項目很多，為了避免某些項目忘了設定字體，因此建議：

- 先 → 整體共同設定：
  中文字型：新細明體，英文、數字字型：Times New Roman
- 後 → 逐一針對各項目作差異設定：
  字型 (圖表標題：全部新細明體)、大小、方向、斜體、底線

1-35

字型設定方式-1：

- 選取項目
  常用 → 字型
  或
  常用 → 對齊方式

字型設定方式-2：

- 在項目上按右鍵
  選取：字型

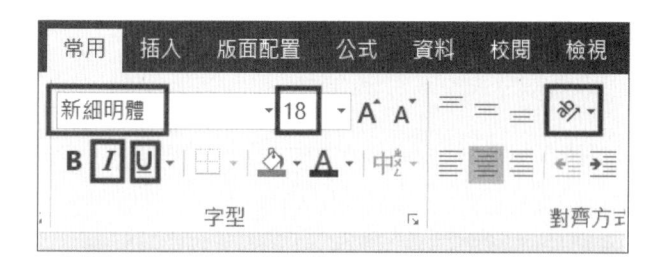

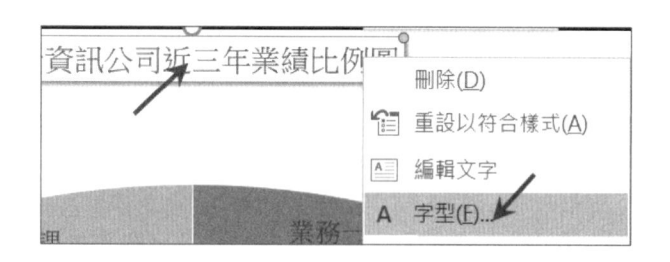

▶ 23.項目工作窗格

為了解題的一致性，本書對於的統計圖項目設定，大多數是以工作窗格作為設定介面。

叫出工作窗格的方法：

- 在項目上連點 2 下
  視窗右邊便會出現該項目對應的工作窗格

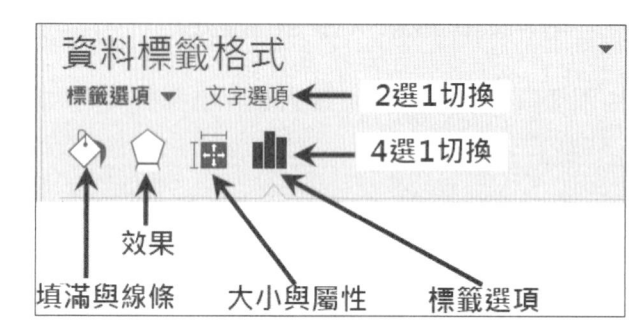

設定時必須注意以下事項：

- 第 1 層選項：(2 選 1)
  請注意系統自動判斷選擇項目。
- 第 2 層選項：(4 選 1)
  請注意系統自動判斷選擇項目。
- 請注意項目的展開與摺疊狀態
  若找不到設定項目，請有耐心的一一展開項目檢視。

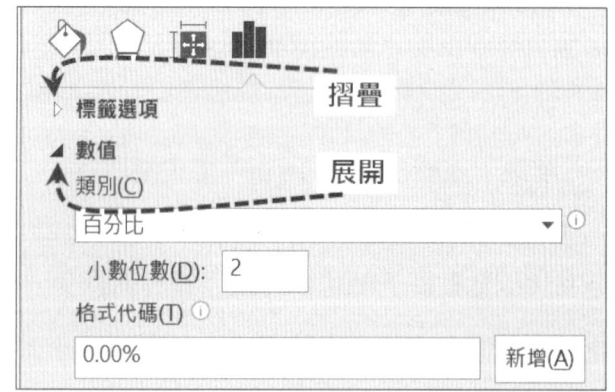

▶ 24.統計圖－數字格式設定

統計圖中的數字項目被選取時，功能表中的數字格式設定功能鈕是呈現灰色的 (無法作用) 狀態，如右圖：

因此數字格式設定必須使用視窗右邊的「項目工作窗格」執行設定工作。

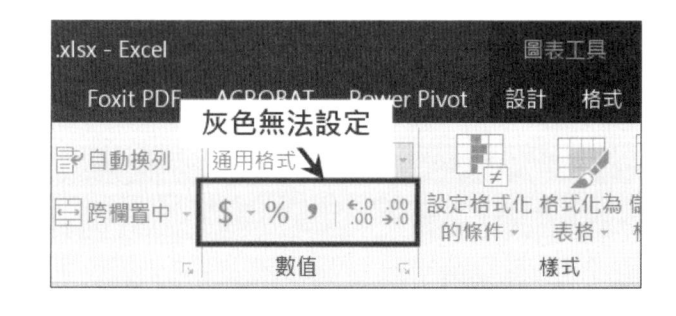

1-36

以下的百分比、千分位是統計圖中最常使用的 2 種數字格式：

- 百分比設定
  選取：標籤選項
  展開：數值
  類別：百分比
  小數位數：2

- 千分位設定
  類別：數值
  小數位數：2
  選取：使用千分位

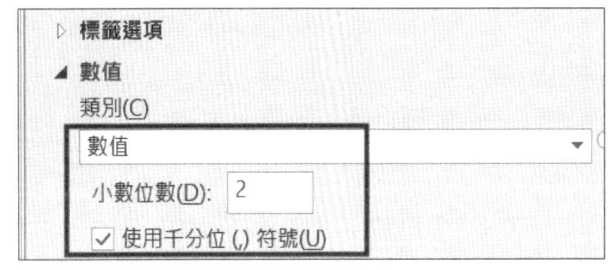

▶ 25. 統計圖－垂直軸刻度

系統會根據繪圖數據自動設定座標軸格式，但題目有特別規定時，我們必須手動更改設定，右圖是 4 個考題會用到的設定：

- 最大值
- 主要單位
- 變更顯示單位
- 在圖表上顯示單位標籤

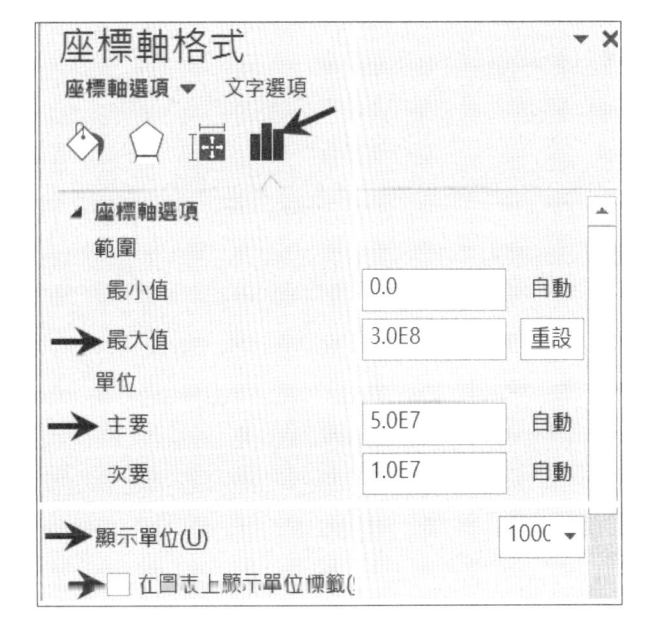

▶ 26.統計圖－框線設定

圖表中有許多項目需要做框線設定，例如：圖表標題、圖表區外框、繪圖區外框、圖例外框、底板外框、…。

題目中對於框線的要求並不明確，例如：有框線、粗線、細線，對於顏色更是毫無要求，因此本書解題框線顏色部分全部自訂為黑色，框線粗細若題目要求「細線」、「有框線」就以系統預設值設定，若說「粗框線」就以目測法自行決定。

建議以功能表設定最為便捷，如右圖：

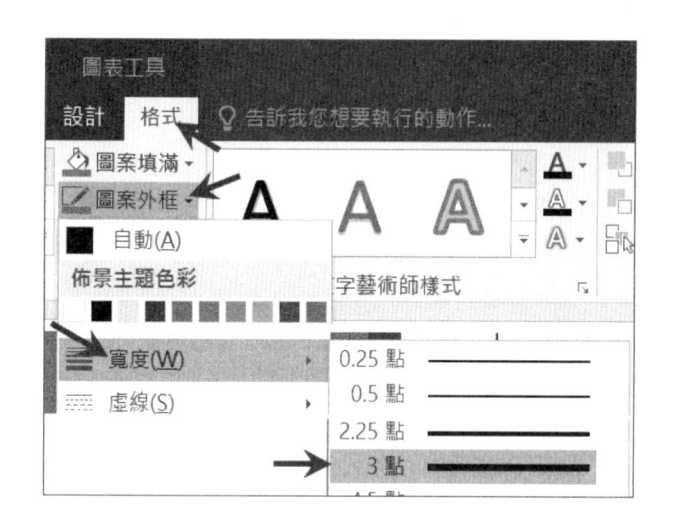

▶ 27.統計圖－陰影設定

統計圖考題要求中只有圖表標題需要使用到陰影設定，使用功能表或工作窗格設定都同樣便利。

- 功能表設定：
  圖表工具 → 格式 → 圖案效果 → 陰影

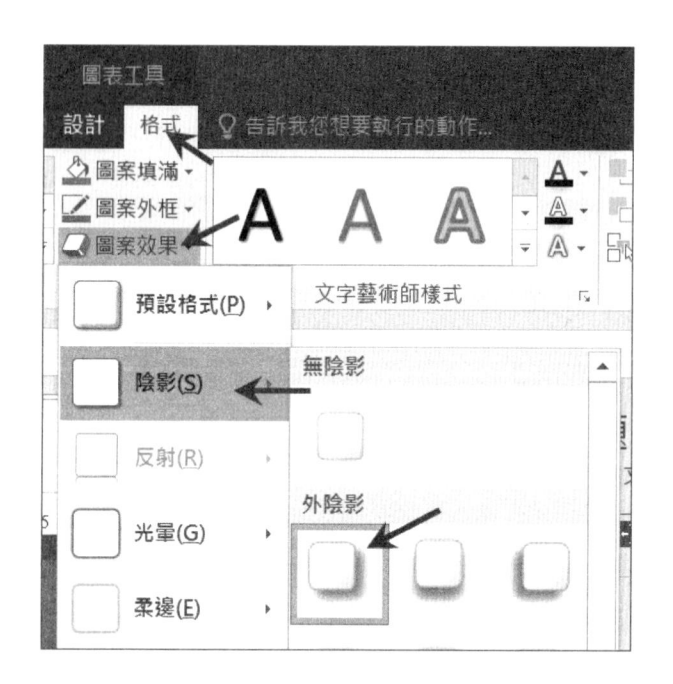

- 工作窗格：
  效果 → 陰影
  預設：陰影方向
  距離：陰影的粗細

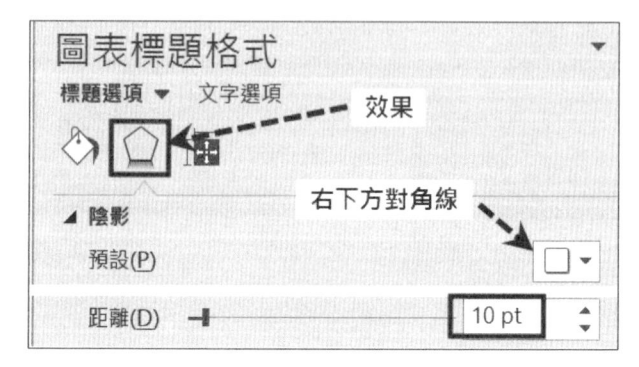

▶ 28.統計圖－圖例形狀

題組二附件四組合圖題目規定折線圖圖例形狀為方形，設定如右圖：

- 選取：折線
  選取：填滿與線條
  選取：標記
  標記選項：內鍵 → 方形

▶ 29.統計圖－繪圖區

題目沒有規定繪圖區大小，但由於解題使用的 MS Office 軟體版本不斷更新，新版完成的圖形大小與考題以舊版軟體完成的答案在大小上有明顯的差距，調整方法如下：

- 拖曳繪圖區 4 個控點
  讓繪圖區縮小
  讓繪圖區還位於圖片中央
  如右圖：
- 分別將資料標籤向外拖曳
  (題目沒有規範，適當即可)

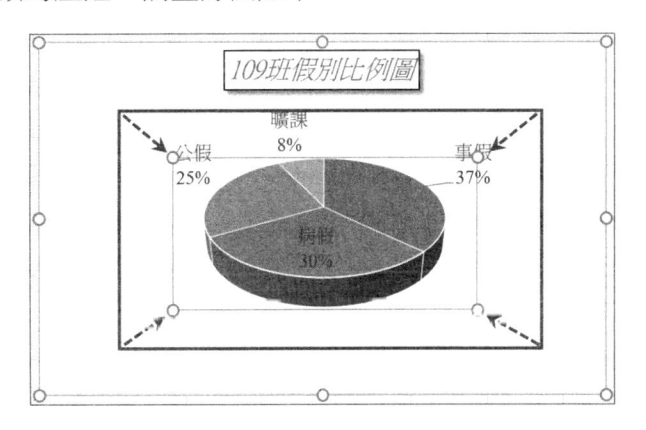

1-03　Access 基礎教學

▶ 01.資料分析

題組一、二

若以 Access 做完整的資料表整合將會提高解題的難度，為降低解題的複雜度，我們將利用 Excel Sumif( )函數作為資料整合的工具，解題方法將在實作中做說明。

題組三附件一

是一個完全獨立的題型：處理人事資料，解題方法將在實作中做說明。

題組三、四、五、六

基本上都是「業績統計」題型(題組三附件一除外)，使用共同的資料檔案架構，題組四是最標準的題型。

題組四

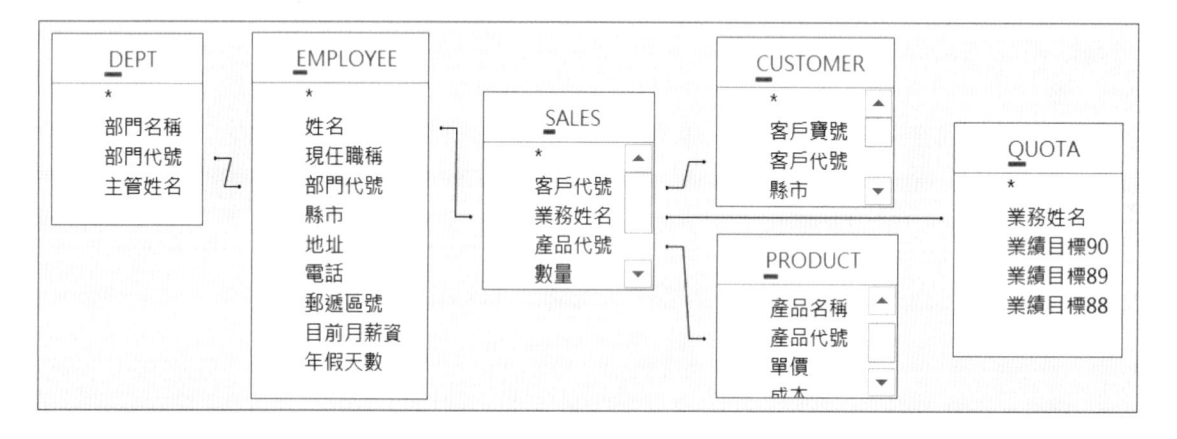

```
┌─────────┐   ┌─────────┐                     ┌─────────┐
│  DEPT   │   │EMPLOYEE │                     │CUSTOMER │
├─────────┤   ├─────────┤   ┌─────────┐       ├─────────┤
│ *       │   │ *       │   │  SALES  │       │ *       │       ┌─────────┐
│ 部門名稱│   │ 姓名    │   ├─────────┤       │ 客戶寶號│       │  QUOTA  │
│ 部門代號│╤═│ 現任職稱│   │ *       │       │ 客戶代號│       ├─────────┤
│ 主管姓名│   │ 部門代號│═╤│ 客戶代號│       │ 縣市    │       │ *       │
└─────────┘   │ 縣市    │   │ 業務姓名│╤══════└─────────┘╤══════│ 業務姓名│
              │ 地址    │   │ 產品代號│                           │業績目標90│
              │ 電話    │   │ 數量    │       ┌─────────┐       │業績目標89│
              │ 郵遞區號│   └─────────┘       │ PRODUCT │       │業績目標88│
              │ 目前月薪資│                   ├─────────┤       └─────────┘
              │ 年假天數│                     │ 產品名稱│
              └─────────┘                     │ 產品代號│
                                              │ 單價    │
                                              │ 成本    │
                                              └─────────┘
```

● 上面的資料表架構中，資料表名稱第 1 個字母依序排列為：DESCPQ
　若是記住了，解題時將會迅速、確實並降低錯誤率。

題組三

少了 CUSTOMER 資料表，如下圖：

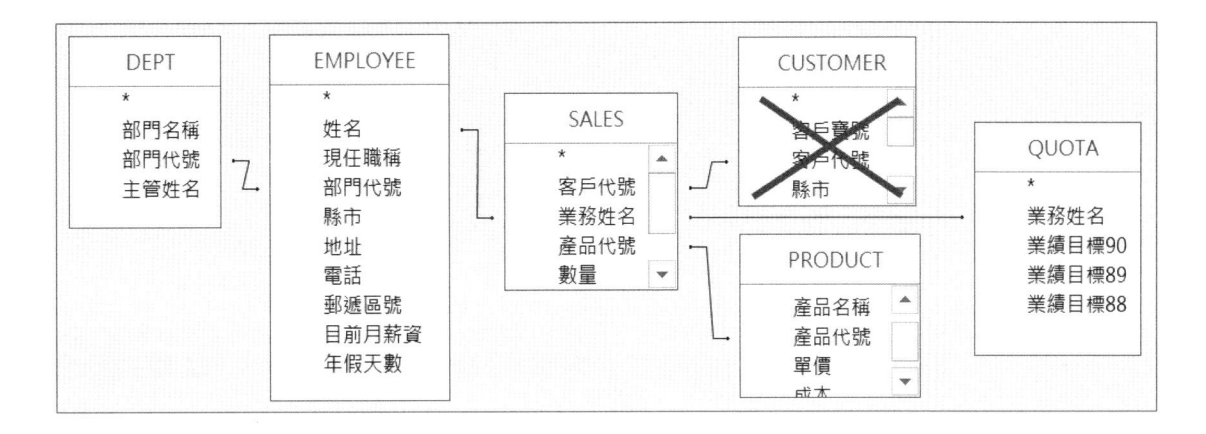

題組五

少了 QUOTA 資料表，SALES 資料表替換為 SALES2 資料表，如下圖：

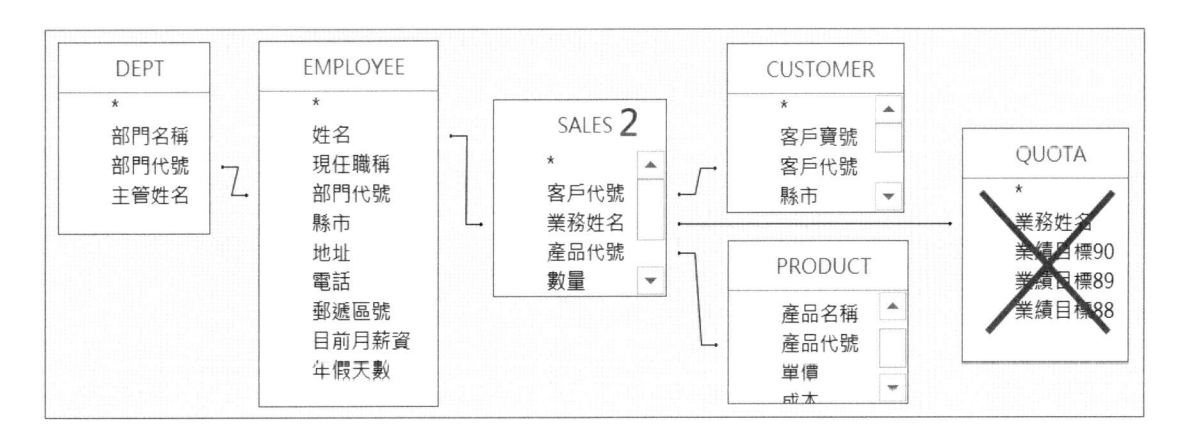

題組六

少了 QUOTA 資料表，SALES 資料增加為 SALES、SALES1 資料表，如下圖：

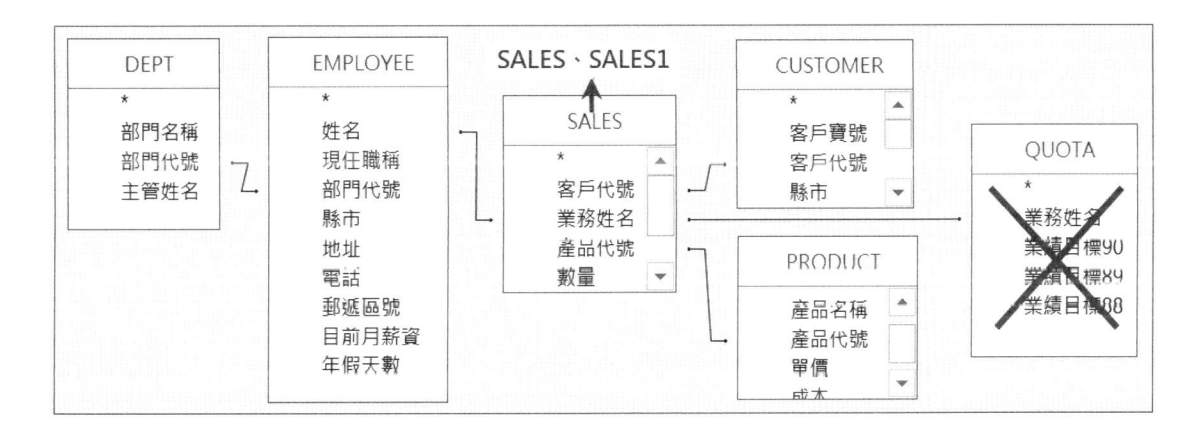

02. 建立 Access 資料庫

1. 啟動 Access
2. 選取：空白桌面資料庫
   資料夾：桌面
   檔案名稱：NO5

3. 關閉：資料表 1 視窗

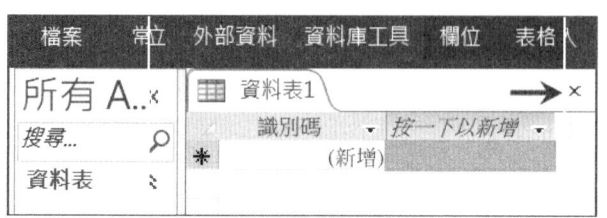

> **解說**
>
> 開啟 Access 後，系統先奉送一張空白資料表，由於資料都是由考題匯入，因此不須用到。

03. 將 XML 資料表匯入 Access

Access 是資料整合的最佳工具，因此我們將考題 XML 資料表匯入 Access 中，以查詢完成資料整合工作，以下操作以題組五為範例。

1. 開啟 Access 2021，建立新資料庫：
   資料夾：桌面、檔案名稱：no5
2. 關閉：資料表 1（不須存檔）
3. 外部資料 → 新增資料來源 → 從檔案 → XML 檔案

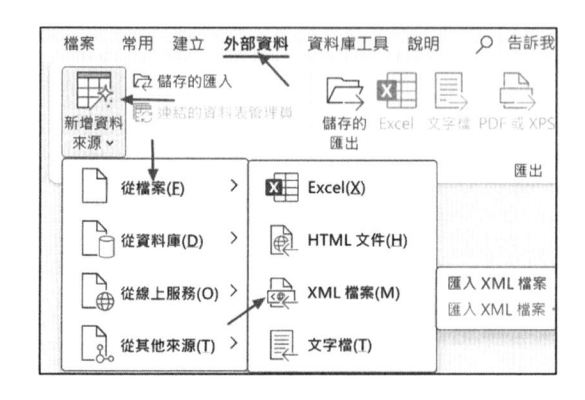

Word、Excel、Access 基礎教學

4. 指定來源資料：…\customer.xml

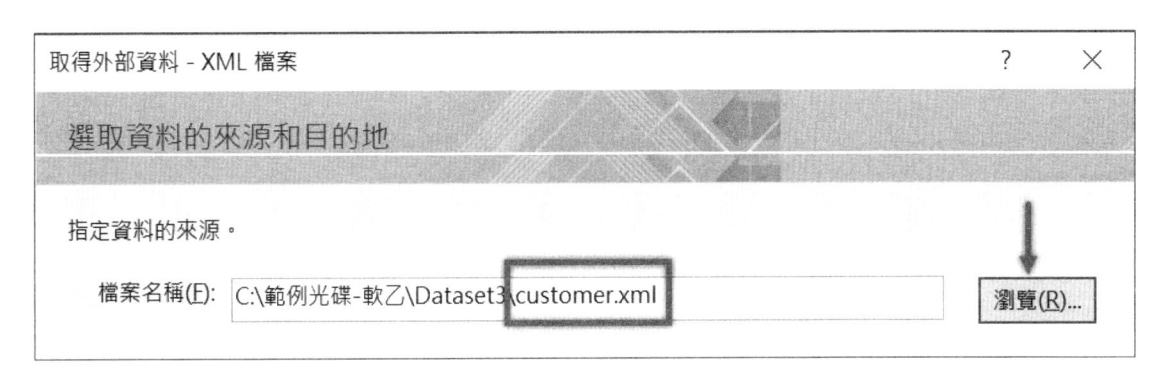

   取得外部資料 - XML 檔案

   選取資料的來源和目的地

   指定資料的來源。

   檔案名稱(F): C:\範例光碟-軟乙\Dataset3\customer.xml　　瀏覽(R)...

5. 匯入選項：
   結構及資料（預設值）

   匯入 XML

   資料表
   　CUSTOMER

   匯入選項
   ○ 只有結構(S)
   ● 結構及資料(D) ←
   ○ 新增資料至現存資料表(A)

6. 重複步驟 3~5
   分別匯入：
   DEPT.XML
   EMPLOYEE.XML
   PRODUCT.XML
   SALES2.XML
   結果如右圖

   所有 Access 物件
   搜尋...
   資料表
   　CUSTOMER
   　DEPT
   　EMPLOYEE
   　PRODUCT
   　SALES2

解說

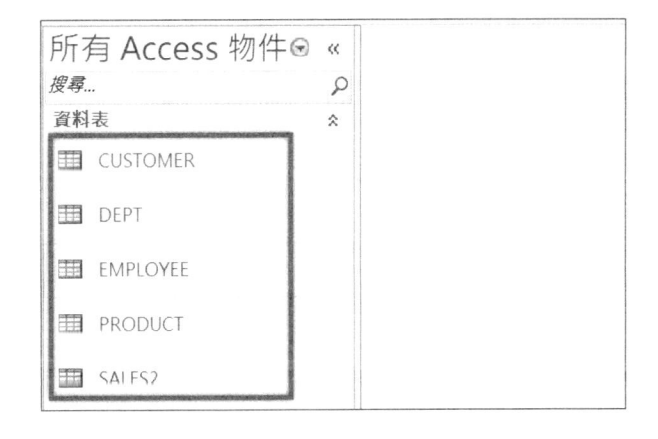

若資料表匯入錯誤，只要選取資料表，按 Delete 鍵(刪除)後，再重新匯入即可。

1-43

XML 檔案資料格式說明

XML 檔案匯入 Access 系統後，所有應該是數字的資料都被設定為文字欄位，請參考下圖：（數字靠左、文字靠右）

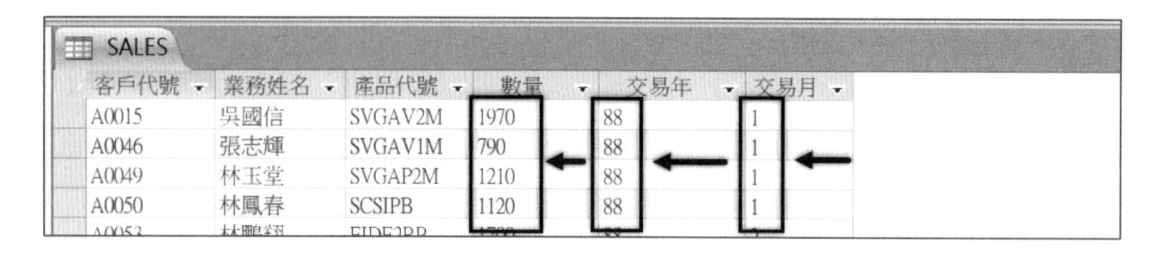

因此我們必須該改欄位屬性，步驟如下：

1. 常用 → 檢視 → 設計檢視

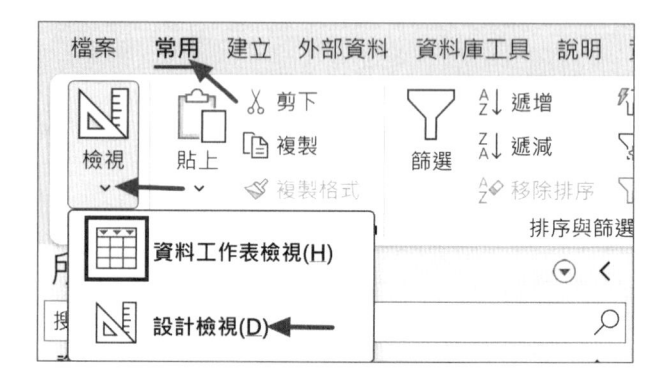

2. 更改 3 個欄位：
   數量、交易年、交易月
   資料類型為：數字

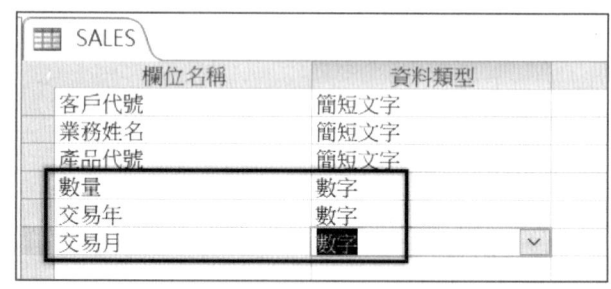

3. 再按一下檢視鈕，切換至資料顯示模式，結果如下圖：

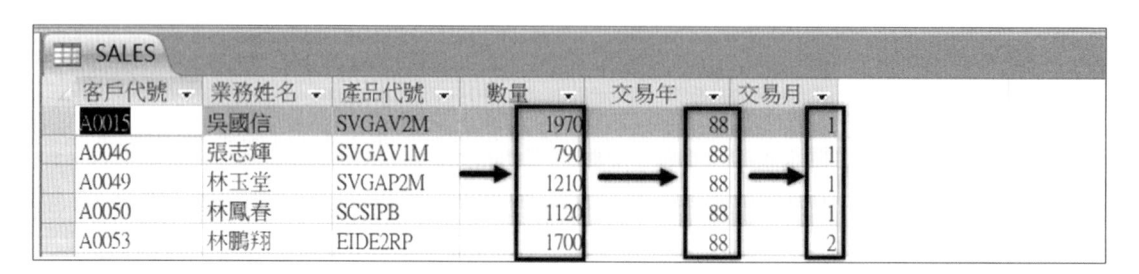

04.建立資料表關聯

Access 的「查詢」就是整理資料的平台，最強的功能是將多張資料表整合為一張，以下操作以題組五為範例。

建立→查詢設計

1. 選取：建立 → 查詢設計
   拖曳選取視窗右側 5 張資料表，點選：新增選取的資料表，如下圖：

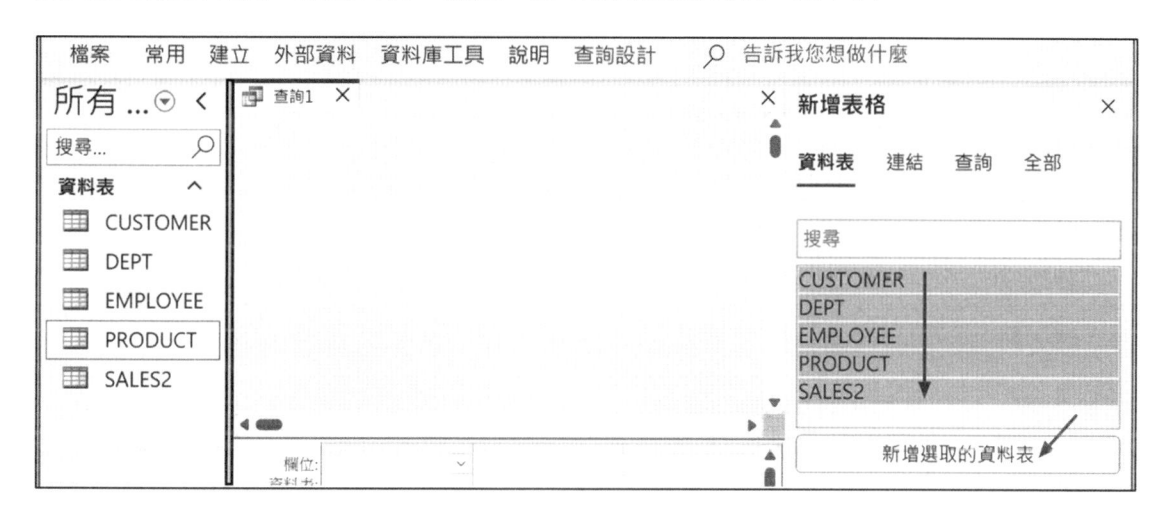

2. 拖曳排列資料由左至右位置：DESCPQ (本題沒有 Q：業績目標)
   拖曳連結資料表欄位，如下圖：

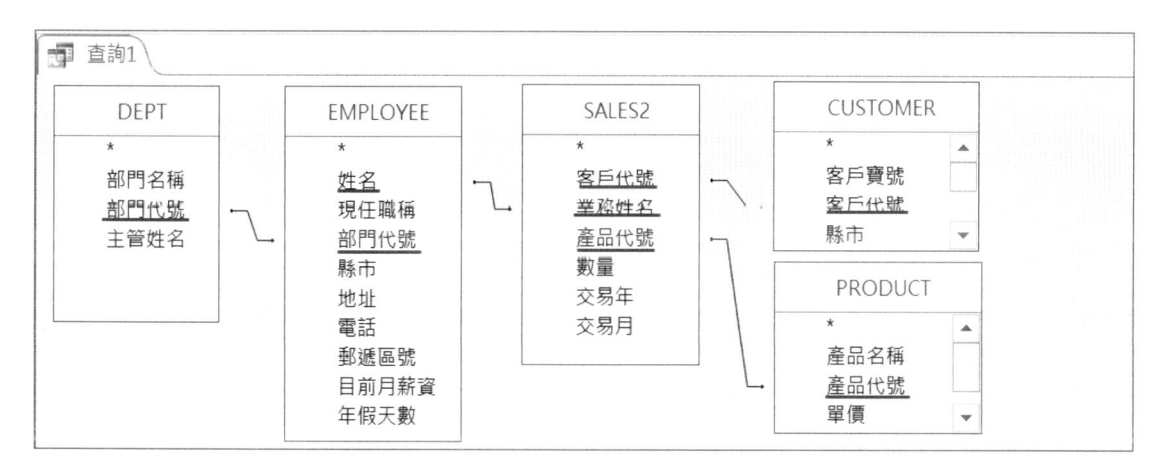

解說

拖曳時請特別注意連結 2 端所對應的欄位，若對應錯誤，結果將看不到任何資料。
更正關聯線方法：在關聯線上按右鍵 → 刪除，重新拖曳關聯線。
拖曳關聯線時，由「左 → 右」或由「右 → 左」拖曳均可，唯一的差別是最後的資料排列順序，由於資料排序的動作統一在 Excel 完成，因此 Access 查詢的資料排序差異不1影響答案的正確性。

1-45

▶ 05.建立查詢欄位

本書解題時強調「題組整合」，希望將整個題組 5 個附件所需要的資料，全部整合在 1 份查詢資料中，目的有 2：

- 減少不必要的重複動作，提高解題效率。
- 一次性解題可避免前後反覆的錯誤，降低錯誤率。

因此我們在資料整合過程中會一一檢視每一份報表附件所需要的資料欄位，決定欄位的規則如下：

A. 遇到重複性的欄位就只保留第 1 個。

B. 計算欄位：
   例如：「總額」欄位題目定義的計算公式：總額 = 數量*單價
   我們便自行輸入欄位名稱、運算式。

C. 比例、獎金欄位：
   這 2 種資料我們解題時將它歸屬於 Excel 運算的工作，在 Access 查詢中不予處理。

以題組五為例，建立查詢步驟如下：

附件一報表欄位分析

業務姓名	客戶寶號	數量	單價	總額
欄位	欄位	欄位	欄位	↑ 數量 * 單價

- 在 1~4 欄分別設定欄位
  在第 5 欄輸入運算式：總額 : 數量 * 單價

欄位：	業務姓名	客戶寶號	數量	單價	總額: [數量]*[單價]
資料表：	SALES2	CUSTOMER	SALES2	PRODUCT	
排序：					
顯示：	✓	✓	✓	✓	✓

解說

設定欄位方法：
A.在欄位名稱上連點 2 下。
B.將欄位名稱由關聯表拖曳至欄位。

運算式語法：
欄位名稱「總額」、分隔符號「:」、運算式「數量*單價」
千萬記得！考題中的「=」在查詢中必須改為分隔符號「:」
輸入欄位名稱時不需要輸入[ ]，由系統自動加入[ ]較不易犯錯。

1-46

附件二報表欄位分析

部門名稱	業務姓名	客戶寶號	聯絡人	總額
欄位	重複	重複	欄位	重複

- 在 6~7 欄分別設定欄位，如下圖：

欄位:	數量	單價	總額: [數量]*[單價]	部門名稱	聯絡人
資料表:	SALES2	PRODUCT		DEPT	CUSTOMER
排序:					
顯示:	✓	✓	✓	✓	✓

附件三報表欄位分析

- 第一季～第四季：是銷售「數量」欄位
- 季：必須用交易月作為轉換，因此增加「交易月」欄位
- 平均數量：可由第一季～第四季計算取得
- 銷售百分比：由銷售額計算取得

產品名稱	第一季	第二季	第三季	第四季	平均數量	銷售額	銷售百分比
欄位	重複	重複	重複	重複	計算	重複	計算

- 在 8~9 欄分別設定欄位，如下圖：

欄位:	總額: [數量]*[單價]	部門名稱	聯絡人	產品名稱	交易月
資料表:		DEPT	CUSTOMER	PRODUCT	SALES2
排序:					
顯示:	✓	✓	✓	✓	✓

附件四報表欄位分析

統計圖資料直接由附件三報表最下方 4 筆資料取得，不須增加任何欄位。

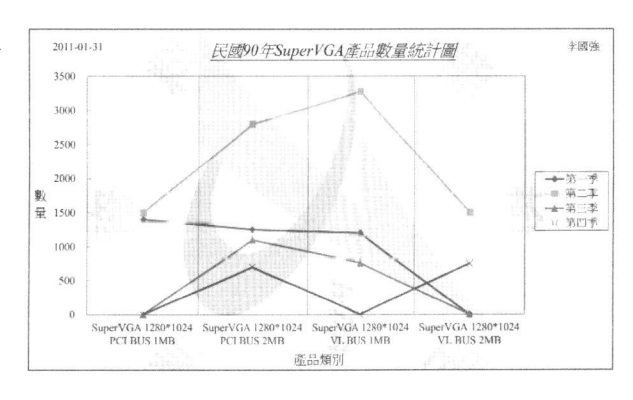

附件五報表欄位分析

這是一個文字處理報表，報表內的表格資料直接由附件三左邊 6 個欄位取得，不須增加任何欄位。

06.資料工作表檢視

建立、編輯查詢有 2 個模式，上面所介紹的是右圖的「設計檢視」，簡單的拖曳動作即可完成查詢設計，另一種方式是 SQL 檢視：結構性查詢語言，是以英文指令來建立查詢，為專業人士使用的工具，本書不多作介紹。

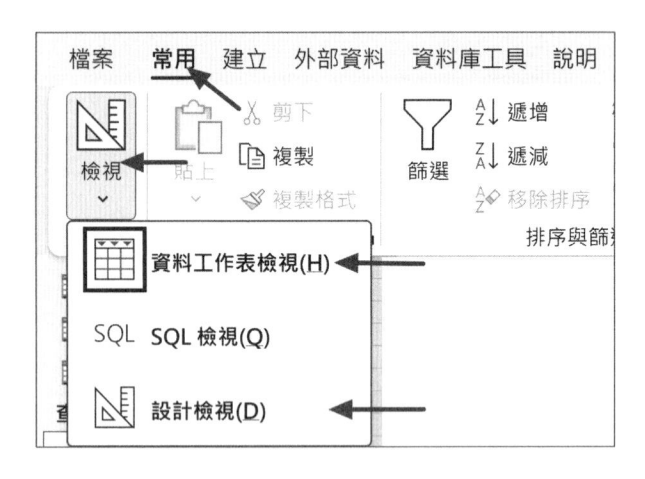

- 常用 → 檢視 → 資料工作表檢視，共得資料 200 筆

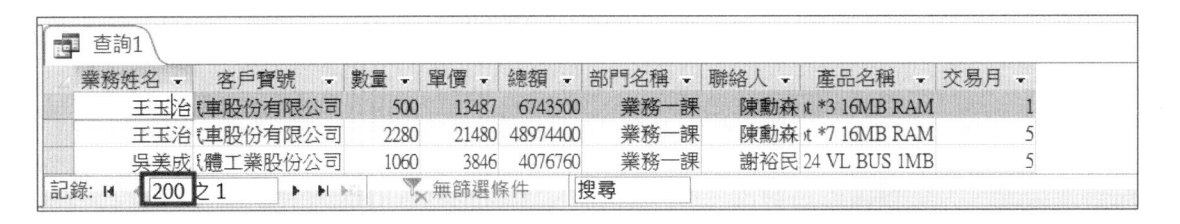

> **解說**
>
> 資料篩選：附件一~附件五共同的資料篩選準則：民國 90 年。

- 常用 → 檢視 → 設計檢視

  在第 10 欄建立「交易年」欄位，取消：顯示、設定準則：90

- 常用 → 檢視 → 資料工作表檢視，共得資料 93 筆，按存檔鈕，命名為：data-1

▶ 07. 錯誤處理

查詢結果錯誤大致可分為以下幾個主題，分別介紹錯誤原因及解決方法如下：

A. 忘了拖曳關聯線

右圖 2 個資料表忘了作資料表關聯！

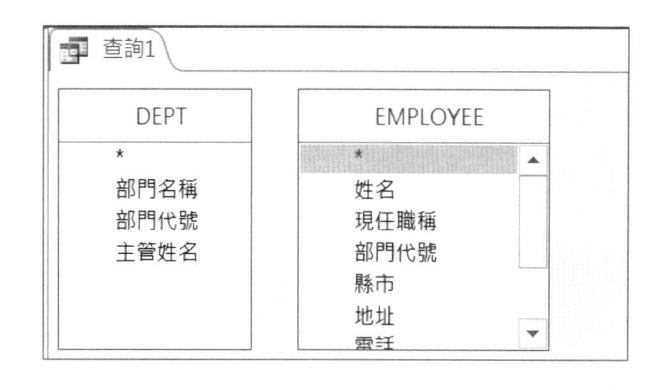

結果：資料筆數倍數膨脹

DEPT：17 筆資料
EMPLOYEE：97 筆資料
錯誤產生 17*97 = 1649 筆資料

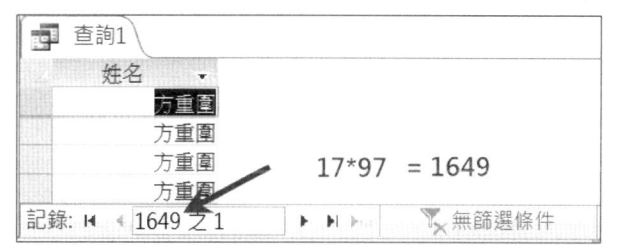

解決方法

若是發現資料筆數不合理，或是資料重複情況，可能原因有以下 2 項：

- 資料表間忘了關連：解決方法 → 重新拖曳關聯線。
- 加入了多餘的資料表：找出多餘的資料表 → 刪除。

B. 關聯線連結錯誤

右圖 2 個資料表欄位關聯錯誤！

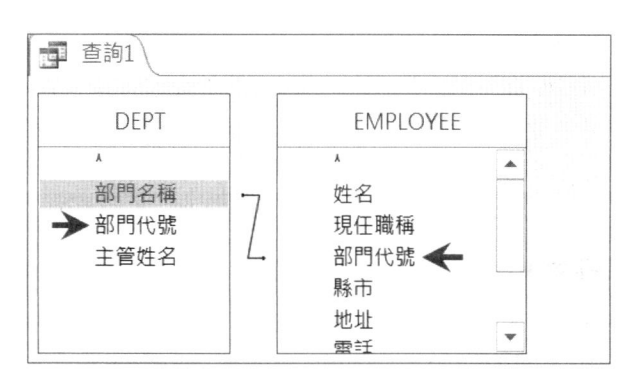

結果：資料查詢錯誤無任何資料

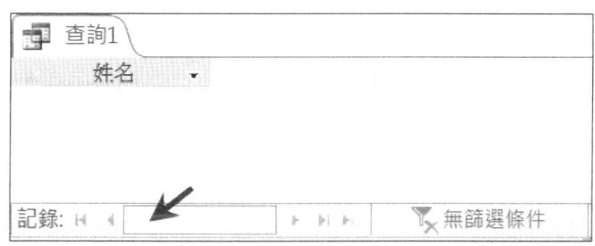

解決方法

在錯誤的關聯線上按右鍵 → 刪除，重新拖曳關聯線如右圖：

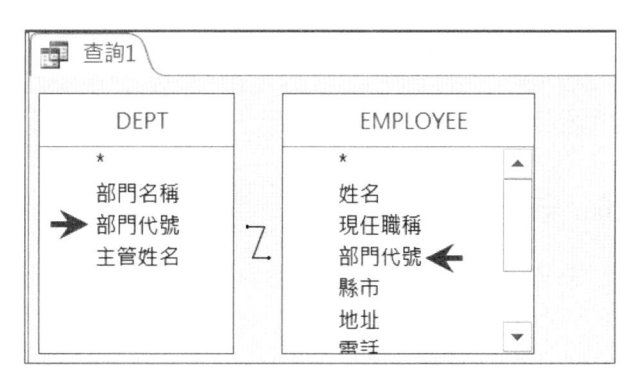

C. 欄位名稱錯誤

若資料檢視時出現如右圖對話方塊，即是欄位名稱輸入錯誤。

請注意！右圖「數 量」中間多了一個空白字元！

解決方法

更正錯誤欄位名稱，如下圖：

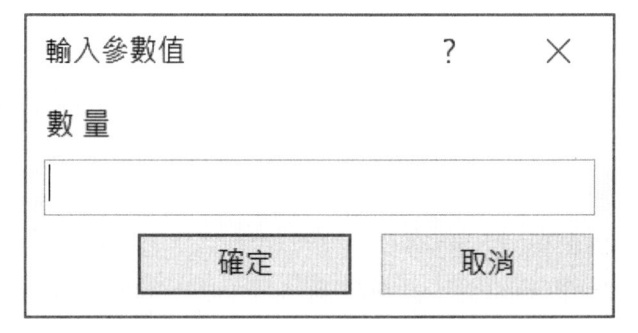

D. 運算式錯誤

若資料檢視時出現如右圖：

「無效語法」

即是運算式輸入錯誤。

右圖「：」被輸入為全形冒號！

解決方法

將全形冒號更正為半形冒號。

E. 等號錯誤

冒號「:」誤打成等號「=」。

輸入的字串中沒有分隔符號「:」，整串文字被視為運算式，所以系統自動在字串前方加入「Expr1:」(欄位名稱「運算式 1」)。

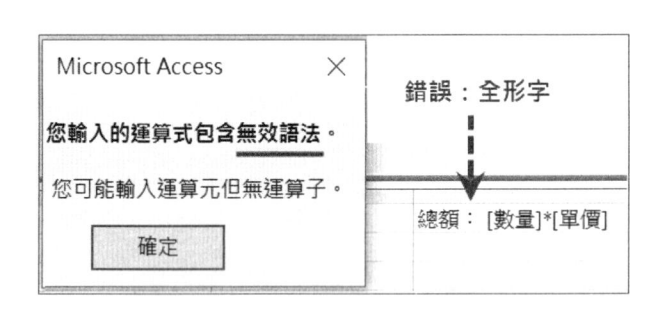

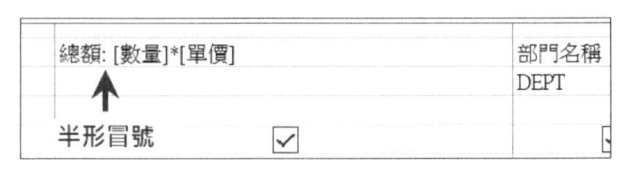

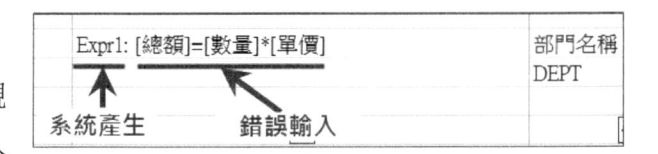

解決方法

刪除「Expr1:」，並將等號「=」更正為半形冒號「:」。

1-50

2 術科試題及解題程序

術科扣分項目說明

1. 不符合題組內有 ◎ 的說明條件 每處扣 50 分
   (以**每一子題**為扣分單位)

2. 不符合題組內有 △ 的說明條件 每處扣 20 分
   (以**每一子題**為扣分單位)

3. 不符合題組內有 ● 的說明條件 每處扣 50 分
   (以**每一子題**為扣分單位)

4. 不符合題組內有 ▲ 的說明條件 每處扣 20 分
   (以**每一項**為扣分單位)

5. 不符合題組內有 ※ 的說明條件 每處扣 10 分
   (以**每一項**為扣分單位)

術科測試試題

(一)、題組編號：930201至930206

(二)、測試時間：240分鐘：

(三)、試題說明：

    (1) 本試題共有六個題組，每位應檢人依抽籤結果作答一個題組。

    (2) 試題之附件僅供參考。

    (3) 評審以報表為主要依據，應檢人須將作答結果列印出來。

    (4) 請於每張報表的右上角，簽上「座號」及「姓名」，並於第一張報表的右上角加註報表張數。

    (5) 請繳交評審表及報表。

重大改變：

- 完成答案檔不需要繳交，因此也不需要備份。
- 只需繳交列印報表。

題組五：試題編號 930205

電腦軟體應用乙級技術士技能檢定術科測試檢定試題

資料檔名稱	檔案名稱	備註
部門主檔	dept.xml	
人事主檔	employee.xml	
銷售主檔一	sales2.xml	
產品主檔	product.xml	
客戶主檔	customer.xml	
文書檔	yr1.odt ~ yr10.odt	第 5 子題用

【檔案及報表要求】

頂新資訊公司之會計年計算方式為每一年的 1 月至 12 月（例：民國 90 年為 90 年 1 月至 12 月），請利用以上所列之資料庫，依下列要求作答。所有列印皆設定為：

◎ 文書檔由應檢人員於考試開始前，自 yr1.odt、yr2.odt、yr3.odt、yr4.odt、yr5.odt、yr6.odt、yr7.odt、yr8.odt、yr9.odt、yr10.odt 中抽選一檔案。

△ 紙張設定為 A4 格式，頁面內文之上、下邊界皆為 3 公分，左、右邊界亦為 3 公分。因印表機紙張定位有所不同時，左、右邊界可允許有少許誤差，惟左、右邊界之總和仍為 6 公分。

△ 中文設定為新細明體或細明體字型，英文及數字設定為 Times New Roman 字型，但圖表的標題皆設為新細明體或細明體。

△ 頁首之下與頁尾之上，各以一條 1 點之橫線與本文間相隔，頁首之下的橫線與頁緣距離為 3 公分，頁尾之上的橫線與頁緣距離為 3 公分。並於頁首左邊以 10 點字型加印題組及附件編號，例如「題組五附件一」，且加框線及灰色網底。

◎ 所有列印報表之欄位名稱均須橫列並列印於同一頁、同一列上。

◎ 報表內容，應依試題要求作答，不得自行加入無關的資料。

1. 製作一份「民國 90 年產品銷售狀況」報表，報表內容須包括：
   (本題答案所要求之報表格式請參考「題組五附件一」之參考範例)
   ● 紙張設定為直式。
   ● 「總額」為該筆交易之「單價」×「數量」。
   ● 資料內容依「總額」遞減排序，總額相同者依「單價」遞減、「數量」遞減、「業務姓名」遞增排序。
   ● 資料內容為民國 90 年「總額」大於 10,000,000（含）的所有交易。
   ▲ 報表標題：「民國 90 年產品銷售狀況」。

題組五

- ▲ 報表含「業務姓名、客戶寶號、數量、單價、總額」等欄位。
- ※ 每一頁報表均有標題，標題為 16 點斜體字型，置中對齊，並加單線底線。
- ※ 每一頁報表均有欄位名稱。
- ※ 全部的數字資料，一律靠右對齊(含欄位的標題)，其餘靠左對齊。
- ※ 欄位名稱為 12 點字型，每個欄位以一個（含）以上的空白予以間隔。
- ※ 欄位名稱列之上、下均標以一條 2 1/4 點之橫線，分別與標題及資料內容相隔開。
- ※ 標題與欄位名稱列間有一空白列。
- ※ 資料內容為 12 點字型。
- ※ 資料記錄欄位與欄位間以一條 1 1/2 點之直線相隔開。
- ※ 最後一筆資料內容之下加一條 2 1/4 點之橫線。
- ※ 列印時所有數字，每三位加一逗號，例如：41,500，並靠右對齊。
- ※ 與標題列同列的左邊以 12 點字型加入測驗當天的日期，其格式為「2001-01-31」。與標題列同列的右邊以 12 點字型加入您的姓名。
- ※ 每頁頁面右上方以 10 點字型加上頁碼，其格式為「PageX」，如「Page1」。
- ※ 每頁頁面的下方中間處以 10 點字型加上您的准考證號碼。

2. 製作一份「民國 90 年業務部門銷售狀況與統計」報表，報表內容須包括：
   (本題答案所要求之報表格式請參考「題組五附件二」之參考範例)
   - 紙張設定為直式。
   - 資料內容為民國 90 年的所有交易。
   - 資料內容依「部門名稱」分組，且依「部門名稱」遞增排序，每一「部門名稱」只能出現一次（亦即「部門名稱」不重複列印）。
   - 針對每一個「部門名稱」列出其所屬「業務姓名」之交易，依「業務姓名」遞增排序，但沒有任何交易之「業務姓名」不用列印。
   - 接著，針對每一個「業務姓名」計算其每一「客戶寶號」之「總額」，並將同一「業務姓名」之資料記錄集中在一起，依「總額」遞減排序。
   - 單筆交易之「總額」＝「單價」×「數量」，其中：
     同一「客戶寶號」若有多筆交易，應將其「總額」予以加總，因此，對某一「業務姓名」而言，每一「客戶寶號」只出現一次。
   - 在同一「業務姓名」所有資料記錄下、「總額」欄位中應列出該「業務姓名」之「總額」小計，「總額」小計與資料記錄間以一條 1 1/2 點之橫線相隔，每一「業務姓名」只能出現一次，即「業務姓名」不重複列印。
   - 在同一「部門名稱」所有資料記錄下，加印一列「部門加總」，並計算出該部門所有「業務姓名」之「總額」的加總。

題組五

- 所有部門列印完畢後，加印一列「銷售總額」，計算出所有部門加總之總和。
- ▲ 報表標題：「民國 90 年業務部門銷售狀況與統計」。
- ▲ 報表含 部門名稱、業務姓名、客戶寶號、聯絡人、總額 等欄位。
- ※ 每一頁報表均有標題，標題為 16 點字型，置中對齊，並加外框。
- ※ 每一頁報表均有欄位名稱，欄位名稱為 12 點字型，每個欄位以一個（含）以上的空白予以間隔。欄位的上下各標示 2 1/4 的橫線。
- ※ 資料內容為 12 點字型。
- ※ 標題與欄位名稱之間，以一空白列間隔。
- ※ 資料記錄欄位與欄位間，不要以直線相隔。
- ※ 列印時所有數字每三位加一逗號，例如：41,500，並靠右對齊。
- ※ 在同一「業務姓名」之資料記錄下，「總額」小計與資料記錄間再以一條 1 1/2 點之短橫線相隔，不同「業務姓名」資料記錄間以一空白列相隔。
- ※ 在同一「部門名稱」所有資料記錄下之「部門加總」列中，加上「部門加總」四個字，並與「部門名稱」欄位對齊；「部門加總」之金額應靠右與「總額」欄位對齊；「部門加總」列之上下，各標以一條 1 1/2 點之橫線分別與資料記錄相隔。
- ※ 「銷售總額」字樣靠左對齊，且「銷售總額」之金額應靠右並與「總額」欄位對齊；「銷售總額」與最後一個部門之資料間，以三個空白列間隔。
- ※ 與標題列同列的左邊以 12 點字型加入測驗當天的日期，其格式為「2001-01-31」。與標題列同列的右邊以 12 點字型加入您的姓名。
- ※ 每頁頁面右上方以 10 點字型加上頁碼，其格式為「PageX」，如「Page1」。
- ※ 每頁頁面的下方中間處以 10 點字型加上您的准考證號碼。

3. 製作一份「民國 90 年產品銷售數量季報表」，報表內容須包括：
 (本題答案所要求之報表格式請參考「題組五附件三」之參考範例)
- 紙張設定為橫式。
- 資料內容為民國 90 年的所有交易，其中銷售額為 0 之產品名稱，不需列出。
- 資料內容依「產品名稱」遞增排序。
- 第一季、第二季、第三季、第四季中，各季交易數量計算所屬月份：第一季為 1 至 3 月、第二季為 4 到 6 月、第三季為 7 到 9 月、第四季為 10 到 12 月。
- 平均數量為平均一季的交易數量，即平均數量 =（四季總數量 ÷4），計算到小數點第二位，並將第三位四捨五入。
- 銷售額：該產品「單價」× 該產品「四季總數量」。

題組五

- ● 銷售百分比 = 該產品「銷售額」÷ 所有產品之總銷售額，以百分比 (%) 表示，計算到小數點第二位，並將第三位四捨五入。
- ▲ 報表標題：「民國 90 年產品銷售數量季報表」。
- ▲ 報表含「產品名稱、第一季、第二季、第三季、第四季、平均數量、銷售額、銷售百分比」等欄位。
- ※ 每一頁報表均有標題，標題為 16 點字型，置中對齊，並加單線底線。
- ※ 每一頁報表均有欄位名稱，欄位名稱為 12 點字型，每個欄位以一個（含）以上的空白予以間隔。
- ※ 欄位名稱列之上、下均標以一條 2 1/4 點之橫線，分別與標題及資料內容相隔開。
- ※ 標題與欄位名稱之間，以一空白列間隔。
- ※ 列印時所有數字每三位加一逗號，例如：41,500，並靠右對齊。
- ※ 資料內容以 12 點字型表現。
- ※ 資料記錄欄位與欄位間不要以直線相隔開。
- ※ 最後一筆資料內容之下加一條 2 1/4 點之橫線。
- ※ 與標題列同列的左邊以 12 點字型加入測驗當天的日期，其格式為「2001-01-31」。與標題列同列的右邊以 12 點字型加入您的姓名。
- ※ 每頁頁面右上方以 10 點字型加上頁碼，其格式為「PageX」，如「Page1」。
- ※ 每頁頁面的下方中間處以 10 點字型加上您的准考證號碼。

4. 以第 3 題所得之結果，製作 SuperVGA 相關產品的折線圖，並列印之。該圖內容需包括「第一季」、「第二季」、「第三季」和「第四季」：
 (本題答案所要求之報表格式請參考「題組五附件四」之參考範例)
 - ● 紙張設定為橫式。
 - ● 製作 Super VGA 相關產品的折線圖。
 - ▲ 圖表標題：「民國 90 年 SuperVGA 產品數量統計圖」。
 - ※ 縱軸的刻度單位為 500（最小值為 0，最大值 3500），字體為 12 點字型。
 - ※ 圖表標題為 18 點斜體字型，置中對齊，並加單線底線。
 - ※ 縱軸座標標題「數量」（二字直列），字體為 14 點字型，數字刻度則為 12 點字型。
 - ※ 橫軸座標標題「產品類別」（四字橫列），置於橫軸的下端，字體為 14 點字型。
 - ※ 橫軸列出各項 SuperVGA 產品名稱，字體為 12 點字型。
 - ※ 圖內需有格線，將不同產品分隔。
 - ※ 圖例（Legend）位於圖的右側中央，字體為 12 點字型。

題組五

- ※ 與標題列同列的左邊以 12 點字型加入測驗當天的日期,其格式為「2001-01-31」。與標題列同列的右邊以 12 點字型加入您的姓名。
- ※ 每頁頁面右上方以 10 點字型加上頁碼,其格式為「PageX」,如「Page1」。
- ※ 每頁頁面的下方中間處以 10 點字型加上您的准考證號碼。

5. 編製一份書面報告,其中先將第 3 題所得之報表刪掉標題及「銷售額」、「銷售百分比」兩欄位之後,將結果嵌入「文書檔」中,再列印。
(本題答案所要求之報表格式請參考「題組五附件五」之參考範例)
- ● 紙張設定為直式。
- ● 讀取文書檔,第一、二個段落及最後一個段落以單欄方式編排,其他段落則皆以三欄方式編排,分欄的欄間距為 1 公分。
- ● 報表(不含標題)嵌入第二個段落之後,第三個段落之前。
- ▲ 報表標題:「產品數量銷售報告」。
- ▲ 在報表上方第二個段落之後,加入表格標題「民國 90 年產品銷售數量季報表」。
- ※ 報表標題為 16 點斜體字型,置中對齊,並加外框及網底。
- ※ 文書資料之內容為 12 點字型。
- ※ 每段落開始縮排兩個中文字元。
- ※ 文章皆以左右對齊方式編排,其中分欄的段落加上分隔線。
- ※ 報表中之表格資料,字體為 12 點字型,欄位名稱的上下及報表的左右各加上一條 2 1/4 點的線,資料記錄欄位與欄位間不要以直線相隔開。
- ※ 報表中之表格標題,字型為 12 點斜體,置中對齊。
- ※ 表格與左、右邊界切齊,與前、後段落各以一空白列相隔。
- ※ 與標題列同列的左邊以 12 點字型加入測驗當天的日期,其格式為「2001-01-31」。與標題列同列的右邊以 12 點字型加入您的姓名。
- ※ 每頁頁面右上方以 10 點字型加上頁碼,其格式為「PageX」,如「Page1」。
- ※ 每頁頁面的下方中間處以 10 點字型加上您的准考證號碼。

民國 90 年產品銷售狀況

2011-01-31　　　　　　　　　　　　　　　　　　　　　　　　　李國強

業務姓名	客戶寶號	數量	單價	總額
林玉堂	麥柏股份有限公司	1,900	42,300	80,370,000
張志輝	東興振業股份有限公司	1,900	41,200	78,280,000
向大鵬	國光血清疫苗製造股份有限公司	1,800	42,300	76,140,000
朱金倉	大喬機械公司	1,600	42,300	67,680,000
張志輝	東陽實業(股)公司	1,200	42,300	50,760,000
王玉治	溪泉電器工廠股份有限公司	3,200	15,500	49,600,000
林鳳春	長生營造股份有限公司	1,200	41,200	49,440,000
莊國雄	詮讚興業公司	1,100	42,300	46,530,000
李進祿	集上科技股份有限公司	1,100	41,200	45,320,000
林鳳春	欣中天然氣股份有限公司	1,600	24,600	39,360,000
王玉治	洽興金屬工業股份有限公司	1,500	21,500	32,250,000
吳國信	昆信機械工業股份有限公司	1,600	18,800	30,080,000
郭曜明	正五傑機械股份有限公司	660	42,300	27,918,000
陳雅賢	台灣釜屋電機股份有限公司	1,250	21,500	26,875,000
莊國雄	新寶纖維股份有限公司	1,700	15,500	26,350,000
林鳳春	欣中天然氣股份有限公司	600	41,200	24,720,000
毛渝南	永輝興電機工業股份有限公司	900	26,000	23,400,000
林玉堂	金泰成粉廠股份有限公司	1,050	21,500	22,575,000
林鵬翔	強安鋼架工程股份有限公司	1,200	18,800	22,560,000
向大鵬	現代農牧股份有限公司	600	36,500	21,900,000
郭曜明	中衛聯合開發公司	520	41,200	21,424,000
謝穎青	科隆實業股份有限公司	520	41,200	21,424,000
林玉堂	善品精機股份有限公司	560	36,500	20,440,000
朱金倉	佳樂電子股份有限公司	650	26,000	16,900,000
林鳳春	羽田機械股份有限公司	1,150	13,500	15,525,000
陳曉蘭	百容電子股份有限公司	1,100	13,500	14,850,000
王玉治	家鄉事業股份有限公司	600	24,600	14,760,000
郭曜明	鍠琪塑膠股份有限公司	580	24,600	14,268,000
吳國信	楓原設計公司	520	24,600	12,792,000
林鵬翔	台灣勝家實業股份有限公司	450	26,000	11,700,000
毛渝南	永光壓鑄企業公司	300	36,500	10,950,000

90010801

民國90年產品銷售狀況

2011-01-31　　　　　　　　　　　　　　　　　　　　　　　　李國強

業務姓名	客戶寶號	數量	單價	總額
林鳳春	英業達股份有限公司	300	36,500	10,950,000
朱金倉	佳樂電子股份有限公司	700	15,200	10,640,000
謝穎青	惠亞工程股份有限公司	700	15,200	10,640,000

| 2011-01-31 | | 民國 90 年業務部門銷售狀況與統計 | | 李國強 |

部門名稱	業務姓名	客戶寶號	聯絡人	總額
業務一課				
	王玉治	溪泉電器工廠股份有限公司	林慶文	54,520,000
		洽興金屬工業股份有限公司	陳勳森	32,250,000
		家鄉事業股份有限公司	郭淑玲	14,760,000
		雅企科技(股)	徐惠秋	7,396,000
				108,926,000
	吳美成	周家合板股份有限公司	陳肇源	11,190,000
		原帥電機股份有限公司	李春淵	10,080,000
		比力機械工業股份有限公司	王振芳	8,392,000
		新益機械工廠股份有限公司	謝裕民	3,375,000
				33,037,000
	林鳳春	欣中天然氣股份有限公司	胡明宗	64,080,000
		長生營造股份有限公司	楊菊生	49,440,000
		羽田機械股份有限公司	張永茂	19,477,000
		英業達股份有限公司	鄭景昌	14,538,000
				147,535,000
	陳曉蘭	百容電子股份有限公司	賴朝宗	14,850,000
		喬福機械工業股份有限公司	張朝深	11,282,000
		遠東氣體工業股份有限公司	李進興	3,234,000
				29,366,000
部門加總				318,864,000
業務二課				
	向大鵬	國光血清疫苗製造股份有限公司	徐賢德	76,756,000
		現代農牧股份有限公司	秦嘉鴻	25,134,000
		太平洋汽門工業股份有限公司	呂碧如	6,240,000
		諾貝爾生物有限公司	蘇益慶	1,029,600
				109,159,600

90010801

民國90年業務部門銷售狀況與統計

2011-01-31　　　　　　　　　　　　　　　　　　　　　　　　　　　李國強

部門名稱	業務姓名	客戶寶號	聯絡人	總額
	吳國信	昆信機械工業股份有限公司	陳世棟	30,080,000
		楓原設計公司	陳世昌	18,979,500
		真正精機股份有限公司	黃俊勝	3,465,000
		漢寶農畜產企業股份有限公司	林勝豐	2,820,000
				55,344,500
	莊國雄	詮讚興業公司	林清富	48,840,000
		新寶纖維股份有限公司	林棟材	31,630,000
		四維企業(股)公司	廖述宏	9,424,000
		天源義記機械股份有限公司	翁崇銘	2,430,000
				92,324,000
	陳雅賢	台灣釜屋電機股份有限公司	顏仲仁	26,875,000
		台灣製罐工業股份有限公司	許金良	6,287,400
		台灣航空電子股份有限公司	周正義	3,510,000
		有萬貿易股份有限公司	張子信	936,000
				37,608,400
部門加總				294,436,500
業務三課				
	朱金倉	大喬機械公司	呂擇賞	67,680,000
		住樂電子股份有限公司	蔣清池	27,540,000
		國豐電線工廠股份有限公司	巫嘉昌	7,095,000
		九和汽車股份有限公司	李青潭	528,000
				102,843,000
	林玉堂	麥柏股份有限公司	楊喜棠	80,370,000
		善品精機股份有限公司	張君暉	29,560,000
		金泰成粉廠股份有限公司	林繼宗	27,225,000
		九華營造工程股份有限公司	唐樂川	6,240,000
				143,395,000

| 2011-01-31 | | 民國 90 年業務部門銷售狀況與統計 | | 李國強 |

部門名稱	業務姓名	客戶寶號	聯絡人	總額
	張志輝	東興振業股份有限公司	徐旭明	78,280,000
		東陽實業(股)公司	葉育恩	58,560,000
		日南紡織股份有限公司	陳標山	12,064,000
		亞智股份有限公司	黃正弘	4,256,000
				153,160,000
	謝穎青	科隆實業股份有限公司	劉瑞復	25,609,000
		惠亞工程股份有限公司	高文彬	14,150,000
		金興鋼鐵股份有限公司	黃永松	8,270,000
		達亞汽車股份有限公司	鄭榮勳	2,184,000
				50,213,000
部門加總				449,611,000
業務四課				
	毛渝南	永輝興電機工業股份有限公司	黃清吉	29,880,000
		永光壓鑄企業公司	梁文雄	15,838,000
		台中精機廠股份有限公司	杜鴻國	7,784,000
		中友開發建設股份有限公司	劉宗齊	1,188,000
				54,690,000
	李進祿	集上科技股份有限公司	陳幼獅	52,845,000
		台灣保谷光學股份有限公司	林長芳	3,410,000
		菱生精密工業股份有限公司	張國萬	2,277,600
				58,532,600
	林鵬翔	強安鋼架工程股份有限公司	林添財	22,560,000
		台灣勝家實業股份有限公司	陳智雄	13,650,000
		豐興鋼鐵(股)公司	吳政翔	312,000
				36,522,000
	郭曜明	正五傑機械股份有限公司	林金源	33,390,000
		中衛聯合開發公司	蔡淑慧	27,820,000

2011-01-31　　民國 90 年業務部門銷售狀況與統計　　李國強

部門名稱	業務姓名	客戶寶號	聯絡人	總額
		鐶琪塑膠股份有限公司	陳登榜	14,268,000
				75,478,000
部門加總				225,222,600

銷售總額　　　　　　　　　　　　　　1,288,134,100

民國 90 年產品銷售數量季報表

2011-01-31

李國強

產品名稱	第一季	第二季	第三季	第四季	平均數量	銷售額	銷售百分比
486 主機板 PCI slot *3 16MB RAM	240	1,840	280	0	590.00	35,872,000	2.78%
486 主機板 PCI slot *3 32MB RAM	0	1,790	750	0	635.00	66,040,000	5.13%
486 主機板 VL slot *3 16MB RAM	1,580	480	500	1,360	980.00	52,920,000	4.11%
486 主機板 VL slot *3 32MB RAM	1,960	200	0	1,600	940.00	92,496,000	7.18%
586 主機板 EISA slot *3 16MB RAM	220	1,200	1,970	260	912.50	68,620,000	5.33%
586 主機板 EISA slot *3 32MB RAM	520	4,120	1,200	0	1,460.00	240,608,000	18.68%
586 主機板 EISA slot *7 16MB RAM	1,050	2,750	0	350	1,037.50	89,225,000	6.93%
586 主機板 EISA slot *7 32MB RAM	0	4,100	1,600	2,560	2,065.00	349,398,000	27.12%
586 主機板 PCI slot *3 16MB RAM	520	4,050	1,700	0	1,567.50	97,185,000	7.54%
586 主機板 VL slot *3 16MB RAM	700	900	700	0	575.00	34,960,000	2.71%
586 主機板 VL slot *3 32MB RAM	560	900	0	300	440.00	64,240,000	4.99%
EnhanceIDE PCI BUS	540	300	0	1,000	460.00	4,048,000	0.31%
EnhanceIDE VL BUS	2,300	1,300	1,400	1,460	1,615.00	10,077,600	0.78%
SCSIcard PCI BUS	1,440	950	0	0	597.50	5,258,000	0.41%
SCSIcard VL BUS	1,160	600	1,100	0	715.00	5,577,000	0.43%
SuperVGA 1280*1024 PCI BUS 1MB	1,400	1,500	0	0	725.00	11,948,000	0.93%
SuperVGA 1280*1024 PCI BUS 2MB	1,250	2,800	1,100	700	1,462.50	28,957,500	2.25%
SuperVGA 1280*1024 VL BUS 1MB	1,200	3,280	760	0	1,310.00	20,174,000	1.57%
SuperVGA 1280*1024 VL BUS 2MB	0	1,500	0	750	562.50	10,530,000	0.82%

題組五附件四

2011-01-31　　　　　　　　　　　　　　　　　　　　　　　李國強

民國90年SuperVGA產品數量統計圖

產品類別	第一季	第二季	第三季	第四季

X軸（產品類別）：SuperVGA 1280*1024 PCI BUS 1MB、SuperVGA 1280*1024 PCI BUS 2MB、SuperVGA 1280*1024 VL BUS 1MB、SuperVGA 1280*1024 VL BUS 2MB

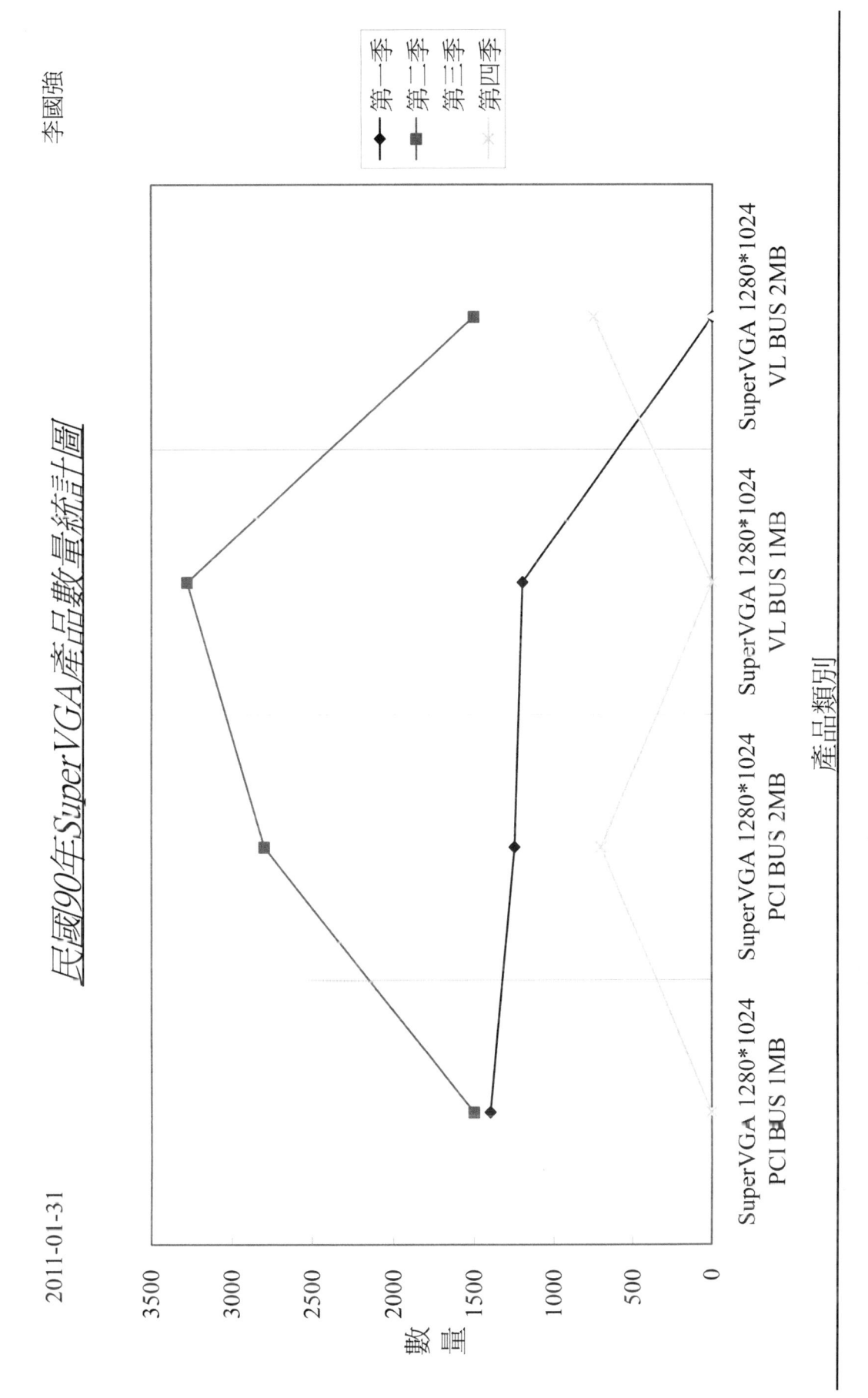

Y軸（數量）：0 ~ 3500

90010801

2011-01-31

產品數量銷售報告

李國強

　　今日網路之所以能如此的普及，網路產品、技術的發展功不可沒；而在產品和技術的發展過程中，路由器即扮演著非常重要的角色。本文便以網路的發展趨勢、技術和市場需求等因素，來探討路由器在網路規劃、應用上的定位和變革。

　　由於較大型網路的規劃必須考慮到資料傳輸效率的問題，所以在規劃時必須將網路切割成多個子網路，稱為網際網路。橋接器是最早被採用於規劃網際網路的連線設備，也是連接多個區域網路成大型網路最經濟、最簡單的方法。然而在運作上橋接器卻有許多的缺點，如必須記憶大量工作站的 MAC 層位址，且須不斷地更新，易造成所謂的廣播風暴（Broadcast Storm）；不能形成迴路以致不能規劃線路的備援；無法劃分網路層位址，如 IP、IPX 等。在對遠端網路連線時，這些缺點常造成頻寬的浪費。

民國 90 年產品銷售數量季報表

產品名稱	第一季	第二季	第三季	第四季	平均數量
486 主機板 PCI slot *3 16MB RAM	240	1,840	280	0	590.00
486 主機板 PCI slot *3 32MB RAM	0	1,790	750	0	635.00
486 主機板 VL slot *3 16MB RAM	1,580	480	500	1,360	980.00
486 主機板 VL slot *3 32MB RAM	1,960	200	0	1,600	940.00
586 主機板 EISA slot *3 16MB RAM	220	1,200	1,970	260	912.50
586 主機板 EISA slot *3 32MB RAM	520	4,120	1,200	0	1,460.00
586 主機板 EISA slot *7 16MB RAM	1,050	2,750	0	350	1,037.50
586 主機板 EISA slot *7 32MB RAM	0	4,100	1,600	2,560	2,065.00
586 主機板 PCI slot *3 16MB RAM	520	4,050	1,700	0	1,567.50
586 主機板 VL slot *3 16MB RAM	700	900	700	0	575.00
586 主機板 VL slot *3 32MB RAM	560	900	0	300	440.00
EnhanceIDE PCI BUS	540	300	0	1,000	460.00
EnhanceIDE VL BUS	2,300	1,300	1,400	1,460	1,615.00
SCSIcard PCI BUS	1,440	950	0	0	597.50
SCSIcard VL BUS	1,160	600	1,100	0	715.00
SuperVGA 1280*1024 PCI BUS 1MB	1,400	1,500	0	0	725.00
SuperVGA 1280*1024 PCI BUS 2MB	1,250	2,800	1,100	700	1,462.50
SuperVGA 1280*1024 VL BUS 1MB	1,200	3,280	760	0	1,310.00
SuperVGA 1280*1024 VL BUS 2MB	0	1,500	0	750	562.50

　　對於廣域網路的連線有項功能是很重要的，那就是撥接備援（Dial Back-up）能力。撥接備援可以在當主要幹線中斷時自動撥接備

援線路，使網路連線不致中斷。另也可在主要幹線資料流量壅塞時自動撥接備援線路，以分擔資料的傳輸流量。撥接備援的線路可選擇如 ISDN、X.25 或電話線路等。

交換式乙太網路的資料傳輸不再是共用頻寬的模式，它提供二個工作站之間擁有專屬頻寬傳輸資料的能力，並且能在同一時間內建立起多對工作站之間的連線，各自擁有專屬的頻寬來傳送資料。觀念上就好比電話交換機系統能在同一時間內建立起多對電話的連接、交談。

由於交換式乙太網路能建立並行式的通訊方式，同時建立多對工作站間的連線，那麼即使網路的傳輸速率並沒有提高，但整體的網路傳輸效能卻能有很大的提升。電話交換機建立兩具電話的連線係根據所撥接的電話號碼，交換式乙太網路則是根據資料鏈結層的 MAC 子層位址（Media Access Control Address）來辨識，所以交換式乙太網路設備（以下簡稱 EtherSwitch）必須建立自己的 MAC 位址表以了解所有工作站的位置，再根據位址表以達成工作站與工作站間的連線。

EtherSwitch 建立位址表的方式和橋接器非常類似，均是採自學（Learning）、透通（Transparent）的方式，與工作站的運作完全無關。但是 EtherSwitch 對資料封包的轉送效率卻比橋接器和路由器快，在安裝成本上也比橋接器和路由器低。表 1 為三者的比較表。

在網際網路的連線上，路由器取代了橋接器而成為主要的連線設備。近年來 EtherSwitch 的出現，以其安裝成本低、安裝維護容易、傳輸效率高等優點漸而取代了路由器在網際網路的地位。漸漸的路由器已被規劃於作遠端的連線，或必須作 IP 位址劃分的網路上。圖 2 和圖 3 是目前規劃上最常見的兩種架構。

題組五　術科解題

Word 附件製作

- 根據「題組五附件一」樣式建立標準範本：〔5-1〕文件
  完成：版面配置、頁首頁尾、頁面框線設定
- 將〔5-1〕文件另存為：5-2、5-3、5-4、5-5 文件，並逐一修改
  （請參考：Word 基礎教學）

Access 解題

建立資料庫、匯入資料表

1. 建立資料庫 NO5
2. 匯入考題要求 5 張資料表
   結果如右圖：
- （請參考：Access 基礎教學）

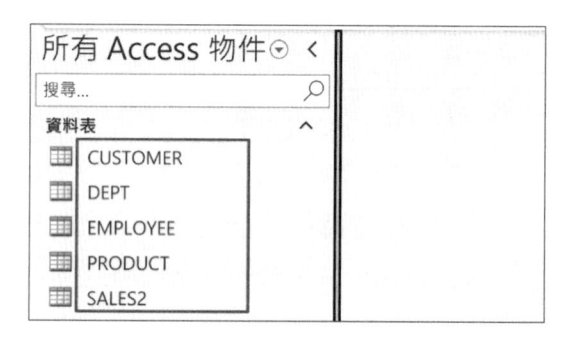

更改欄位屬性

1. 更改 PRODUCT 資料表
   欄位：單價
   資料類型：數字

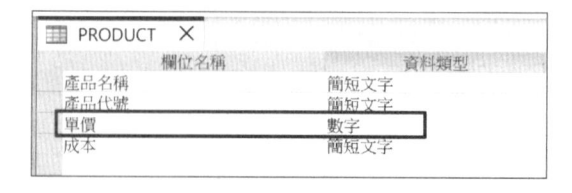

> **解說**
>
> 所有附件均未使用到「成本」欄位。

2. 更改 SALES2 資料表
   欄位：數量、交易年、交易月
   資料類型：數字

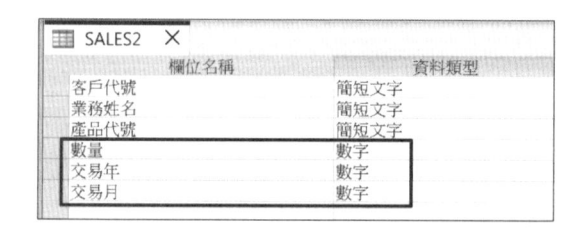

解題分析

題組五所有附件都只有一個主題「交易資料」，因此只要將 5 個資料表整合為一個查詢資料，即可滿足所有報表需求，因此我們只須建立 DATA-1 查詢。

建立查詢：DATA-1

1. 建立 → 查詢設計
   新增資料表 → 選取所有檔案，結果如下圖

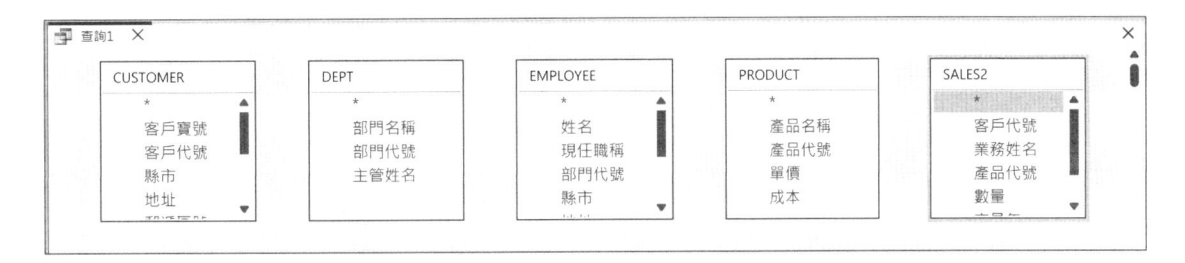

2. 拖曳排列資料表由左至右位置：DESCPQ（本題沒有 Q：業績目標）

3. 由左至右建立資料表關聯，結果如下圖：

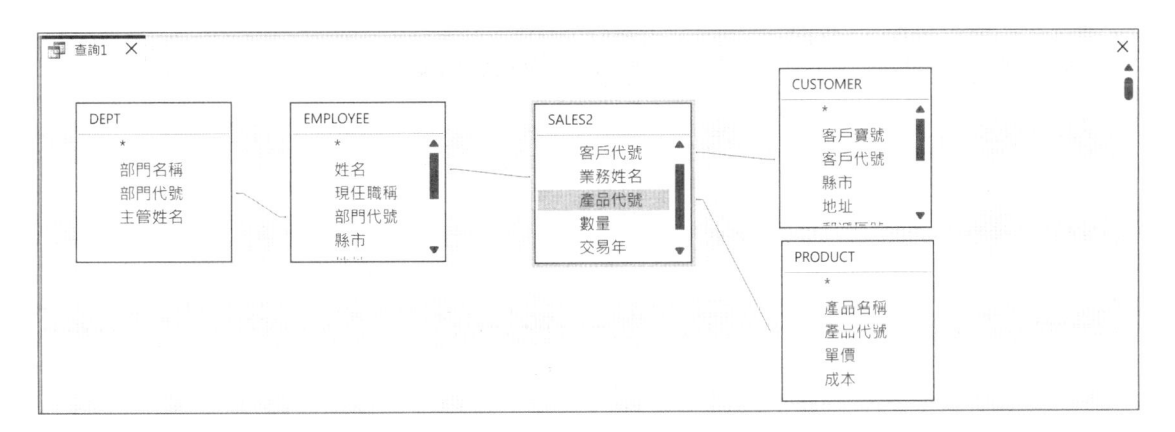

建立欄位

- 附件一報表欄位分析，如下圖：

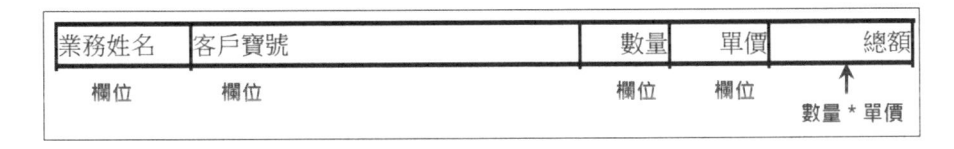

1. 建立欄位：「業務姓名」、「客戶寶號」、「數量」、「單價」

2. 建立運算式：「總額:數量*單價」，結果如下圖：

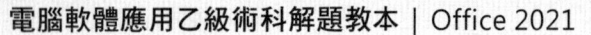

- 附件二報表欄位分析，如下圖：

部門名稱	業務姓名	客戶寶號	聯絡人	總額
欄位	重複	重複	欄位	重複

3. 新增欄位：「部門名稱」、「聯絡人」，如下圖：

欄位:	數量	單價	總額: [數量]*[單價]	部門名稱	聯絡人
資料表:	SALES2	PRODUCT		DEPT	CUSTOMER
排序:					
顯示:	✓	✓	✓	✓	✓
準則:					
或:					

- 附件三報表欄位分析，如下圖：

產品名稱	第一季	第二季	第三季	第四季	平均數量	銷售額	銷售百分比
欄位	重複	重複	重複	重複	計算	重複	計算

- 第一季～第四季：是銷售「數量」欄位
- 季：必須用交易月作為轉換，因此增加「交易月」欄位
- 平均數量：可由第一季～第四季計算取得
- 銷售百分比：由銷售額計算取得

4. 新增欄位：「產品名稱」、「交易月」，如下圖：

欄位:	總額: [數量]*[單價]	部門名稱	聯絡人	產品名稱	交易月
資料表:		DEPT	CUSTOMER	PRODUCT	SALES2
排序:					
顯示:	✓	✓	✓	✓	✓
準則:					
或:					

- 附件四報表欄位分析：
  統計圖資料直接由附件三報表最下方 4 筆資料取得，不須增加任何欄位。

5. 常用 → 檢視 → 資料工作表檢視，共得資料 200 筆

業務姓名	客戶寶號	數量	單價	總額	部門名稱	聯絡人	產品名稱	交易月
王玉治	九和汽車股份有限公司	500	13487	6743500	業務一課	陳勳森	486主機板VL slot *3 16MB RAM	1
王玉治	九和汽車股份有限公司	2280	21480	48974400	業務一課	陳勳森	586主機板EISA slot *7 16MB RAM	5
吳美成	遠東氣體工業股份有限公司	1060	3846	4076760	業務一課	謝裕民	SuperVGA 1280*1024 VL BUS 1MB	5
吳美成	遠東氣體工業股份有限公司	390	13487	5259930	業務一課	謝裕民	486主機板VL slot *3 16MB RAM	3
莊國雄	諾貝爾生物有限公司	1450	4675	6778750	業務二課	翁崇銘	SuperVGA 1280*1024 VL BUS 2MB	5
莊國雄	諾貝爾生物有限公司	270	13487	3641490	業務二課	翁崇銘	486主機板VL slot *3 16MB RAM	3
王玉治	有萬貿易股份有限公司	910	24577	22365070	業務一課	郭淑玲	486主機板VL slot *3 32MB RAM	3
王玉治	有萬貿易股份有限公司	1220	4115	5020300	業務一課	郭淑玲	SuperVGA 1280*1024 PCI BUS 1MB	6

記錄: ◄ ◄ 200 之 1 ► ►► 無篩選條件 搜尋

資料篩選

- 題組共同的資料篩選準則：民國 90 年

1. 常用 → 檢視 → 設計檢視
2. 建立欄位：「交易年」，取消：顯示、設定準則：90，如下圖：

欄位:	部門名稱	聯絡人	產品名稱	交易月	交易年	
資料表:	DEPT	CUSTOMER	PRODUCT	SALES2	SALES2	
排序:						
顯示:	✓	✓	✓	✓	☐	☐
準則:					90	

3. 常用 → 檢視 → 資料工作表檢視，共得資料 93 筆
4. 按存檔鈕，命名為：DATA-1

業務姓名	客戶寶號	數量	單價	總額	部門名稱	聯絡人	產品名稱	交易月
陳曉蘭	亞智股份有限公司	230	13487	3102010	業務一課	賴朝宗	486主機板VL slot *3 16MB RAM	11
莊國雄	諾貝爾生物有限公司	270	13487	3641490	業務二課	翁崇銘	486主機板VL slot *3 16MB RAM	3
毛渝南	東興振業股份有限公司	1830	13487	24681210	業務四課	黃清吉	486主機板VL slot *3 16MB RAM	6
吳美成	遠東氣體工業股份有限公司	390	13487	5259930	業務一課	謝裕民	486主機板VL slot *3 16MB RAM	3
林鳳春	金興鋼鐵股份有限公司	1760	13487	23737120	業務一課	張永茂	486主機板VL slot *3 16MB RAM	2
陳曉蘭	惠亞工程股份有限公司	340	13487	4585580	業務一課	張朝深	486主機板VL slot *3 16MB RAM	10
陳雅賢	麥柏股份有限公司	1060	13487	14296220	業務二課	周正義	486主機板VL slot *3 16MB RAM	11
吳國信	台灣釜屋電機股份有限	800	24577	19661600	業務二課	陳世昌	486主機板VL slot *3 32MB RAM	3

記錄：93 / 1 無篩選條件 搜尋

Excel 解題

將 Access 資料複製到 Excel

1. 將 DATA-1 查詢拖曳至【工作表 1】表 A1 儲存格
2. 更改【工作表 1】表為【DATA-1】表 
3. 選取【DATA-1】表，選取所有儲存格，設定：最適欄寬、最適列高

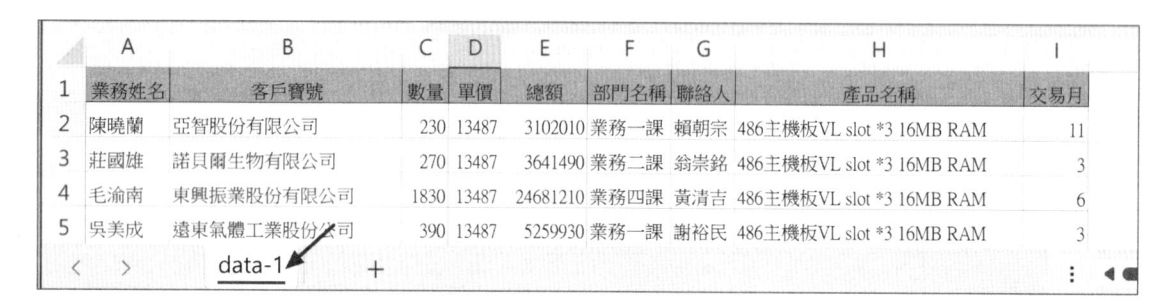

▶ 附件一

這份報表不需要樞紐分析，是所有數字報表唯一的例外，由【DATA-1】表取出 A：E 欄資料，進行：排序、篩選即可。

1. 新增【1-1】表
   複製【DATA-1】表 A：E 欄位資料
   貼至【1-1】表 A1 儲存格 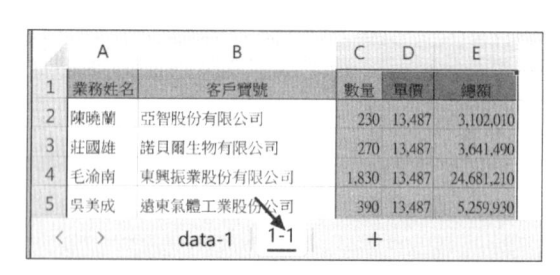
2. 設定 C：E 欄位
   數值 → 小數 0 位、千分位
3. 選取：A1 儲存格
   資料 → 排序
   選取：我的資料有標題列
   按新增層級鈕：
   設定排序欄位、順序如右圖： 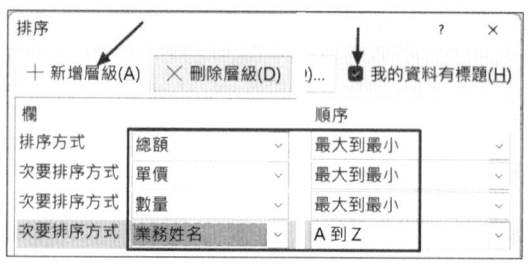
4. 刪除 48 列以下所有資料
   （總額小於 10,000,000）

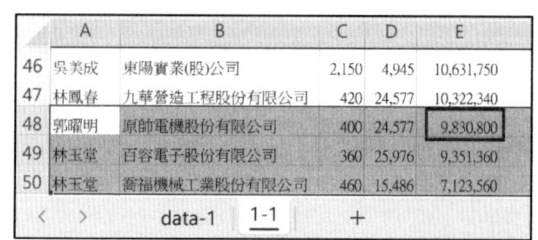

2-22

關鍵檢查

	A	B	C	D	E	F	G	H	I
1	業務姓名	客戶寶號	數量	單價	總額				
2	林玉堂	溪泉電器工廠股份公司	2,890	42,261	122,134,290		前4碼對稱：1221		
3	向大鵬	周家合板股份有限公司	2,740	42,261	115,795,140				
8	王玉治	漢寶農畜產企業公司	4,870	15,486	75,416,820				
9	張志輝	太平洋汽門工業股份公司	1,670	42,261	70,575,870		太豐：老婆太過豐滿		
10	莊國雄	豐興鋼鐵(股)公司	1,670	42,261	70,575,870				
11	向大鵬	楓原設計公司	1,830	36,467	66,734,610				
46	吳美成	東陽實業(股)公司	2,150	4,945	10,631,750		最後：24577餓死吾妻妻		
47	林鳳春	九華營造工程股份有限公司	420	24,577	10,322,340				
48									

▶ 附件二

報表類型：樞紐分析，資料來源【DATA-1】。

1. 選取【DATA-1】表 A1 儲存格，插入 → 樞紐分析表
   設定樞紐分析表為「古典式」，將新工作表更名為【2-1】表

2. 根據附件二報表要求，依序勾選欄位如下圖：

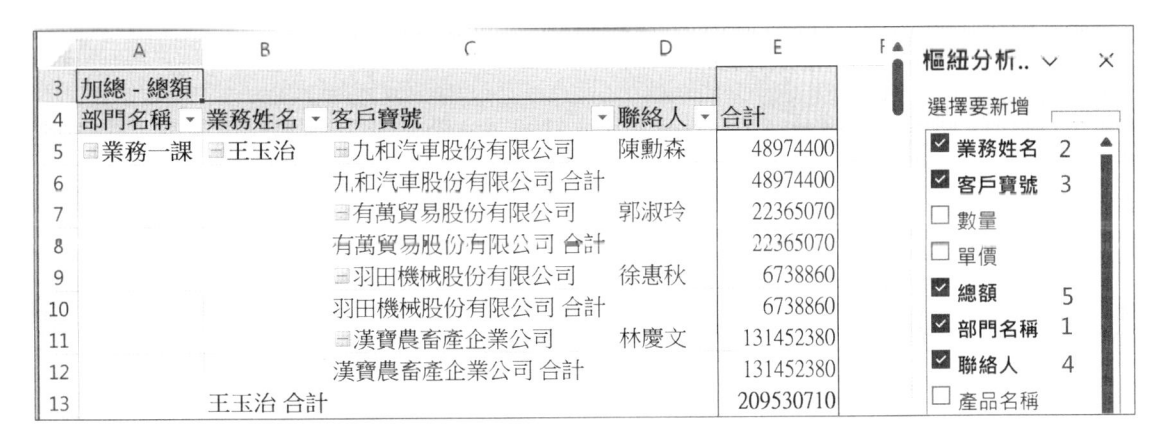

3. 在 C4 儲存格上按右鍵，取消：小計"客戶寶號"

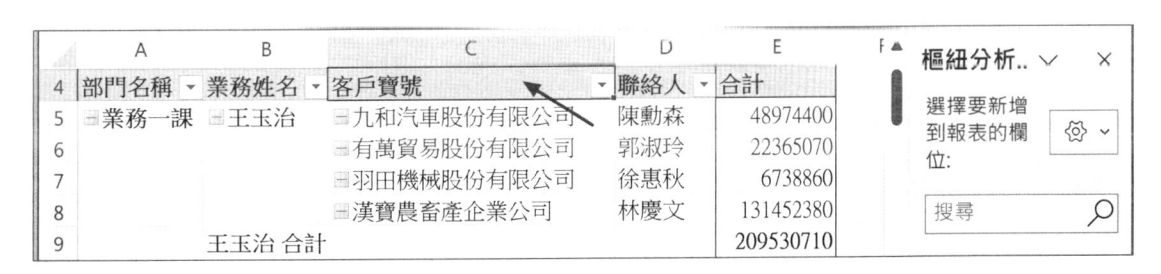

2-23

4. 在 C4 儲存格上按右鍵
   排序：更多排序選項
   遞減 → 加總–總額

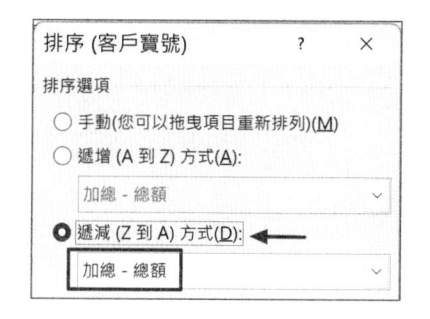

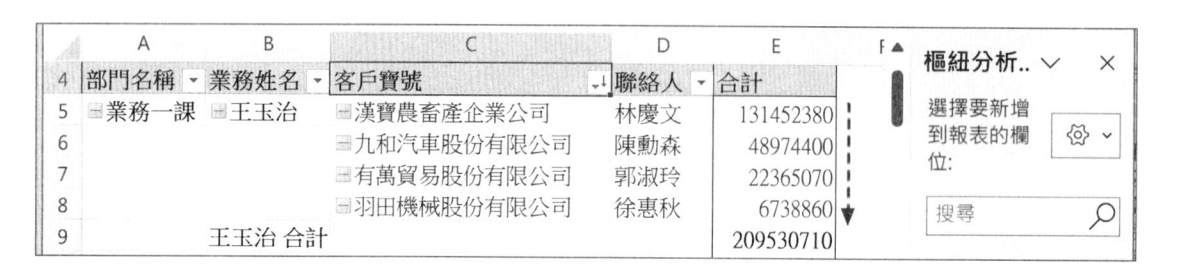

   解說

   樞紐自動排序：部門(遞增) → 業務(遞增) → 客戶(遞增)。

   題目要求排序：部門(遞增) → 業務(遞增) → 總額(遞減)。

5. 新增【2-2】表
   複製【2-1】表 E4：A82 範圍，貼至【2-2】表 A1 儲存格
   設定 E 欄：數值 → 千分位、小數 0 位，結果如下圖：

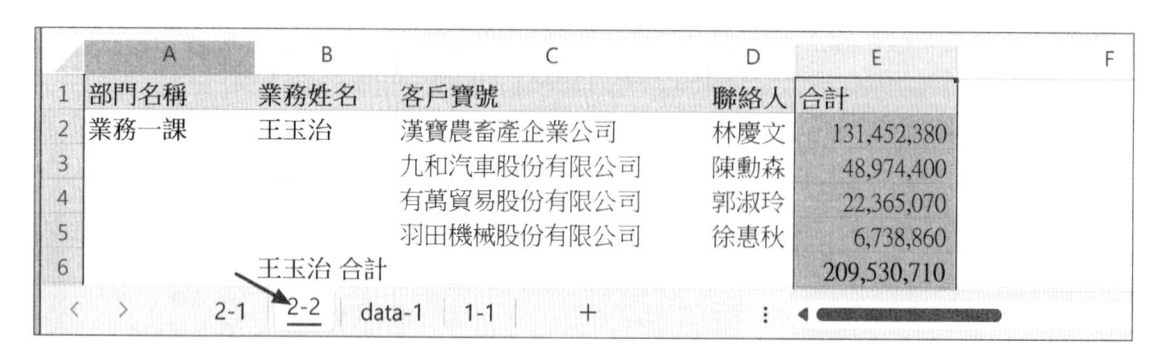

6. 在每一個部門上方插入空白列，在每一個業務姓名上方插入空白列

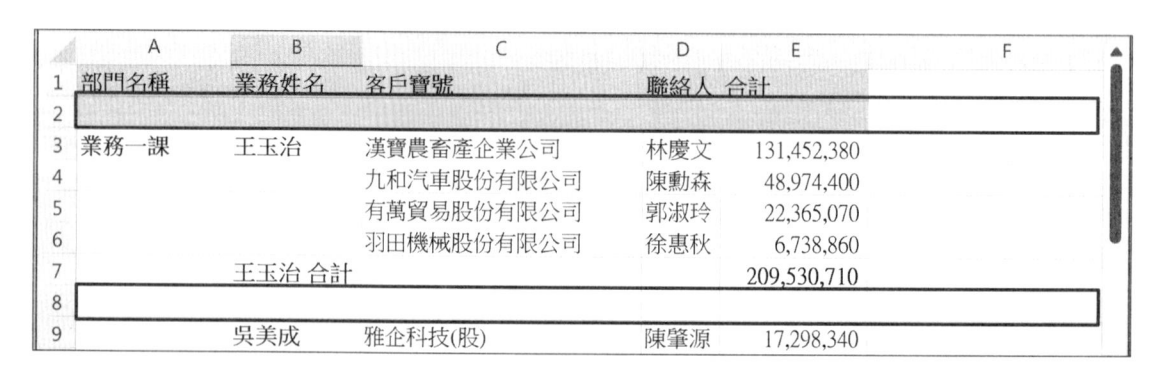

7. 在最下方的總計列上方插入 3 列空白

	A	B	C	D	E	F
97	業務四課 合計				483,173,690	
98						
99						
100						
101	總計				2,106,567,820	
102						

8. 將 E1「合計」修改為「總額」

   將每一個部門名稱向上移動 1 列，如下圖：

	A	B	C	D	E	F
1	部門名稱	業務姓名	客戶寶號	聯絡人	總額	
2	業務一課					
3		王玉治	漢寶農畜產企業公司	林慶文	131,452,380	
4			九和汽車股份有限公司	陳勳森	48,974,400	
5			有萬貿易股份有限公司	郭淑玲	22,365,070	

9. 將最後一列「總計」編輯為「銷售總額」

	A	B	C	D	E	F
97	業務四課 合計				483,173,690	
98						
99						
100						
101	銷售總額				2,106,567,820	
102						

10. 選取 B 欄，常用 → 尋找與取代：取代

    尋找目標：「*合計」、取代成：(無內容)，按全部取代鈕，結果如下圖：

	A	B	C	D	E	F
1	部門名稱	業務姓名	客戶寶號	聯絡人	總額	
2	業務一課					
3		王玉治	漢寶農畜產企業公司	林慶文	131,452,380	
4			九和汽車股份有限公司	陳勳森	48,974,400	
5			有萬貿易股份有限公司	郭淑玲	22,365,070	
6			羽田機械股份有限公司	徐惠秋	6,738,860	
7					209,530,710	
8						

11. 選取 A 欄，常用 → 尋找與取代：取代

    尋找目標：「*合計」、取代成：「部門加總」，按全部取代鈕，結果如下圖：

	A	B	C	D	E	F
22			亞智股份有限公司	賴朝宗	3,102,010	
23			佳樂電子股份有限公司	李進興	2,653,740	
24					14,826,680	
25	部門加總				516,123,390	
26	業務二課					

關鍵檢查

	A	B	C	D	E	F
1	部門名稱	業務姓名	客戶寶號	聯絡人	總額	
2	業務一課					前4碼
3		王玉治	漢寶農畜產企業公司	林慶文	131,452,380	1314
4			九和汽車股份有限公司	陳勳森	48,974,400	一生一世
5			有萬貿易股份有限公司	郭淑玲	22,365,070	

	A				E	F
97	部門加總				483,173,690	
98						
99						
100						最後3碼
101	銷售總額				2,106,567,820	820爸愛你
102						

▶ 附件三

報表類型：樞紐分析，資料來源【DATA-1】。

解說

本報表由 2 張表進行結合：

表 1：「季別」的數量統計，由「交易月」做轉換（3 個月為 1 季）。

表 2：「全年」的銷售金額統計。

1. 選取【DATA-1】表 A1 儲存格，插入 → 樞紐分析表
   設定樞紐分析表為「古典式」，將新工作表更名為【3-1】表
2. 根據附件三報表要求，依序勾選、拖曳欄位如下圖：

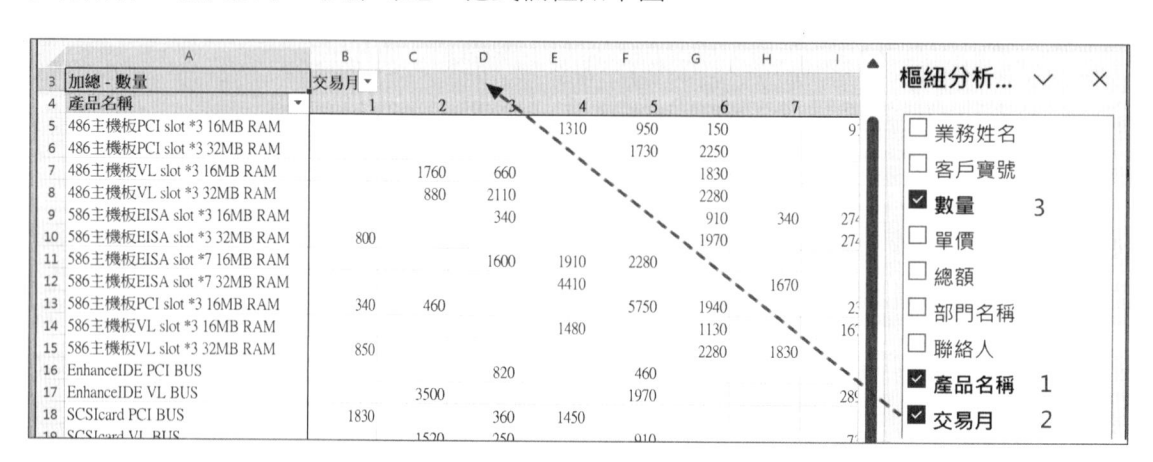

2-26

3. 在「交易月」上按右鍵
   選取：組成群組
   間距值：3

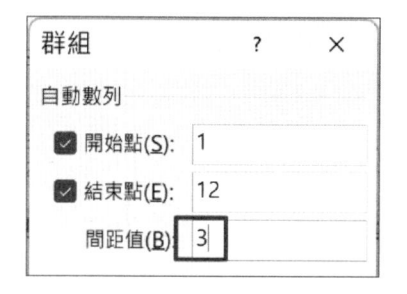

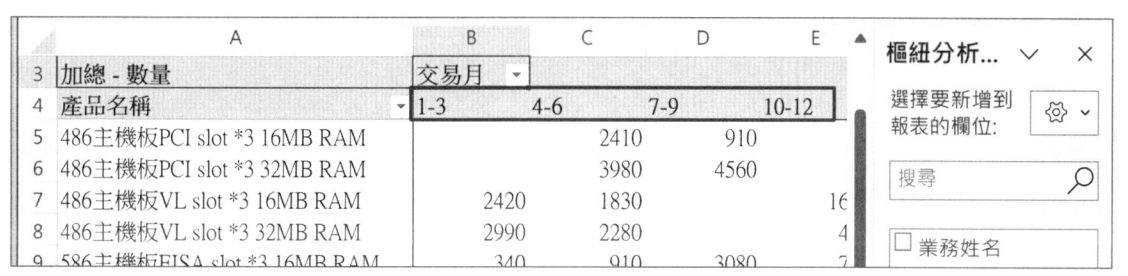

4. 在 B5 儲存格上按右鍵
   選取：樞紐分析表選項
   選取：版面配置與格式
   若為空白儲存格，顯示：0

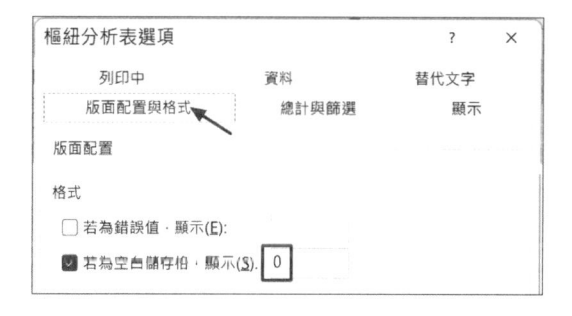

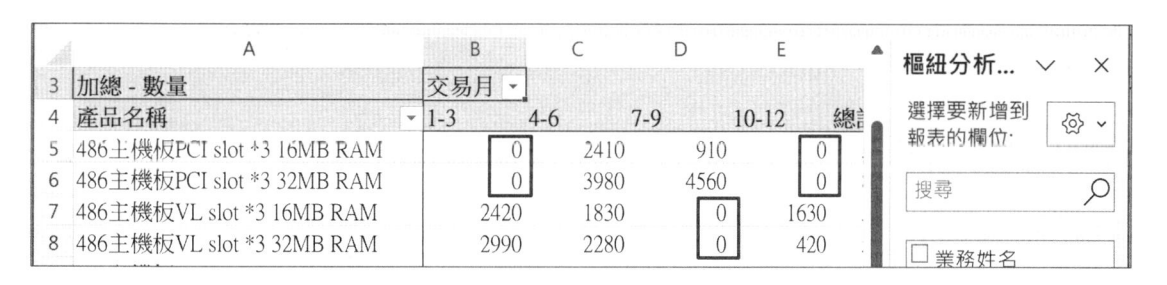

5. 選取【DATA-1】表 A1 儲存格，插入 → 樞紐分析表
   設定樞紐分析表為「古典式」，將新工作表更名為【3-2】表

6. 根據附件三報表要求，依序勾選欄位如下圖：

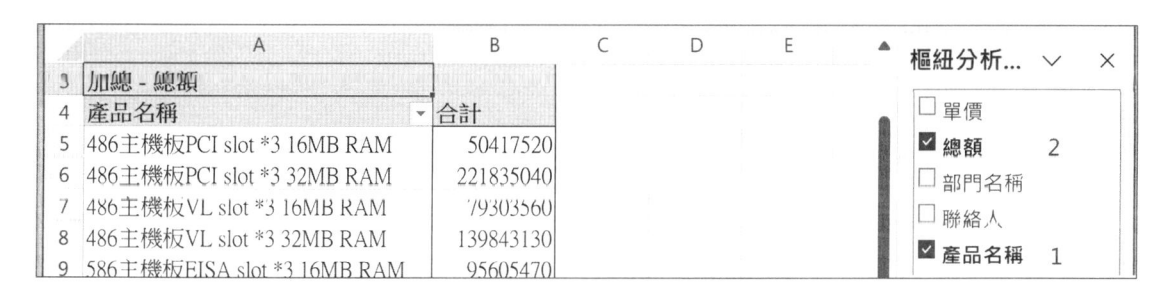

2-27

7. 將「總額」欄拖曳至加總區，產生第 2 個加總欄位，如下圖：

	A	B	C
3		值	
4	產品名稱	加總 - 總額	加總 - 總額2
5	486主機板PCI slot *3 16MB RAM	50417520	50417520
6	486主機板PCI slot *3 32MB RAM	221835040	221835040
7	486主機板VL slot *3 16MB RAM	79303560	79303560
8	486主機板VL slot *3 32MB RAM	139843130	139843130

8. 在 C4 儲存格上按右鍵，選取：值的顯示方式 → 總計百分比，結果如下圖：

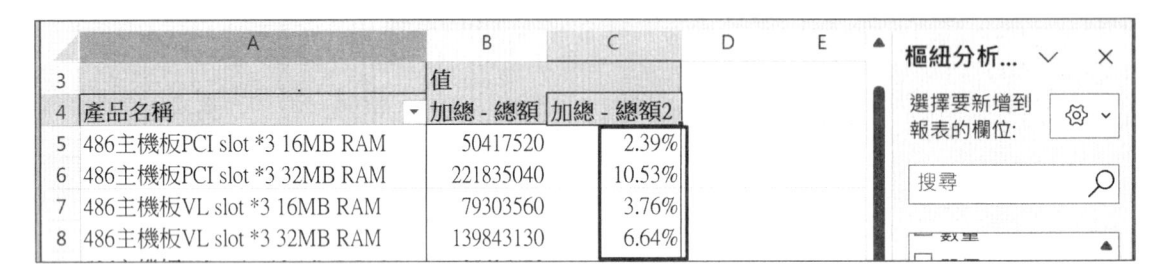

	A	B	C
3		值	
4	產品名稱	加總 - 總額	加總 - 總額2
5	486主機板PCI slot *3 16MB RAM	50417520	2.39%
6	486主機板PCI slot *3 32MB RAM	221835040	10.53%
7	486主機板VL slot *3 16MB RAM	79303560	3.76%
8	486主機板VL slot *3 32MB RAM	139843130	6.64%

9. 新增【3-3】表

    複製【3-1】表 E4：A23 範圍，貼至【3-3】表 A1 儲存格

    複製【3-2】表 C4：B23 範圍，貼至【3-3】表 G1 儲存格，結果如下圖：

	A	B	C	D	E	F	G	H
1	產品名稱	1-3	4-6	7-9	10-12		加總 - 總額	加總 - 總額2
2	486主機板	0	2410	910	0		50417520	2.39%
3	486主機板	0	3980	4560	0		221835040	10.53%
4	486主機板	2420	1830	0	1630		79303560	3.76%
5	486主機板	2990	2280	0	420		139843130	6.64%

10. 編輯第 1 列欄位名稱，如下圖：

	A	B	C	D	E	F	G	H
1	產品名稱	第一季	第二季	第三季	第四季	平均數量	銷售額	銷售百分比
2	486主機板PCI slot *3 16MB RAM	0	2410	910	0		50417520	2.39%
3	486主機板PCI slot *3 32MB RAM	0	3980	4560	0		221835040	10.53%
4	486主機板VL slot *3 16MB RAM	2420	1830	0	1630		79303560	3.76%
5	486主機板VL slot *3 32MB RAM	2990	2280	0	420		139843130	6.64%

11. 在 F2 儲存格輸入運算式，向下填滿，結果如下圖：

F2　=AVERAGE(B2:E2)

	A	B	C	D	E	F	G	H
1	產品名稱	第一季	第二季	第三季	第四季	平均數量	銷售額	銷售百分比
2	486主機板PCI slot *3 16MB RAM	0	2410	910	0	830	50417520	2.39%
3	486主機板PCI slot *3 32MB RAM	0	3980	4560	0	2135	221835040	10.53%
4	486主機板VL slot *3 16MB RAM	2420	1830	0	1630	1470	79303560	3.76%

12. 設定 B:G 欄：千分位、小數點 0 位

    設定 F 欄：小數點 2 位，結果如下圖：

	A	B	C	D	E	F	G	H
1	產品名稱	第一季	第二季	第三季	第四季	平均數量	銷售額	銷售百分比
2	486主機板PCI slot *3 16MB RAM	0	2,410	910	0	830.00	50,417,520	2.39%
3	486主機板PCI slot *3 32MB RAM	0	3,980	4,560	0	2,135.00	221,835,040	10.53%
4	486主機板VL slot *3 16MB RAM	2,420	1,830	0	1,630	1,470.00	79,303,560	3.76%
5	486主機板VL slot *3 32MB RAM	2,990	2,280	0	420	1,422.50	139,843,130	6.64%

關鍵檢查

	A	B	C	D	E	F	G	H
1	產品名稱	第一季	第二季	第三季	第四季	平均數量	銷售額	銷售百分比
2	486主機板PCI slot *3 16MB RAM	0	2,410	910	0	830.00	50,417,520	2.39%
3	486主機板PCI slot *3 32MB RAM	0	3,980	4,560	0	2,135.00	221,835,040	10.53%
19	SuperVGA 1280*1024 VL BUS 1MB	1,240	2,640	420	1,540	1,460.00	22,460,640	1.07%
20	SuperVGA 1280*1024 VL BUS 2MB	0	1,810	0	1,090	725.64	7,500	0.64%

▶ 附件四

報表類型：統計圖，資料來源【3-3】表最下方 4 筆資料。

1. 新增【4-1】表

   複製【3-3】表 A1：E1、A17：E20 範圍，貼至【4-1】表 A1 儲存格

	A	B	C	D	E	F	G	H
1	產品名稱	第一季	第二季	第三季	第四季			
2	SuperVGA 1280*1024 PCI BUS 1MB	1,550	1,700	0	0			
3	SuperVGA 1280*1024 PCI BUS 2MB	1,320	3,090	630	1,240			
4	SuperVGA 1280*1024 VL BUS 1MB	1,240	2,640	420	1,540			
5	SuperVGA 1280*1024 VL BUS 2MB	0	1,810	0	1,090			

2. 插入 → 折線圖，選取：含有資料標記的折線圖

   圖表設計 → 移動圖表，選取：新工作表 Chart1

   圖表設計 → 快速版面配置，選取：版面配置 10

3. 在圖表區空白處按右鍵：字型，設定如下：

   英文：Times New Roman，中文：新細明體，12 pt

4. 圖表設計 → 切換列/欄（「圖例」項目與「水平軸」項目互換）

5. 輸入標題文字：「民國 90 年 SuperVGA 產品數量統計圖」

   設定：新細明體、18 pt、斜體、底線

6. 輸入橫軸文字：「產品類別」，設定：14 pt

   輸入縱軸文字：「數量」，設定：14 pt、文字方向 → 垂直

2-29

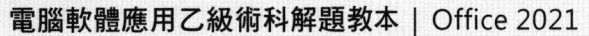

7. 點選：新增或移除圖表項目鈕
   取消：格線 → 第一主要水平
   選取：格線 → 第一主要垂直
8. 點選：高低連結線
   按 Delete 鍵

9. 設定圖表區外框：無外框
   設定繪圖區外框：黑色
   設定水平軸外框：黑色
   設定圖例外框：黑色
10. 在垂直軸上連點 2 下
    選取：座標軸選項 → 數值
    取消：使用千分位

結果如右圖：
（無外框線）

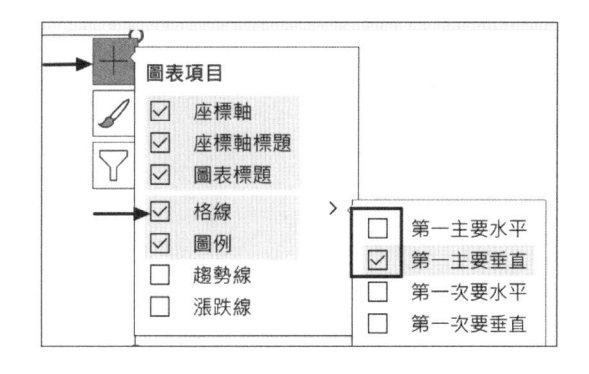

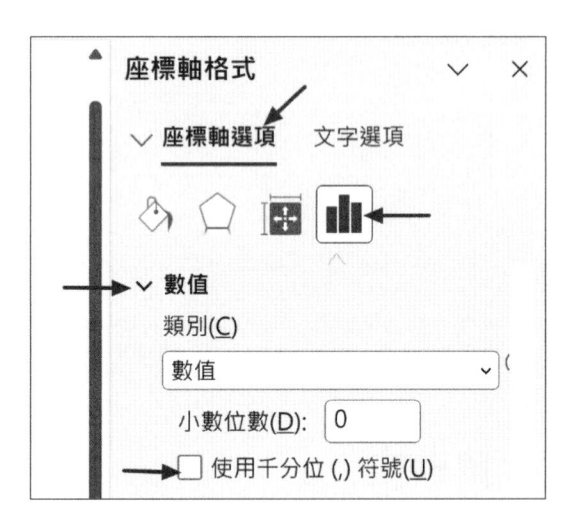

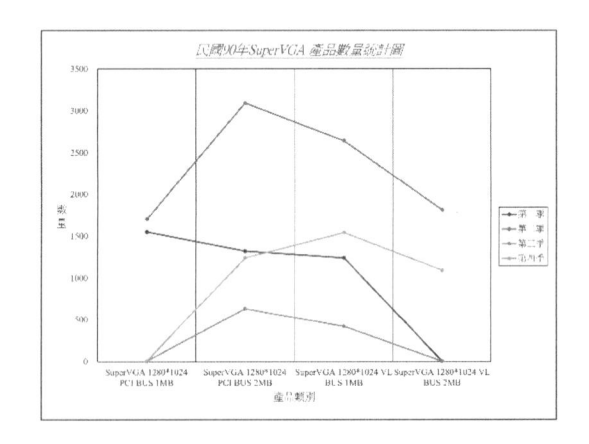

Word 解題

▶ 附件一

1. 複製【1-1】表內容，貼至〔5-1〕文件

業務姓名	客戶寶號	數量	單價	總額
林玉堂	溪泉電器工廠股份公司	2,890	42,261	122,134,290
向大鵬	周家合板股份有限公司	2,740	42,261	115,795,140
林鳳春	鑲琪塑膠股份有限公司	2,740	41,162	112,783,880

2. 按 Ctrl + A：全選，常用 → 字型，設定如下：
   中文字型 → 新細明體、字型 → Times New Roman、字型樣式：標準、12 pt

3. 選取表格，取消：框線，取消：網底
   表格版面配置 → 自動調整 → 自動調整成視窗大小
   設定文字欄位：靠左對齊、設定數字欄位：靠右對齊，結果如下圖：

業務姓名	客戶寶號	數量	單價	總額
林玉堂	溪泉電器工廠股份公司	2,890	42,261	122,134,290
向大鵬	周家合板股份有限公司	2,740	42,261	115,795,140
林鳳春	鑲琪塑膠股份有限公司	2,740	41,162	112,783,880

4. 選取：第 1~2 列，按滑鼠右鍵 → 插入 → 插入上方列
   選取：第 1 列，分割儲存格為 5 欄

業務姓名	客戶寶號	數量	單價	總額
林玉堂	溪泉電器工廠股份公司	2,890	42,261	122,134,290

5. 合併中間 3 欄，結果如下圖：

業務姓名	客戶寶號	數量	單價	總額
林玉堂	溪泉電器工廠股份公司	2,890	42,261	122,134,290

> **解說**

〔5-1〕文件的報表標題將提供後續所有附件共用，由於附件二報表標題長度太長，因此將標題列分割為 5 欄並將中間 3 欄合併，如此才有辦法達到左、中、右對齊，中間儲存格又能放得下附件二的標題內容。

6. 分別設定第 1 列標題文字：左、中、右對齊
   輸入標題文字，設定主標題：16 pt、斜體、單底線，結果如下圖：

2024-12-21		*民國 90 年產品銷售狀況*		林文恭
業務姓名	客戶寶號		數量	單價	總額

7. 選取表格第 3 列至表格最下方所有列
   設定縱向框線：1 1/2 pt、單線
   設定上框線、下框線：2 1/4 pt、單線

8. 以畫筆繪製第 3 列下框線：2 1/4 pt 單線

   題組五附件一　→　　　→　　Page1

2024-12-21		*民國 90 年產品銷售狀況*		林文恭
業務姓名	客戶寶號		數量	單價	總額
林玉堂	溪泉電器工廠股份公司		2,890	42,261	122,134,290

9. 選取表格第 1~3 列，表格版面配置 → 重複標題列
   捲動至第 2 頁檢查，結果如下圖：

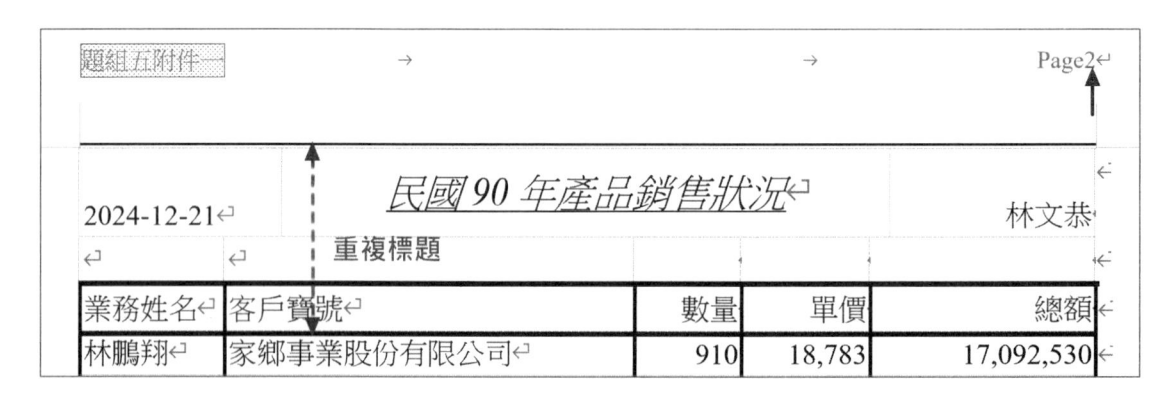

   題組五附件一　→　　　→　　Page2

2024-12-21		*民國 90 年產品銷售狀況*		林文恭
		重複標題		
業務姓名	客戶寶號		數量	單價	總額
林鵬翔	家鄉事業股份有限公司		910	18,783	17,092,530

附件二

1. 複製【2-2】表內容，貼至〔5-2〕文件

部門名稱	業務姓名	客戶寶號	聯絡人	總額
業務一課				
	王玉治	漢寶農畜產企業公司	林慶文	131,452,380
		九和汽車股份有限公司	陳勳森	48,974,400

2. 按 Ctrl + A：全選，常用 → 字型，設定如下：
   中文字型 → 新細明體、字型 → Times New Roman、字型樣式：標準、12 pt

3. 選取整個表格，取消：框線，取消：網底
   表格版面配置 → 自動調整 → 自動調整成視窗大小
   設定文字欄位：靠左對齊、設定數字欄位：靠右對齊，結果如下圖：

部門名稱	業務姓名	客戶寶號	聯絡人	總額
業務一課				
	王玉治	漢寶農畜產企業公司	林慶文	131,452,380
		九和汽車股份有限公司	陳勳森	48,974,400

4. 將插入點置於第一列最左邊，按 Enter 鍵（表格上方產生一空白段落）

   ← ← 空白段落

部門名稱	業務姓名	客戶寶號	聯絡人	總額
業務一課				

5. 複製〔5-1〕文件第 1~2 列標題，貼到〔5-2〕文件最上方空白段落上
   刪除標題列下方空白段落

6. 修改標題文字、修改標題格式（無底線、字元框線），結果如下圖：

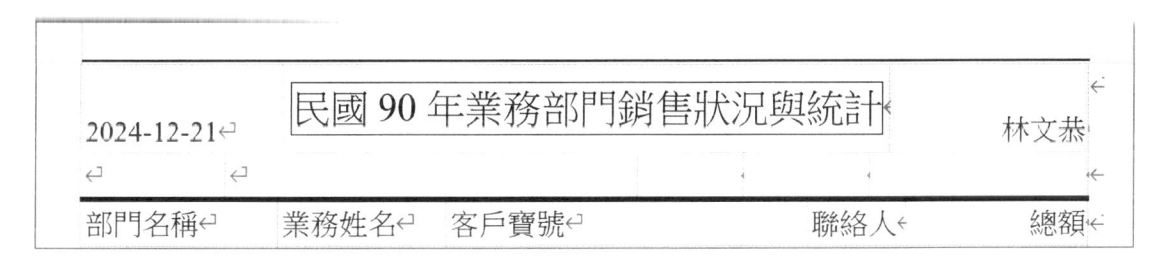

2024-12-21	民國 90 年業務部門銷售狀況與統計	林文恭
部門名稱　業務姓名　客戶寶號		聯絡人　　總額

7. 以畫筆繪製欄位名稱列：下框線 2 1/4 pt 單線

   以畫筆繪製業務員總額列：上框線 1 1/2 pt 單線（每一個業務員）

部門名稱	業務姓名	客戶寶號	聯絡人	總額
業務一課				
	王玉治	漢寶農畜產企業公司	林慶文	131,452,380
		九和汽車股份有限公司	陳勳森	48,974,400
		有萬貿易股份有限公司	郭淑玲	22,365,070
		羽田機械股份有限公司	徐惠秋	6,738,860
				209,530,710

8. 選取：業務一課部門加總列，以對話方塊設定如下：

   上框線：1 1/2 pt 單線、下框線：1 1/2 pt 單線

   選取：業務二課加總列，按 F4 快捷鍵

   選取：業務三課加總列，按 F4 快捷鍵

   選取：業務四課加總列，按 F4 快捷鍵

				14,826,680
部門加總				516,123,390
業務二課				
	向大鵬	周家合板股份有限公司	徐賢德	121,717,980

9. 選取表格第 1~3 列，表格版面配置 → 重複標題列

   捲動至第 2 頁檢查，結果如下圖：

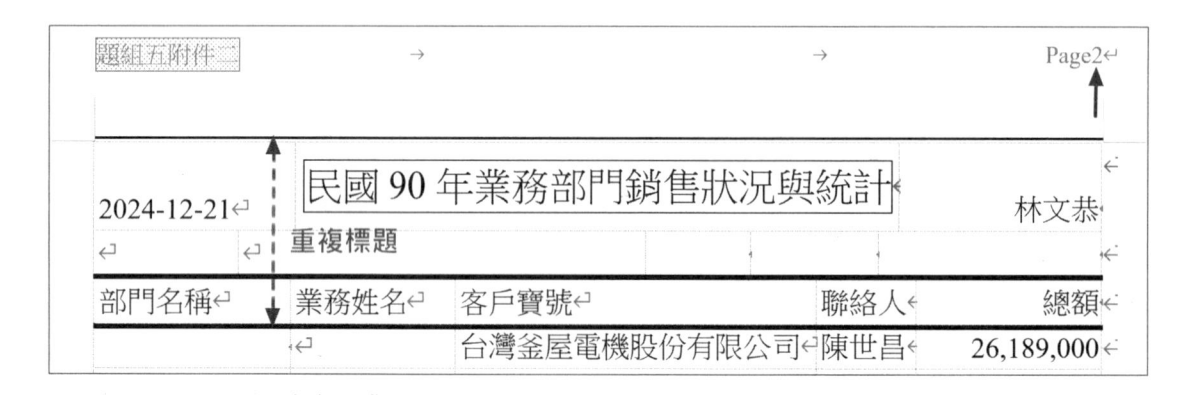

題組五附件	→		→	Page2
2024-12-21	民國 90 年業務部門銷售狀況與統計			林文恭
部門名稱	業務姓名	客戶寶號	聯絡人	總額
		台灣釜屋電機股份有限公司	陳世昌	26,189,000

2-34

附件三

1. 複製【3-3】表內容，貼至〔5-3〕文件

產品名稱	第一季	第二季	第三季	第四季	平均數量	銷售額	銷售百分比
486 主機板 PCI slot *3 16MB RAM	0	2,410	910	0	830.00	50,417,520	2.39%
486 主機板 PCI slot *3 32MB RAM	0	3,980	4,560	0	2,135.00	221,835,040	10.53%
486 主機板 VL slot *3 16MB RAM	2,420	1,830	0	1,630	1,470.00	79,303,560	3.76%

2. 按 Ctrl + A：全選，常用 → 字型，設定如下：
   中文字型 → 新細明體、字型 → Times New Roman、字型樣式：標準、12 pt

3. 選取整個表格，取消：框線，取消：網底
   表格版面配置 → 自動調整 → 自動調整成視窗大小
   設定文字欄位：靠左對齊、設定數字欄位：靠右對齊，結果如下圖：

產品名稱	第一季	第二季	第三季	第四季	平均數量	銷售額	銷售百分比
486 主機板 PCI slot *3 16MB RAM	0	2,410	910	0	830.00	50,417,520	2.39%
486 主機板 PCI slot *3 32MB RAM	0	3,980	4,560	0	2,135.00	221,835,040	10.53%
486 主機板 VL slot *3 16MB RAM	2,420	1,830	0	1,630	1,470.00	79,303,560	3.76%

4. 將插入點置於第一列最左邊，按 Enter 鍵（表格上方產生一空白段落）

← 空白段落							
產品名稱	第一季	第二季	第三季	第四季	平均數量	銷售額	銷售百分比
486 主機板 PCI slot *3 16MB RAM	0	2,410	910	0	830.00	50,417,520	2.39%

5. 複製〔5-1〕文件第 1~2 列標題，貼到〔5-3〕文件最上方空白段落上
   刪除標題列下方空白段落

6. 修改標題文字、修改標題格式

7. 設定：欄位名稱列下框線、最下方資料列下框線 2 1/4 pt，結果如下圖：

2024-12-21		民國 90 年產品銷售數量季報表					林文恭
產品名稱	第一季	第二季	第三季	第四季	平均數量	銷售額	銷售百分比
486 主機板 PCI slot *3 16MB RAM	0	2,410	910	0	830.00	50,417,520	2.39%
486 主機板 PCI slot *3 32MB RAM	0	3,980	4,560	0	2,135.00	221,835,040	10.53%
SuperVGA 1280*1024 VL BUS 1MB	1,240	2,640	420	1,540	1,460.00	22,460,640	1.07%
SuperVGA 1280*1024 VL BUS 2MB	0	1,810	0	1,090	725.00	13,557,500	0.64%

▶ 附件四

1. 複製【chart-1】表統計圖
   貼至〔5-4〕文件
2. 向右拖曳圖片右邊線
   → 圖與頁面等寬
3. 向上拖曳圖片下邊線
   → 圖位於頁面下邊線上方
   結果如右圖：

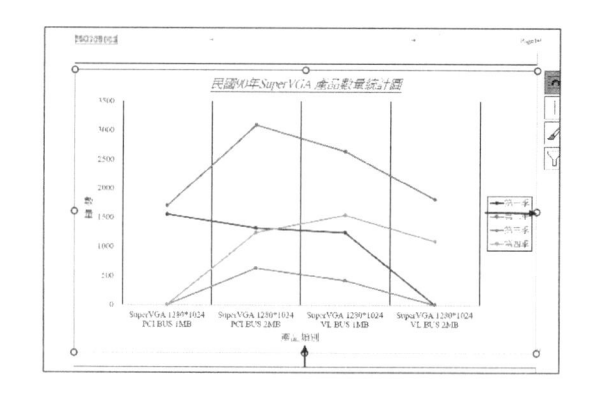

▶ 附件五

● 假設抽到文書檔：YR3.ODT，圖片檔：PIF5.BMP

1. 開啟〔5-5〕文件，匯入 YR3.ODT、刪除多餘段落、內文格式設定
   （請參考：Word 基礎教學）

   ┌───┐
   │ →現在人們擁有一部個人電腦是很平常的一件事，但是同時擁有好幾部個人電 │
   │ 腦的人也不在少數，這個現象在一般企業辦公室內更趨明顯。剛開始，可能是因 │
   │ 為個人電腦軟硬體的進步、辦公室的擴展，對使用電腦輔助工作的依賴性越來越 │
   │ 高，由好幾個人共用一部，變成一個人一部，甚至因用途的區隔，而超過一部。 │
   │ 於是問題就慢慢地產生了，大家開始不確定哪一部電腦的檔案是最新或正確的， │
   │ 也開始厭倦利用磁片將資料拷來拷去，一個不小心或者運氣不好，檔案還會被舊 │
   │ 檔案或壞掉的檔案蓋掉。此時，用網路連線來共享資源，是很好的解決方案。↵ │
   │ →本文將從一些基本的網路理論基礎開始，來探討如何架設一個小的 PC 網路 │
   └───┘

2. 複製〔5-1〕文件標題，貼至〔5-5〕文件最上方
   修改標題文字、修改格式設定（無底線、字元框線、字元網底）
3. 取消：標題表格下方框線，結果如下圖：

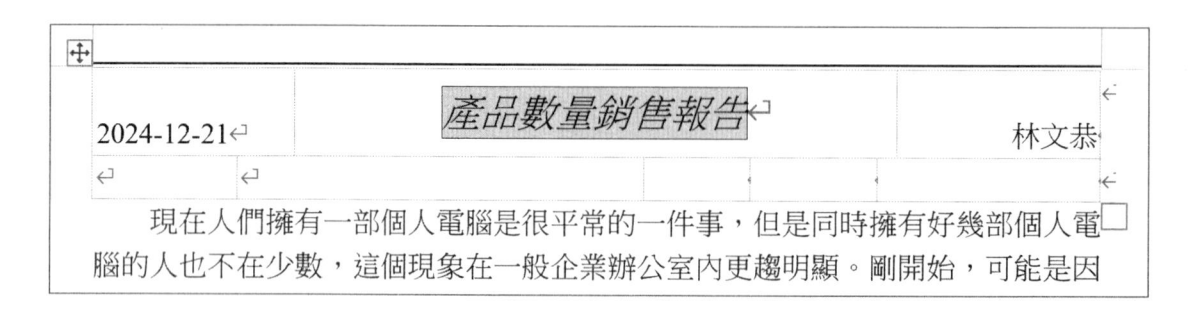

   | 2024-12-21 | 產品數量銷售報告 | 林文恭 |

   現在人們擁有一部個人電腦是很平常的一件事，但是同時擁有好幾部個人電
   腦的人也不在少數，這個現象在一般企業辦公室內更趨明顯。剛開始，可能是因

4. 在第 3 段落起始處按 3 次 Enter 鍵

   在第 2 個空白段落上輸入：「民國 90 年產品銷售數量季報表」

   取消：首行縮 2 字元、設定：斜體、置中對齊

5. 複製〔5-3〕文件表格第 1~6 欄，貼至〔5-5〕文件第 3 個空白段落上

   結果如下圖：

   系統。如果將網路的基本架構與自己的需求弄清楚，架設一個簡單的 PC 網路，是輕而易舉的一件事。

   民國90年產品銷售數量季報表

產品名稱	第一季	第二季	第三季	第四季	平均數量
486 主機板 PCI slot *3 16MB RAM	0	2,410	910	0	830.00
486 主機板 PCI slot *3 32MB RAM	0	3,980	4,560	0	2,135.00

6. 選取：表格下方至最後一個段落前所有內容（第 3 段~第 7 段）

7. 版面設定 → 欄 → 其他欄

   三欄

   選取：分隔線

   間距：1 公分

   結果如下圖：

   會降低很多。

   　　軟體共享：在應用軟體上，我們可以只使用一套網路版軟體，放在一部檔案伺服器電腦

   我們可以利用網路通訊的功能，來達到如人與人之間的通訊、程式與人之間的通訊、行程管理和專案管理的功能。

   包括行政事務方面的協調。所以，網路系統在數量多的個人電腦管理方面是相當有好處的。

   　　在這個人手一機的時代，以行動裝置為導向的網站介面日益增多，但是我們還是能夠看到有些網站並不支援 RWD，造成大多數行動裝置使用者的體驗不如預期，而開發者並不是不願意將原本的網站升級成響應式網站，而是修改起來

民國 90 年產品銷售狀況

2011-05-29　　　　　　　　　　　　　　　　　　　　　　　　　　　　林文恭

業務姓名	客戶寶號	數量	單價	總額
林玉堂	溪泉電器工廠股份公司	2,890	42,261	122,134,290
向大鵬	周家合板股份有限公司	2,740	42,261	115,795,140
林鳳春	鐶琪塑膠股份有限公司	2,740	41,162	112,783,880
朱金倉	菱生精密工業股份有限公司	2,430	42,261	102,694,230
郭曜明	新益機械工廠股份公司	2,430	42,261	102,694,230
毛渝南	洽興金屬工業股份公司	2,280	36,467	83,144,760
王玉治	漢寶農畜產企業公司	4,870	15,486	75,416,820
張志輝	太平洋汽門工業股份公司	1,670	42,261	70,575,870
莊國雄	豐興鋼鐵(股)公司	1,670	42,261	70,575,870
向大鵬	楓原設計公司	1,830	36,467	66,734,610
林鳳春	國豐電線工廠股份有限公司	1,830	36,467	66,734,610
林鵬翔	台灣製罐工業股份有限公司	2,430	25,976	63,121,680
朱金倉	達亞汽車股份有限公司	2,250	25,976	58,446,000
王玉治	漢寶農畜產企業公司	2,280	24,577	56,035,560
張志輝	太平洋汽門工業股份公司	2,130	25,976	55,328,880
王玉治	九和汽車股份有限公司	2,280	21,480	48,974,400
陳雅賢	台灣勝家實業股份有限公司	1,910	21,480	41,026,800
毛渝南	東興振業股份有限公司	1,370	25,976	35,587,120
吳國信	強安鋼架工程股份有限公司	1,830	18,783	34,372,890
林玉堂	喬福機械工業股份有限公司	1,600	21,480	34,368,000
郭曜明	原帥電機股份有限公司	800	41,162	32,929,600
謝穎青	台灣航空電子股份公司	800	41,162	32,929,600
林玉堂	大喬機械公司	850	36,467	30,996,950
謝穎青	台灣航空電子股份公司	1,940	15,486	30,042,840
朱金倉	達亞汽車股份有限公司	1,670	15,186	25,360,620
毛渝南	東興振業股份有限公司	1,830	13,487	24,681,210
林鳳春	金興鋼鐵股份有限公司	1,760	13,487	23,737,120
王玉治	有萬貿易股份有限公司	910	24,577	22,365,070
郭曜明	中友開發建設股份有限公司	880	24,577	21,627,760
吳國信	台灣釜屋電機股份有限公司	800	24,577	19,661,600
李進祿	天源義記機械股份有限公司	910	21,480	19,546,800
林鳳春	九華營造工程股份有限公司	460	41,162	18,934,520
毛渝南	新寶纖維股份有限公司	910	18,783	17,092,530

90010801

民國 90 年產品銷售狀況

2011-05-29　　　　　　　　　　　　　　　　　　　　　　　　　林文恭

業務姓名	客戶寶號	數量	單價	總額
林鵬翔	家鄉事業股份有限公司	910	18,783	17,092,530
張志輝	集上科技股份有限公司	410	41,162	16,876,420
謝穎青	日南紡織股份有限公司	1,060	15,186	16,097,160
張志輝	國光血清疫苗製造公司	950	15,186	14,426,700
莊國雄	真正精機股份有限公司	950	15,186	14,426,700
陳雅賢	麥柏股份有限公司	1,060	13,487	14,296,220
毛渝南	洽興金屬工業股份公司	760	18,783	14,275,080
張志輝	長生營造股份有限公司	910	15,186	13,819,260
吳美成	雅企科技(股)	880	15,486	13,627,680
李進祿	天源義記機械股份公司	300	41,162	12,348,600
郭曜明	新益機械工廠股份公司	730	15,186	11,085,780
吳美成	東陽實業(股)公司	2,150	4,945	10,631,750
林鳳春	九華營造工程股份有限公司	420	24,577	10,322,340

2011-05-29　　　　　　　　**民國 90 年業務部門銷售狀況與統計**　　　　　　　　林文恭

部門名稱	業務姓名	客戶寶號	聯絡人	總額
業務一課				
	王玉治	漢寶農畜產企業公司	林慶文	131,452,380
		九和汽車股份有限公司	陳勳森	48,974,400
		有萬貿易股份有限公司	郭淑玲	22,365,070
		羽田機械股份有限公司	徐惠秋	6,738,860
				209,530,710
	吳美成	雅企科技(股)	陳肇源	17,298,340
		台灣保谷光學股份有限公司	王振芳	12,764,340
		東陽實業(股)公司	李春淵	12,403,520
		遠東氣體工業股份公司	謝裕民	5,259,930
				47,726,130
	林鳳春	鍰琪塑膠股份有限公司	楊菊生	112,783,880
		國豐電線工廠股份有限公司	鄭景昌	72,187,610
		金興鋼鐵股份有限公司	張永茂	29,811,520
		九華營造工程股份有限公司	胡明宗	29,256,860
				244,039,870
	陳曉蘭	惠亞工程股份有限公司	張朝深	9,070,930
		亞智股份有限公司	賴朝宗	3,102,010
		佳樂電子股份有限公司	李進興	2,653,740
				14,826,680
部門加總				516,123,390
業務二課				
	向大鵬	周家合板股份有限公司	徐賢德	121,717,980
		楓原設計公司	秦嘉鴻	69,388,350
		科隆實業股份有限公司	蘇益慶	4,628,250
		現代農牧股份有限公司	呂碧如	4,222,730
				199,957,310
	吳國信	強安鋼架工程股份有限公司	林勝豐	34,372,890

90010801

部門名稱	業務姓名	客戶寶號	聯絡人	總額
		台灣釜屋電機股份有限公司	陳世昌	26,189,000
		永輝興電機工業股份公司	陳世棟	6,386,220
		正五傑機械股份有限公司	黃俊勝	6,131,800
				73,079,910
	莊國雄	豐興鋼鐵(股)公司	林清富	72,191,190
		真正精機股份有限公司	廖述宏	14,426,700
		金泰成粉廠股份有限公司	林棟材	9,341,900
		諾貝爾生物有限公司	翁崇銘	3,641,490
				99,601,280
	陳雅賢	台灣勝家實業股份有限公司	顏仲仁	41,026,800
		麥柏股份有限公司	周正義	14,296,220
		英業達股份有限公司	許金良	4,377,600
		永光壓鑄企業公司	張子信	1,417,780
				61,118,400
部門加總				433,756,900
業務三課				
	朱金倉	菱生精密工業股份有限公司	呂擇賞	102,694,230
		達亞汽車股份有限公司	蔣清池	83,806,620
		中衛聯合開發公司	巫嘉昌	6,069,610
		善品精機股份有限公司	李青潭	791,280
				193,361,740
	林玉堂	溪泉電器工廠股份公司	楊喜棠	122,134,290
		喬福機械工業股份有限公司	林繼宗	41,491,560
		大喬機械公司	張君暉	33,274,850
		百容電子股份有限公司	唐樂川	9,351,360
				206,252,060
	張志輝	太平洋汽門工業股份公司	葉育恩	125,904,750
		國光血清疫苗製造公司	陳標山	18,449,040

民國 90 年業務部門銷售狀況與統計

2011-05-29　　　　林文恭

2011-05-29　　　　　　　　民國 90 年業務部門銷售狀況與統計　　　　　　　林文恭

部門名稱	業務姓名	客戶寶號	聯絡人	總額
		集上科技股份有限公司	徐旭明	16,876,420
		長生營造股份有限公司	黃正弘	13,819,260
				175,049,470
	謝穎青	台灣航空電子股份公司	劉瑞復	62,972,440
		日南紡織股份有限公司	高文彬	21,192,910
		台中精機廠股份有限公司	黃永松	10,182,600
		昆信機械工業股份有限公司	鄭榮勳	4,502,620
				98,850,570
部門加總				673,513,840
業務四課				
	毛渝南	洽興金屬工業股份公司	梁文雄	97,419,840
		東興振業股份有限公司	黃清吉	60,268,330
		新寶纖維股份有限公司	杜鴻國	22,559,490
		詮讚興業公司	劉宗齊	1,802,360
				182,050,020
	李進祿	天源義記機械股份公司	陳幼獅	31,895,400
		欣中天然氣股份有限公司	林長芳	5,265,240
		四維企業(股)公司	張國萬	2,134,460
				39,295,100
	林鵬翔	台灣製罐工業股份有限公司	陳智雄	66,081,120
		家鄉事業股份有限公司	林添財	17,092,530
		比力機械工業股份公司	吳政翔	486,750
				83,660,400
	郭曜明	新益機械工廠股份公司	林金源	113,780,010
		原帥電機股份有限公司	蔡淑慧	42,760,400
		中友開發建設股份有限公司	陳登榜	21,627,760
				178,168,170
部門加總				483,173,690

90010801

2011-05-29　　　　民國 90 年業務部門銷售狀況與統計　　　　　林文恭

| 部門名稱 | 業務姓名 | 客戶寶號 | 聯絡人 | 總額 |

銷售總額　　　　　　　　　　　　　　　　　　2,106,567,820

民國 90 年產品銷售數量季報表

產品名稱	第一季	第二季	第三季	第四季	平均數量	銷售額	銷售百分比
486 主機板 PCI slot *3 16MB RAM	0	2,410	910	0	830.00	50,417,520	2.39%
486 主機板 PCI slot *3 32MB RAM	0	3,980	4,560	0	2,135.00	221,835,040	10.53%
486 主機板 VL slot *3 16MB RAM	2,420	1,830	0	1,630	1,470.00	79,303,560	3.76%
486 主機板 VL slot *3 32MB RAM	2,990	2,280	0	420	1,422.50	139,843,130	6.64%
586 主機板 EISA slot *3 16MB RAM	340	910	3,080	760	1,272.50	95,605,470	4.54%
586 主機板 EISA slot *3 32MB RAM	800	1,970	2,740	0	1,377.50	226,802,620	10.77%
586 主機板 EISA slot *7 16MB RAM	1,600	4,190	0	910	1,675.00	143,916,000	6.83%
586 主機板 EISA slot *7 32MB RAM	0	4,410	4,100	5,320	3,457.50	584,469,630	27.75%
586 主機板 PCI slot *3 16MB RAM	800	7,690	230	0	2,180.00	135,037,920	6.41%
586 主機板 VL slot *3 16MB RAM	0	2,610	1,670	0	1,070.00	64,996,080	3.09%
586 主機板 VL slot *3 32MB RAM	850	2,280	1,830	1,830	1,697.50	247,610,930	11.75%
EnhanceIDE PCI BUS	820	460	0	1,670	737.50	6,484,100	0.31%
EnhanceIDE VL BUS	3,500	1,970	2,890	1,370	2,432.50	15,159,340	0.72%
SCSIcard PCI BUS	2,190	1,450	0	0	910.00	8,000,720	0.38%
SCSIcard VL BUS	1,770	910	730	0	852.50	6,639,270	0.32%
SuperVGA 1280*1024 PCI BUS 1MB	1,550	1,700	0	0	812.50	13,373,750	0.63%
SuperVGA 1280*1024 PCI BUS 2MB	1,320	3,090	630	1,240	1,570.00	31,054,600	1.47%
SuperVGA 1280*1024 VL BUS 1MB	1,240	2,640	420	1,540	1,460.00	22,460,640	1.07%
SuperVGA 1280*1024 VL BUS 2MB	0	1,810	0	1,090	725.00	13,557,500	0.64%

林文恭

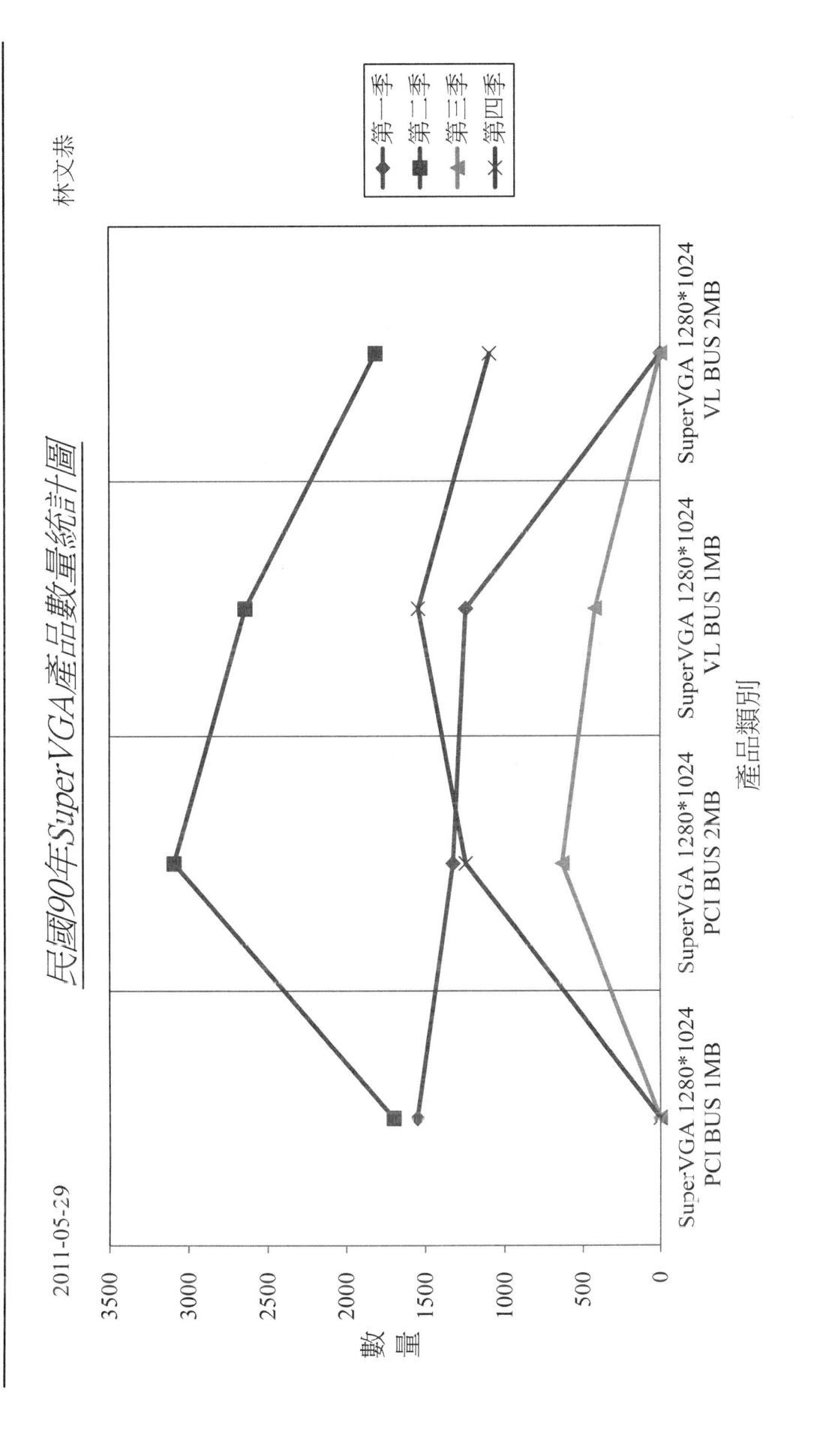

民國90年SuperVGA產品數量統計圖

產品數量銷售報告

2011-01-31　　　　　　　　　　　　　　　　　　　　　　　　　　　　　　林文恭

　　今日網路之所以能如此的普及，網路產品、技術的發展功不可沒；而在產品和技術的發展過程中，路由器即扮演著非常重要的角色。本文便以網路的發展趨勢、技術和市場需求等因素，來探討路由器在網路規劃、應用上的定位和變革。

　　由於較大型網路的規劃必須考慮到資料傳輸效率的問題，所以在規劃時必須將網路切割成多個子網路，稱為網際網路。橋接器是最早被採用於規劃網際網路的連線設備，也是連接多個區域網路成大型網路最經濟、最簡單的方法。然而在運作上橋接器卻有許多的缺點，如必須記憶大量工作站的 MAC 層位址，且須不斷地更新，易造成所謂的廣播風暴（Broadcast Storm）；不能形成迴路以致不能規劃線路的備援；無法劃分網路層位址，如 IP、IPX 等。在對遠端網路連線時，這些缺點常造成頻寬的浪費。

民國 90 年產品銷售數量季報表

產品名稱	第一季	第二季	第三季	第四季	平均數量
486 主機板 PCI slot *3 16MB RAM	0	2,410	910	0	830.00
486 主機板 PCI slot *3 32MB RAM	0	3,980	4,560	0	2,135.00
486 主機板 VL slot *3 16MB RAM	2,420	1,830	0	1,630	1,470.00
486 主機板 VL slot *3 32MB RAM	2,990	2,280	0	420	1,422.50
586 主機板 EISA slot *3 16MB RAM	340	910	3,080	760	1,272.50
586 主機板 EISA slot *3 32MB RAM	800	1,970	2,740	0	1,377.50
586 主機板 EISA slot *7 16MB RAM	1,600	4,190	0	910	1,675.00
586 主機板 EISA slot *7 32MB RAM	0	4,410	4,100	5,320	3,457.50
586 主機板 PCI slot *3 16MB RAM	800	7,690	230	0	2,180.00
586 主機板 VL slot *3 16MB RAM	0	2,610	1,670	0	1,070.00
586 主機板 VL slot *3 32MB RAM	850	2,280	1,830	1,830	1,697.50
EnhanceIDE PCI BUS	820	460	0	1,670	737.50
EnhanceIDE VL BUS	3,500	1,970	2,890	1,370	2,432.50
SCSIcard PCI BUS	2,190	1,450	0	0	910.00
SCSIcard VL BUS	1,770	910	730	0	852.50
SuperVGA 1280*1024 PCI BUS 1MB	1,550	1,700	0	0	812.50
SuperVGA 1280*1024 PCI BUS 2MB	1,320	3,090	630	1,240	1,570.00
SuperVGA 1280*1024 VL BUS 1MB	1,240	2,640	420	1,540	1,460.00
SuperVGA 1280*1024 VL BUS 2MB	0	1,810	0	1,090	725.00

　　對於廣域網路的連線有項功能是很重要的，那就是撥接備援（Dial Back-up）能力。撥接備援可以在當主要幹線中斷時自動撥接備援線路

，使網路連線不致中斷。另也可在主要幹線資料流量壅塞時自動撥接備援線路，以分擔資料的傳輸流量。撥接備援的線路可選擇如 ISDN、X.25 或電話線路等。

交換式乙太網路的資料傳輸不再是共用頻寬的模式，它提供二個工作站之間擁有專屬頻寬傳輸資料的能力，並且能在同一時間內建立起多對工作站之間的連線，各自擁有專屬的頻寬來傳送資料。觀念上就好比電話交換機系統能在同一時間內建立起多對電話的連接、交談。

由於交換式乙太網路能建立並行式的通訊方式，同時建立多對工作站間的連線，那麼即使網路的傳輸速率並沒有提高，但整體的網路傳輸效能卻能有很大的提升。電話交換機建立兩具電話的連線係根據所撥接的電話號碼，交換式乙太網路則是根據資料鏈結層的 MAC 子層位址（Media Access Control Address）來辨識，所以交換式乙太網路設備（以下簡稱 EtherSwitch）必須建立自己的 MAC 位址表以了解所有工作站的位置，再根據位址表以達成工作站與工作站間的連線。

EtherSwitch 建立位址表的方式和橋接器非常類似，均是採自學（Learning）、透通（Transparent）的方式，與工作站的運作完全無關。但是 EtherSwitch 對資料封包的轉送效率卻比橋接器和路由器快，在安裝成本上也比橋接器和路由器低。表 1 為三者的比較表。

在網際網路的連線上，路由器取代了橋接器而成為主要的連線設備。近年來 EtherSwitch 的出現，以其安裝成本低、安裝維護容易、傳輸效率高等優點漸而取代了路由器在網際網路的地位。漸漸的路由器已被規劃於作遠端的連線，或必須作 IP 位址劃分的網路上。圖 2 和圖 3 是目前規劃上最常見的兩種架構。

題組四：試題編號 930204

電腦軟體應用乙級技術士技能檢定術科測試檢定試題

資　料　檔　名　稱	檔　案　名　稱	備　　註
部門主檔	dept.xml	
人事主檔	employee.xml	
產品主檔	product.xml	
業績目標主檔	quota.xml	
銷售主檔	sales.xml	
客戶主檔	customer.xml	
文書檔	yr1.odt ~ yr10.odt	第 5 子題用

【檔案及報表要求】

請利用以上所列之資料庫及檔案，在 90 年終結算公司營業成果時，製作 1~5 小題之報表。請依下列要求作答，所有的列印皆設定為：

◎ 文書檔由應檢人員於考試開始前，自 yr1.odt、yr2.odt、yr3.odt、yr4.odt、yr5.odt、yr6.odt、yr7.odt、yr8.odt、yr9.odt、yr10.odt 中抽選一檔案。

△ 紙張設定為 A4 格式，頁面內文之上、下邊界皆為 3 公分，左、右邊界亦為 3 公分。因印表機紙張定位有所不同時，左、右邊界可允許有少許誤差，惟左、右邊界之總和仍為 6 公分。

△ 中文設定為新細明體或細明體字型，英文及數字設定為 Times New Roman 字型，但圖表的標題皆設為新細明體或細明體。

△ 頁首之下與頁尾之上，各以一條 1 點之橫線與本文間相隔，頁首之下的橫線與頁緣距離為 3 公分，頁尾之上的橫線與頁緣距離為 3 公分。並於頁首左邊以 10 點字型加印題組及附件編號，例如「題組四附件一」，且加框線及灰色網底。

◎ 所有列印報表之欄位名稱均須橫列並列印於同一頁、同一列上。

◎ 報表內容，應依試題要求作答，不得自行加入無關的資料。

1. 統計 90 年公司各部門業績及毛利等結果，並製作成報表列印出來。報表的內容應包括：

    (本題答案所要求之報表格式請參考「題組四附件一」之參考範例)

    ● 紙張設定為直式。
    ● 資料內容分三個層次：第一個層次先依序列出各部門名稱，並依「業務一課」、「業務二課」、… 遞增排序，最後再列出公司年度總和；第二個層次為主管姓名及部門總和；第三個層次為業務員姓名，依姓名筆劃遞增排序。

題組四

- 個人之達成業績係指業務員個人所完成的業績總和。
  業績 = 產品「單價」× 交易「數量」。
- 個人達成業績若為零者，不須列印。
- 業績達成率 =（達成業績 ÷ 業績目標）以百分比表示，計算到小數點第一位，並將第二位四捨五入。
- 毛利 =（各項產品的單價 － 各項產品的成本）× 銷售數量。

部門總和之內容包含有：

▲ (1)（在主管姓名欄位下列出）「部門總和」標題
- (2)（在業績目標欄位下列出）部門內所有業務同仁業績目標之總和
- (3)（在達成業績欄位下列出）部門內所有業務同仁達成業績之總和
- (4)（在業績達成率欄位下列出）部門的業績達成率
- (5)（在毛利欄位下列出）部門內所有業務同仁毛利之總和。

公司年度總和之內容包含有：

▲ (1)（在部門名稱欄位下列出）「公司年度總和」標題
- (2)（在業績目標欄位下列出）公司內所有部門業績目標之總和
- (3)（在達成業績欄位下列出）公司內所有部門達成業績之總和
- (4)（在業績達成率欄位下列出）公司的總業績達成率
- (5)（在毛利欄位下列出）公司內所有部門毛利之總和。

▲ 報表標題：「90 年公司各部門業績統計報表」。
▲ 報表含「部門名稱、主管姓名、業務員姓名、業績目標、達成業績、業績達成率、毛利」等欄位。

※ 每一頁報表均有標題，標題為 18 點字型，置中對齊，並加單線底線。
※ 在標題的下一行靠右加入測驗當天的日期，其格式為 31-Jan-2001、12 點字型。
※ 欄位的名稱為，12 點字型，每個欄位以一個（含）以上的空白予以間隔，且上下均標以一條 2 1/4 點之橫線分別與標題、日期及資料內容相隔開。
※ 部門總和之記錄置於該部門同仁的記錄下，並以一條 1 點之橫線與其相隔，與下一個部門間以一空白列相間隔，但與公司年度總和之記錄以二空白列相間隔。
※ 全部的數字資料，一律靠右對齊(含欄位的標題)，其餘靠左對齊。
※ 報表最後的「公司年度總和」記錄之下，需標一條 2 1/4 點之橫線。
※ 在每頁頁面左下方以 10 點字型加入您的姓名、准考證號碼，姓名及准考證號碼間以一個空白予以間隔。頁面右下方以 10 點字型加上頁碼。

題組四

2. 將民國 90 年所有業務員的客戶中,與公司交易額佔公司總營業 3%以上(含)的客戶,作成報表列印出來。報表的內容應包括:
   (本題答案所要求之報表格式請參考「題組四附件二」之參考範例)
   - 紙張設定為直式。
   - 交易額請以萬元為單位,列印到小數點第二位,並將第三位四捨五入。
   - 佔公司營業額 =(該公司交易額 ÷ 本公司業績總和)之百分比,計算到小數點第二位,並將第三位四捨五入。
   - 列印的資料內容為 90 年與公司交易額佔公司總營業額 3%以上(含)的客戶寶號,依交易額遞減排序,其中交易額相同者,以客戶寶號筆劃遞增排序。
   ▲ 報表標題:「90 年公司重要客戶交易統計」。
   ▲ 報表含「客戶寶號、交易額、佔公司營業額、業務員姓名(負責該客戶之業務員之姓名)」等欄位。
   ※ 標題為 18 點斜體字型,置中對齊,並加單線底線。
   ※ 在標題的下一行靠右加入測驗當天的日期,其格式為 31-Jan-2001、12 點字型。
   ※ 欄位的名稱依序為「客戶寶號、交易額、佔公司營業額、業務員姓名」,14 點字型,每個欄位以一個(含)以上的空白予以間隔,且上下均標以一條 2 1/4 點之橫線,分別與標題、日期及資料內容相隔開。
   ※ 欄位內容「客戶寶號」,靠左對齊,其餘欄位置中對齊。
   ※ 每一筆資料記錄皆以一空白列相隔開。
   ※ 於最後一列資料記錄後加印一條 2 1/4 點之橫線。並於橫線下加入「交易額單位:新台幣萬元」字樣,靠右對齊。
   ※ 在每頁頁面左下方以 10 點字型加入您的姓名、准考證號碼,姓名及准考證號碼間以一個空白予以間隔。頁面右下方以 10 點字型加上頁碼,格式:第 X 頁,如「第 1 頁」。

3. 將公司內各部門的總業績與毛利,製作出一立體長條圖,並列印之。該圖內容需包括:
   (本題答案所要求之報表格式請參考「題組四附件三」之參考範例)
   - 紙張設定為橫式。
   - 每一部門均有三條立體長條圖形,左側為部門總業績目標,中間為部門總達成業績,右側為毛利。
   - 每條立體長條圖資料標記,以萬元為單位,計算到小數點第二位,並將第三位四捨五入。
   ▲ 圖表標題:「90 年公司營業部門之業績目標、達成業績、毛利比較圖」。

題組四

※ 圖表需加粗外框。
※ 圖表標題為 16 點斜體字型，框內靠上置中對齊，並加單線底線。
※ 在圖表右上加入測驗當天的日期，其格式為 31-Jan-2001、12 點字型。
※ 縱軸座標標題「金額」（二字直列），縱軸上方並需標示「單位：萬元」，字體為 14 點字型。縱軸每一長度單位為 5000 萬元，範圍為 0 到 40000 萬元，表內需有單位水平格線，字體為 10 點字型。
※ 橫軸依「業務一課」至「業務四課」由左到右排列，每一部門名稱均直列為一行，置於橫軸的下端，字體為 10 點字型。橫軸座標標題「部門名稱」（四字橫列），置於「業務二課」與「業務三課」等字的下方置中，字體為 14 點字型。
※ 圖例（Legend）之說明置於圖表外框內的右下，字型格式為 10 點字型。
※ 每條立體長條圖資料標記之字型格式為 10 點字型。
※ 在每頁頁面左下方以 10 點字型加入您的姓名、准考證號碼，姓名及准考證號碼間以一個空白予以間隔。頁面右下方以 10 點字型加上頁碼。

4. 統計各業務部門主管的業績獎金，其中
   (本題答案所要求之報表格式請參考「題組四附件四」之參考範例)
   ● 業績獎金，以整數計算，小數點後四捨五入，發放方式為：
     (1) 「業績達成率」達到 75%（含）者，獎金發放方式為：
         部門毛利 × 2% × 業績達成率
     (2) 「業績達成率」未達到 75%者，獎金發放方式為：
         全年年薪 × 30% × 業績達成率
     其中「業績達成率」及「毛利」係分別指該部門「業績達成率」的總和及「毛利」的總和，而「年薪」及「獎金」則分別指該業務部門主管的「年薪」及「獎金」。

   根據上述公式產生主管業績獎金報表、並列印，報表內容包括：
   ● 紙張設定為直式。
   ● 業績達成率以百分比表示，計算到小數點第二位，並將第三位四捨五入。
   ● 年薪 = 月薪 × 12。
   ● 部門主管獎金總計為各部門獎金之總和。
   ● 資料內容依業績達成率遞增排序，業績達成率相同者以部門名稱筆劃遞增排序。
   ▲ 報表標題：「90 年業務部門主管業績獎金統計表」。
   ▲ 報表含「部門名稱 主管姓名 業績達成率 毛利 年薪 獎金」等欄位。

題組四

- ※ 標題為 18 點斜體字型，置中對齊，並加單線底線。
- ※ 在標題的下一行靠右加入測驗當天的日期，其格式為 31-Jan-2001、12 點字型。
- ※ 欄位的名稱為 14 點字型，每個欄位以一個（含）以上的空白予以間隔，且上下均標以一條 2 1/4 點之橫線，分別與標題、日期及資料內容相隔開。
- ※ 每一筆資料記錄皆以一空白列相隔開。
- ※ 最後在年薪欄位下加上「部門主管獎金總計」，但數值資料與獎金欄位對齊，且下標以一條 2 1/4 點之橫線。
- ※ 在每頁頁面左下方以 10 點字型加入您的姓名、准考證號碼，姓名及准考證號碼間以一個空白予以間隔。頁面右下方以 10 點字型加上頁碼。

5. 編製一份書面報告。先繪製一份「營業部門達成業績比例圖」(以分裂式立體圓形圖表示)，並將該圖嵌入「文書檔」中，再列印。

   (本題答案所要求之報表格式請參考「題組四附件五」之參考範例)

   - ● 紙張設定為直式。
   - ● 圖形內之圓形圖為「分裂式立體圓形圖」，並於每一分裂部份標示部門名稱及其達成業績所佔公司總業績之比例。比例計算到小數點第二位，並將第三位四捨五入。
   - ● 讀取文書檔，以三欄（每欄欄寬均為 10 個中文字元）、左右對齊方式編排，立體圓形圖嵌入第二及第三欄的上方，與第一段文章之首列平齊。
   - ● 立體圓形圖嵌入第二及第三欄的上方，寬度為第二欄及第三欄之寬度，高度為十列。
   - ▲ 報告的標題為「90 年公司業務狀況及部門業績報告」。
   - ▲ 圓形圖之標題為「營業部門達成業績比例圖」。
   - ※ 每段落開始縮排兩個中文字元。
   - ※ 標題為 18 點斜體字型，置中對齊，並加單線底線。
   - ※ 在標題的下一行靠右加入測驗當天的日期，其格式為 31-Jan-2001、12 點字型。日期與文書資料之距離為一列。
   - ※ 文書資料之內容為 12 點字型。
   - ※ 圖形與第一段文章之首列平齊，與第二欄及第三欄之距離為一列。
   - ※ 圖形外加細框，並將標題置於外框上緣之內、圓形圖之上。
   - ※ 在每頁頁面左下方以 10 點字型加入您的姓名及准考證號碼，以一個空白予以間隔。頁面右下方以 10 點字型加上頁碼。

題組四附件一

90年公司各部門業績統計報表

31-Jan-2011

部門名稱	主管姓名	業務員姓名	業績目標	達成業績	業績達成率	毛利
業務一課						
	陳曉蘭					
		王玉治	42000000	31523000	75.1%	13138000
		吳美成	42000000	24276000	57.8%	10130000
		林鳳春	36000000	56664000	157.4%	23216400
		陳曉蘭	36000000	14449500	40.1%	5424500
	部門總和		156000000	126912500	81.4%	51908900
業務二課						
	陳雅賢					
		向大鵬	36000000	36504000	101.4%	14643000
		吳國信	36000000	18516000	51.4%	7758000
		莊國雄	44000000	51318000	116.6%	21385000
		陳雅賢	42000000	32588400	77.6%	13299400
	部門總和		158000000	138926400	87.9%	57085400
業務三課						
	朱金倉					
		朱金倉	44000000	46135000	104.9%	18571000
		林玉堂	36000000	56040000	155.7%	22894000
		張志輝	44000000	58506000	133.0%	24473000
		謝穎青	36000000	17930800	49.8%	7328700
	部門總和		160000000	178611800	111.6%	73266700
業務四課						
	林鵬翔					
		毛渝南	44000000	30774000	69.9%	13986000
		李進祿	36000000	51036000	141.8%	21260000
		林鵬翔	36000000	56021500	155.6%	22685700
		郭曜明	42000000	62990000	150.0%	25843000
	部門總和		158000000	200821500	127.1%	83774700
公司年度總和			632000000	645272200	102.1%	266035700

李國強　90010801

題組四附件二

90 年公司重要客戶交易統計

31-Jan-2011

客戶寶號	交易額	佔公司營業額	業務員姓名
集上科技股份有限公司	4700.60	7.28%	李進祿
欣中天然氣股份有限公司	3948.00	6.12%	林鳳春
長生營造股份有限公司	3914.00	6.07%	林鵬翔
大喬機械公司	3384.00	5.24%	朱金倉
善品精機股份有限公司	3102.00	4.81%	林玉堂
東興振業股份有限公司	2966.40	4.60%	張志輝
正五傑機械股份有限公司	2961.00	4.59%	郭曜明
科隆實業股份有限公司	2823.60	4.38%	陳雅賢
詮讚興業公司	2453.40	3.80%	莊國雄
溪泉電器工廠股份有限公司	2168.70	3.36%	王玉治
國光血清疫苗製造股份有限公司	2099.70	3.25%	向大鵬

交易額單位：新臺幣萬元

李國強　90010801

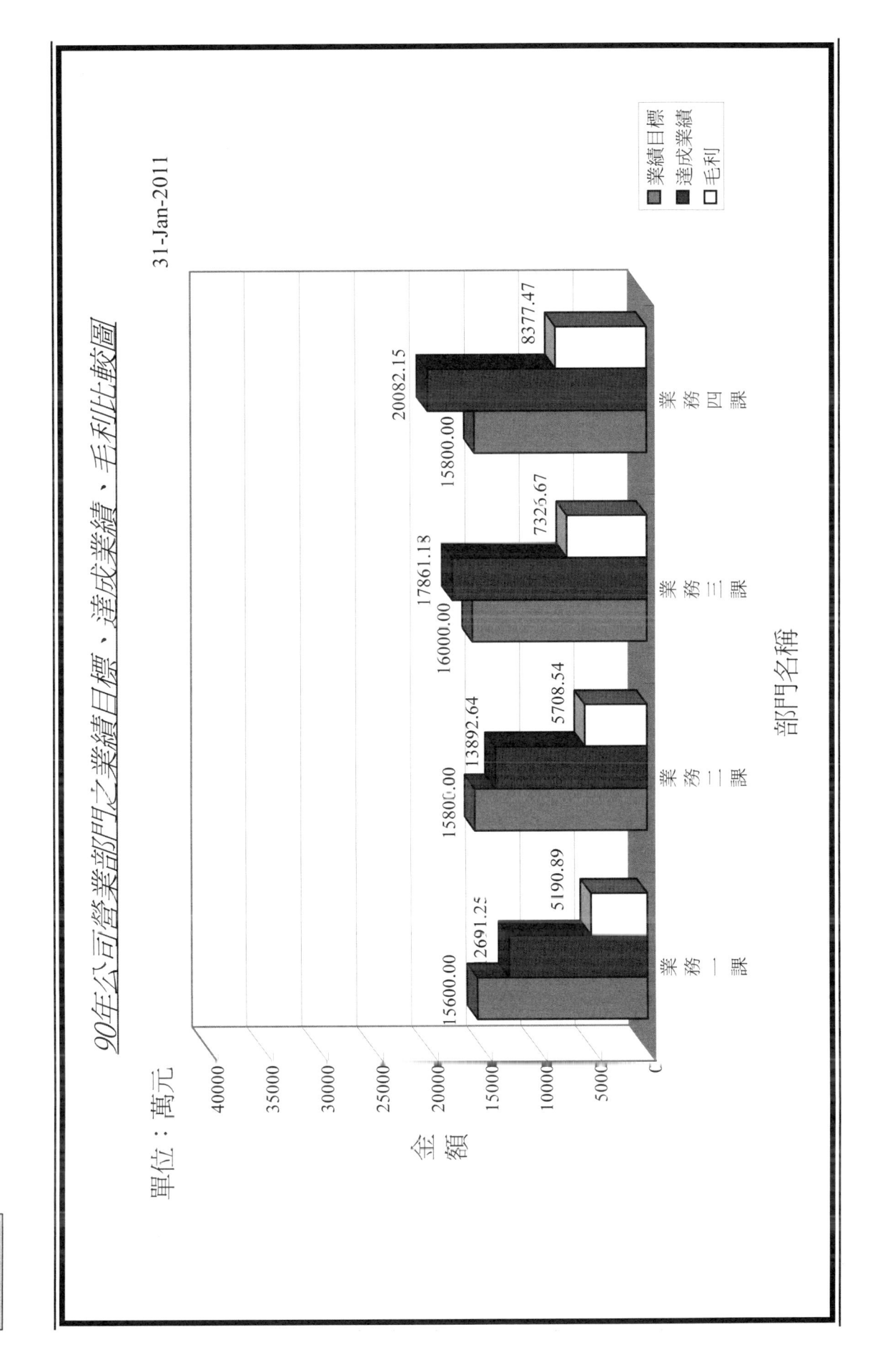

90年公司營業部門之業績目標、達成業績、毛利比較圖

單位：萬元

31-Jan-2011

部門名稱	業績目標	達成業績	毛利
業務一課	15600.00	2691.25	5190.89
業務二課	15800.00	13892.64	5708.54
業務三課	16000.00	17861.13	7326.67
業務四課	15800.00	20082.15	8377.47

題組四附件四

90 年業務部門主管業績獎金統計表

31-Jan-2011

部門名稱	主管姓名	業績達成率	毛利	年薪	獎金
業務一課	陳曉蘭	81.35%	51908900	354000	844558
業務二課	陳雅賢	87.93%	57085400	650400	1003904
業務三課	朱金倉	111.63%	73266700	466800	1635752
業務四課	林鵬翔	127.10%	83774700	432000	2129553
				部門主管獎金總計	5613767

李國強　90010801

題組四附件五

90 年公司業務狀況及部門業績報告

31-Jan-2011

今日網路之所以能如此的普及，網路產品、技術的發展功不可沒；而在產品和技術的發展過程中，路由器即扮演著非常重要的角色。本文便以網路的發展趨勢、技術和市場需求等因素，來探討路由器在網路規劃、應用上的定位和變革。

由於較大型網路的規劃必須考慮到資料傳輸效率的問題，所以在規劃時必須將網路切割成多個子網路，稱為網際網路。橋接器是最早被採用於規劃網際網路的連線設備，也是連接多個區域網路成大型網路最經濟、最簡單的方法。然而在運作上橋接器卻有許多的缺點，如必須記憶大量工作站的 MAC 層位址，且須不斷地更新，易造成所謂的廣播風暴（Broadcast Storm）；不能形成迴路以致不能規劃線路的備援；無法劃分網路層位址，如 IP、IPX 等。在對遠端網路連線時，這些缺點常造成頻寬的浪費。

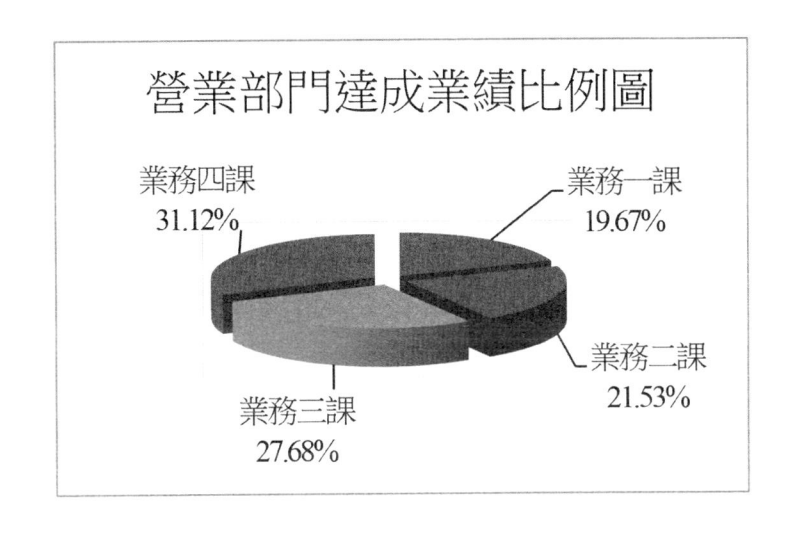

對於廣域網路的連線有項功能是很重要的，那就是撥接備援（Dial Back-up）能力。撥接備援可以在當主要幹線中斷時自動撥接備援線路，使網路連線不致中斷。另也可在主要幹線資料流量壅塞時自動撥接備援線路，以分擔資料的傳輸流量。撥接備援的線路可選擇如 ISDN、X.25 或電話線路等。

交換式乙太網路的資料傳輸不再是共用頻寬的模式，它提供二個工作站之間擁有專屬頻寬傳輸資料的能力，並且能在同一時間內建立起多對工作站之間的連線，各自擁有專屬的頻寬來傳送資料。觀念上就好比電話交換機系統能在同一時間內建立起多對電話的連接、交談。

由於交換式乙太網路能建立並行式的通訊方式，同時建立多對工作站間的連線，那麼即使網路的傳輸速率並沒有提高，但整體的網路傳輸效能卻能有很大的提升。電話交換機建立兩具電話的連線係根據所撥接的電話號碼，交換式乙太網路則是根據資料鏈結層的 MAC 子層位址（Media Access Control Address）來辨識，所以交換式乙太網路設備（以下簡稱 EtherSwitch）必須建立

李國強　90010801

自己的 MAC 位址表以了解所有工作站的位置，再根據位址表以達成工作站與工作站間的連線。

EtherSwitch 建立位址表的方式和橋接器非常類似，均是採自學（Learning）、透通（Transparent）的方式，與工作站的運作完全無關。但是 EtherSwitch 對資料封包的轉送效率卻比橋接器和路由器快，在安裝成本上也比橋接器和路由器低。表 1 為三者的比較表。

在網際網路的連線上，路由器取代了橋接器而成為主要的連線設備。近年來 EtherSwitch 的出現，以其安裝成本低、安裝維護容易、傳輸效率高等優點漸而取代了路由器在網際網路的地位。漸漸的路由器已被規劃於作遠端的連線，或必須作 IP 位址劃分的網路上。圖 2 和圖 3 是目前規劃上最常見的兩種架構。

題組四　術科解題

Word 附件製作

- 根據「題組四附件一」樣式建立標準範本：〔4-1〕文件
  完成：版面配置、頁首頁尾、頁面框線設定
- 將〔4-1〕文件另存為：4-2、4-3、4-4、4-5，並逐一修改
  （請參考：Word 基礎教學）

Access 解題

建立資料庫、匯入資料表

1. 建立資料庫 NO4
2. 匯入考題要求 6 張資料表
   結果如右圖：
   （請參考：Access 基礎教學）

更改欄位屬性

1. 更改 EMPLOTEE 資料表
   欄位：目前月薪資
   資料類型：數字

2. 更改 PRODUCT 資料表
   欄位：單價、成本
   資料類型：數字

3. 更改 QUOTA 資料表
   欄位：業績目標 90
   資料類型：數字

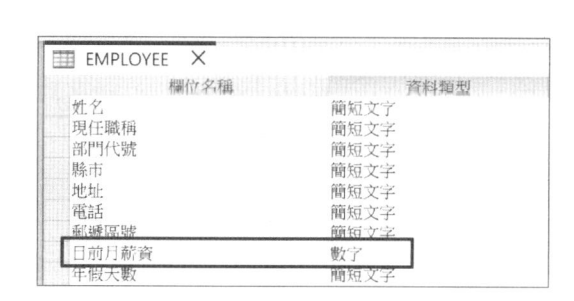

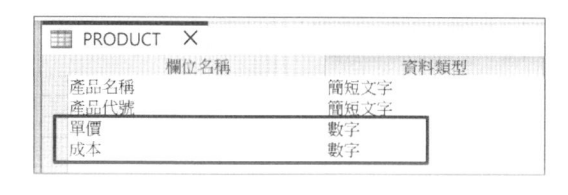

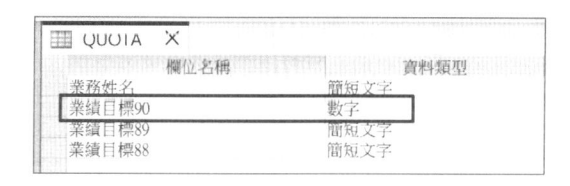

4. 更改 SALES 資料表
   欄位：數量、交易年
   資料類型：數字

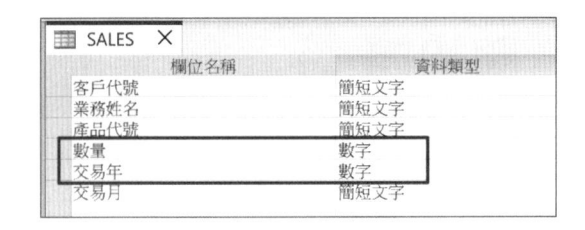

解題分析

題組四的解題邏輯與附件五相似，差異點如下：

- 多了「毛利」，因此需要【成本】欄位
- 多了「...達成率」，因此需要 QUOTA 資料表。
- 附件四「主管業績獎金」，計算的依據為「主管」月薪，因此必須進行特別處理。

建立查詢：DATA-1

1. 建立 → 查詢設計
   新增資料表 → 選取所有檔案，點選：新增資料表鈕
   由左至右建立資料表關聯，結果如下圖：

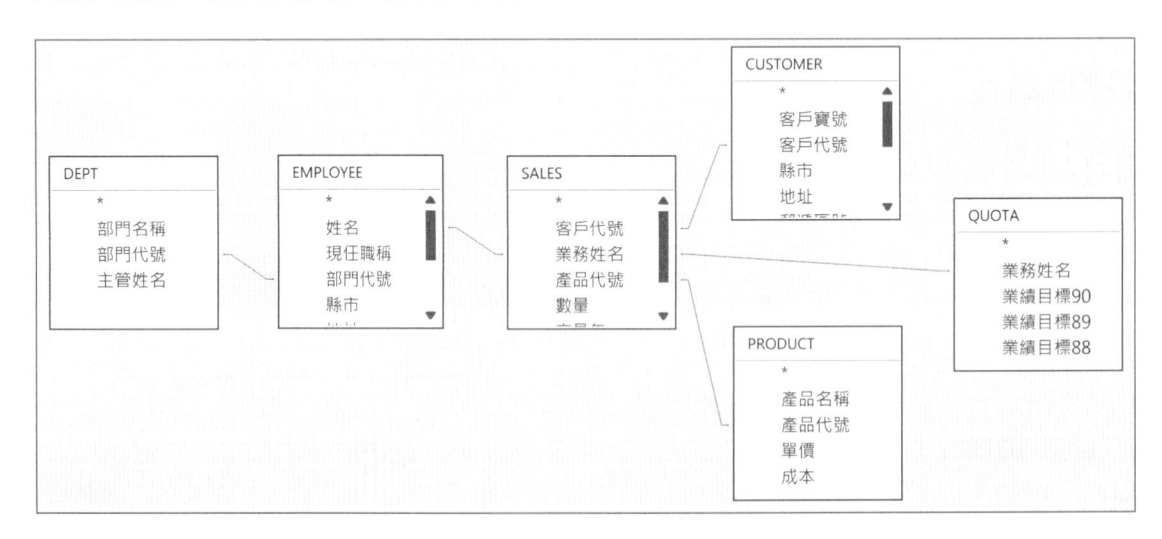

建立欄位

- 附件一報表欄位分析，如下圖：

部門名稱	主管姓名	業務員姓名	業績目標	達成業績	業績達成率	毛利
欄位	欄位	欄位	欄位	數量*單價	計算	數量*(單價-成本)

1. 建立欄位：「部門名稱」、「主管姓名」、「業務姓名」、「業績目標90」
   結果如下圖：

欄位:	部門名稱	主管姓名	業務姓名	業績目標90		
資料表:	DEPT	DEPT	SALES	QUOTA		
排序:						
顯示:	✓	✓	✓	✓	☐	☐
準則:						
或:						

   解說

   報表標題為「90年…」，因此「業績目標」欄位抓的是「業績目標90」。

2. 建立運算式：「達成業績:數量*單價」、「毛利:數量*(單價-成本)」
   結果如下圖：

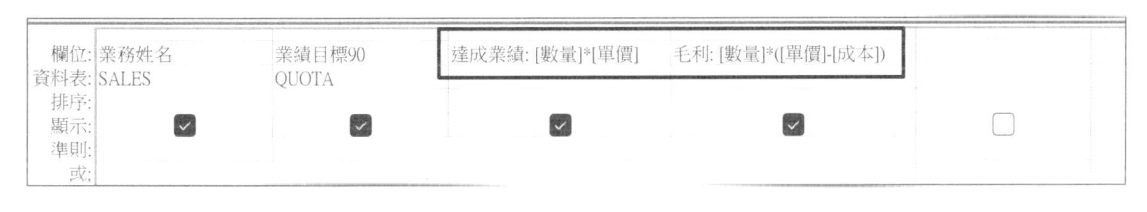

欄位:	業務姓名	業績目標90	達成業績: [數量]*[單價]	毛利: [數量]*([單價]-[成本])	
資料表:	SALES	QUOTA			
排序:					
顯示:	✓	✓	✓	✓	☐
準則:					
或:					

   解說

   「業績達成率」欄位為計算欄位，必須完成樞紐分析表後再行計算。

● 附件二報表欄位分析，如下圖：

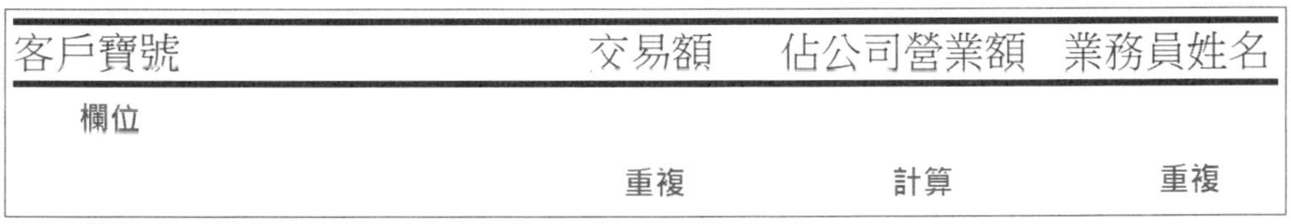

客戶寶號	交易額	佔公司營業額	業務員姓名
欄位			
	重複	計算	重複

3. 新增欄位：「客戶寶號」，如下圖：

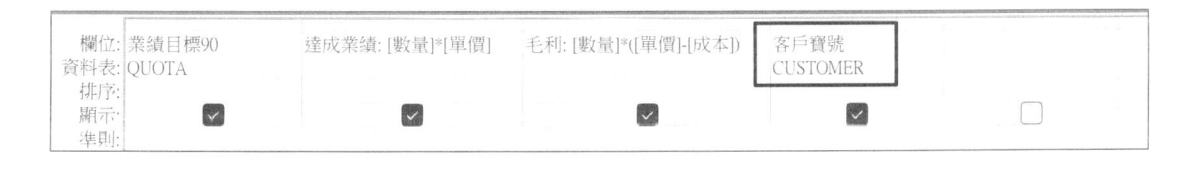

欄位:	業績目標90	達成業績: [數量]*[單價]	毛利: [數量]*([單價]-[成本])	客戶寶號	
資料表:	QUOTA			CUSTOMER	
排序:					
顯示:	✓	✓	✓	✓	☐
準則:					

- 附件三報表欄位分析：
  統計圖所需資料「業績目標」、「達成業績」、「毛利」可由附件一報表取得不須增加任何欄位。

- 附件四報表欄位分析：

部門名稱	主管姓名	業績達成率	毛利	年薪	獎金
重複	重複	計算	重複	另外建立查詢	計算

> **解說**
> 報表中的「年薪」是主管年薪，而本查詢中的薪資是「業務員」薪資，因此必須另外建立查詢取得。

- 附件五報表欄位分析：
  文字報表中內含一個統計圖，統計圖需要的各部門業績總額已在附件一取得。

4. 常用 → 檢視 → 資料工作表檢視，共得資料 251 筆

資料篩選

- 題組共同的資料篩選準則：民國 90 年

1. 常用 → 檢視 → 設計檢視

2. 建立欄位：「交易年」，取消：顯示、設定準則：90，如下圖：

3. 常用 → 檢視 → 資料工作表檢視，共得資料 115 筆
4. 按存檔鈕，命名為：DATA-1

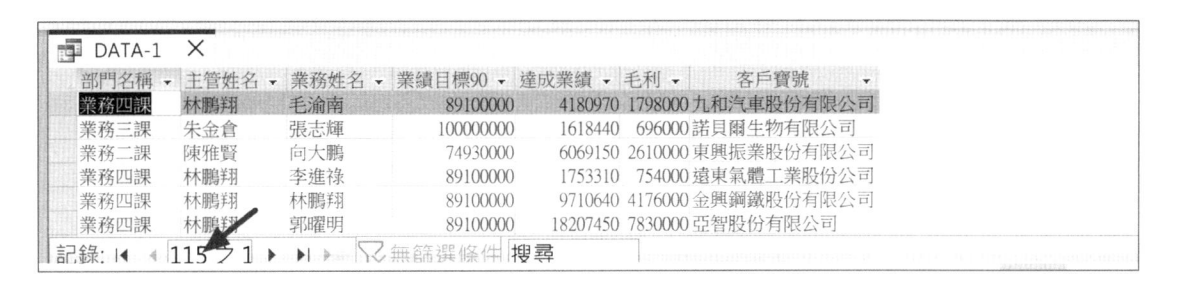

建立查詢：DATA-2

1. 建立 → 查詢設計
   新增資料表：DEPT、EMPLOYEE
   點選：新增資料表鈕
2. 建立資料表關聯
   結果如右圖：

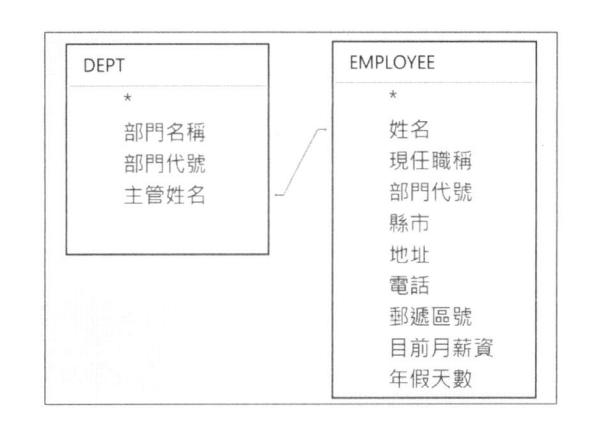

解說

我們需要的部門主管資料為「部門名稱」、「主管姓名」、「年薪」。

3. 建立欄位：「部門名稱」、「主管姓名」
   建立運算式：「年薪:目前月薪資*12」，結果如下圖：

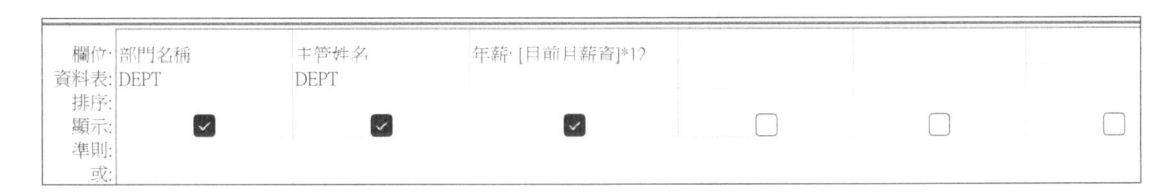

4. 常用 → 檢視 → 資料工作表檢視
   共得資料 16 筆
   按存檔鈕，命名為：DATA-2

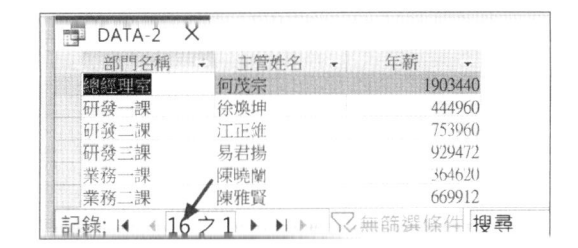

Excel 解題

將 Access 資料複製到 Excel

1. 將 DATA -1 查詢拖曳
   至【工作表 1】表 A1 儲存格
2. 更改【工作表 1】表為【DATA-1】表

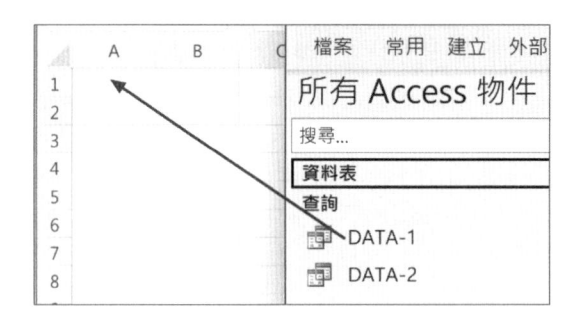

3. 選取【DATA-1】表，選取所有儲存格，設定：最適欄寬、最適列高

4. 將 DATA -2 查詢拖曳
   至【工作表 2】表 A1 儲存格
5. 更改【工作表 2】表為【DATA-2】表

▶ 附件一

報表類型：樞紐分析，資料來源【DATA-1】。

1. 選取【DATA-1】表 A1 儲存格，插入 → 樞紐分析表
   設定樞紐分析表為「古典式」，將新工作表更名為【1-1】表
2. 根據附件一報表要求，依序勾選、拖曳欄位如下圖：

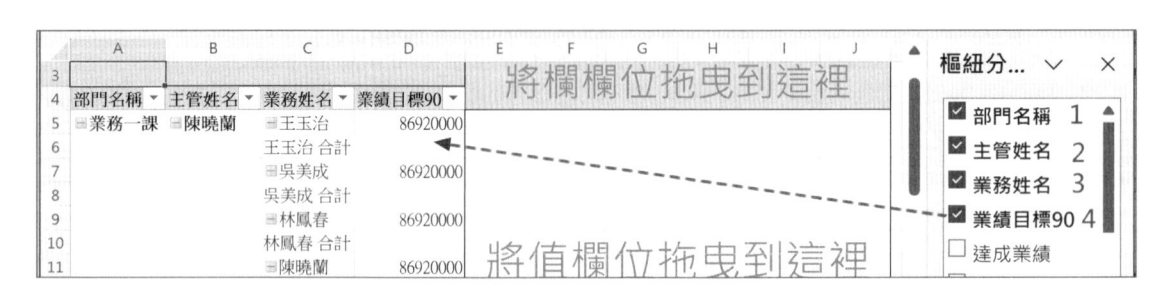

> **解說**
>
> 「業績目標 90」雖然是數字，但一個業務員每一個年度只能有一筆目標，因此必須作為「分類」欄位，必須「拖曳」方式置於 D 欄。

3. 根據附件一報表要求，繼續勾選欄位，結果如下圖：

4. 在 C4 儲存格上按右鍵，取消：小計"業務姓名"

   在 A4 儲存格上按右鍵，取消：小計"部門名稱"，結果如下圖：

5. 建立新工作表【1-2】表

   複製【1-1】表 F4:A25 範圍，貼至【1-2】表 A1 儲存格

   編輯第 1 列欄位名稱，結果如下圖：

6. 在 F2 儲存格輸入運算式，向下填滿，結果如下圖：

   `=ROUND(E2/D2,3)`

2-65

> **解說**

題目要求格式：百分比、小數 1 位，因此「值」取小數 3 位。

7. 設定 F 欄格式：百分比、小數 1 位，結果如下圖：

	A	B	C	D	E	F	G	H
1	部門名稱	主管姓名	業務員姓名	業績目標	達成業績	業績達成率	毛利	
2	業務一課	陳曉蘭	王玉治	86920000	59329290	68.3%	25514060	
3			吳美成	86920000	77134650	88.7%	33170560	
4			林鳳春	86920000	70161300	80.7%	30170840	

8. 修正部門達成率錯誤（#DIV/0!）：
   按住 Ctrl 鍵不放
   分別點選：
   D6、D11、D16、D21、D22 儲存格
   點選：自動加總鈕

   F 欄的錯誤修正如右圖：

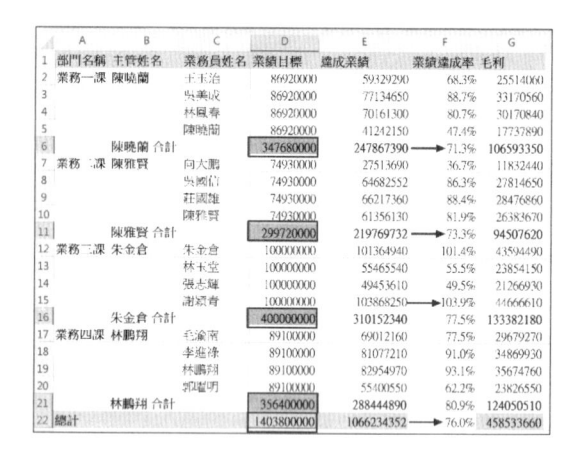

> **解說**

在樞紐分析表中，「業績目標」被視為分類項目，因此 4 個部門「業績目標」為空白，才會產生部門「業績達成率」#DIV/0!的錯誤。

9. 報表格式編輯：
   在業務一課上方插入 2 空白列，在業務二~四課上方插入 3 空白列
   在總計列上方插入 2 空白列
   將部門名稱往上移動 2 格，將主管姓名往上移動 1 格，結果如下圖：

	A	B	C	D	E	F	G	H
1	部門名稱	主管姓名	業務員姓名	業績目標	達成業績	業績達成率	毛利	
2	業務一課							
3		陳曉蘭						
4			王玉治	86920000	59329290	68.3%	25514060	
5			吳美成	86920000	77134650	88.7%	33170560	
6			林鳳春	86920000	70161300	80.7%	30170840	
7			陳曉蘭	86920000	41242150	47.4%	17737890	
8		陳曉蘭 合計		347680000	247867390	71.3%	106593350	
9								
10	業務二課							

2-66

10. 選取 B 欄

    常用 → 搜尋與選取 → 取代

    尋找目標：「*合計」

    取代成：「部門總和」

    點選：全部取代鈕

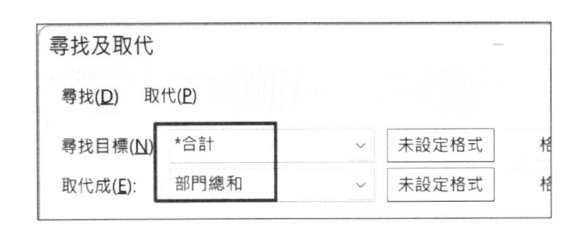

11. 編輯 A35 儲存格內容「公司年度總和」，結果如下圖：

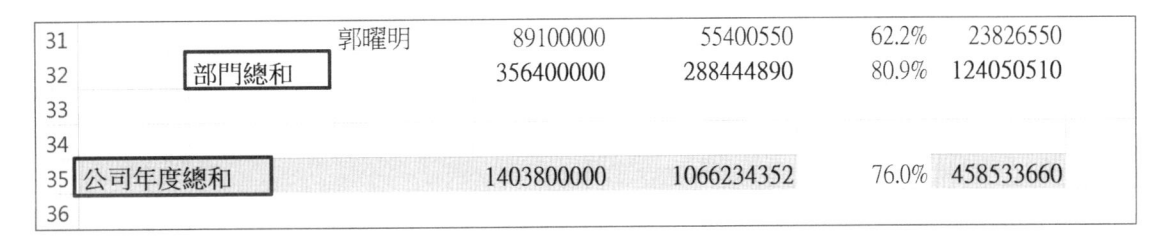

31		郭曜明	89100000	55400550	62.2%	23826550
32	部門總和		356400000	288444890	80.9%	124050510
33						
34						
35	公司年度總和		1403800000	1066234352	76.0%	458533660
36						

12. 調整欄寬：

    選取 A35:B35 範圍，點選：跨欄置中鈕，設定靠左對齊

    選取所有欄位，調整為「最適欄寬」，結果如下圖：

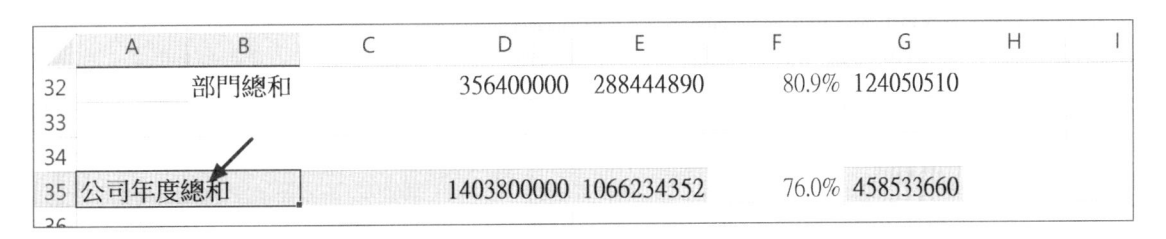

	A	B	C	D	E	F	G	H	I
32	部門總和			356400000	288444890	80.9%	124050510		
33									
34									
35	公司年度總和			1403800000	1066234352	76.0%	458533660		

解說

本附件報表欄位多，又是直式報表，建議在 Excel 完成欄位寬度調整，資料貼至 Word 文件後，欄寬調整便會簡單許多。

關鍵檢查

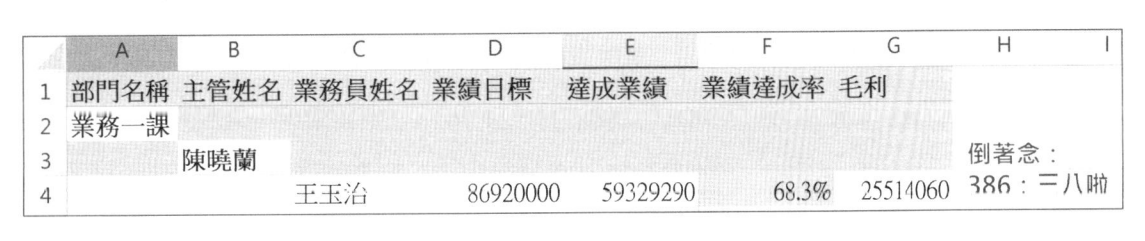

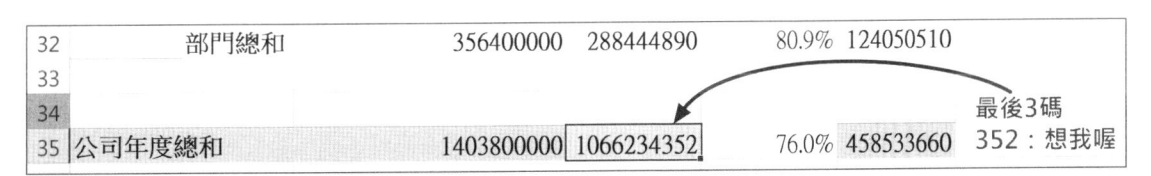

	A	B	C	D	E	F	G	H	I
1	部門名稱	主管姓名	業務員姓名	業績目標	達成業績	業績達成率	毛利		
2	業務一課								
3		陳曉蘭						倒著念：	
4			王玉治	86920000	59329290	68.3%	25514060	386：二八啪	

32	部門總和	356400000	288444890	80.9%	124050510	
33						
34						最後3碼
35	公司年度總和	1403800000	1066234352	76.0%	458533660	352：想我喔

▶ 附件二

報表類型：樞紐分析，資料來源【DATA-1】

1. 選取【DATA-1】表 A1 儲存格，插入 → 樞紐分析表

   設定樞紐分析表為「古典式」，將新工作表更名為【2-1】表

2. 根據附件二報表要求，依序勾選欄位如下圖：

3. 將「達成業績」拖曳至值欄位內，產生「加總-達成業績 2」，結果如下圖：

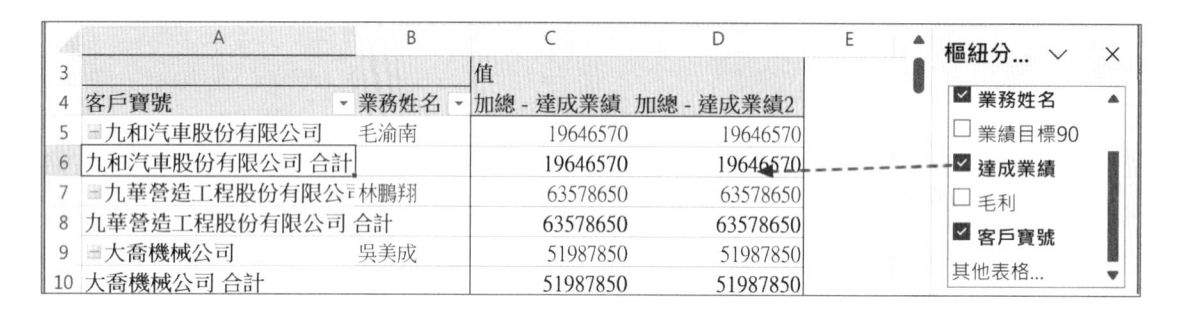

4. 在 D4 儲存格上按右鍵 → 值的顯示方式 → 總計百分比，結果如下圖：

5. 在 A4 儲存格上按右鍵，取消：小計"客戶寶號"

6. A欄空白儲存格處理：
   選取：A4儲存格
   按滑鼠右鍵 → 欄位設定
   版面配置與列印標籤：
   選取：重複項目標籤

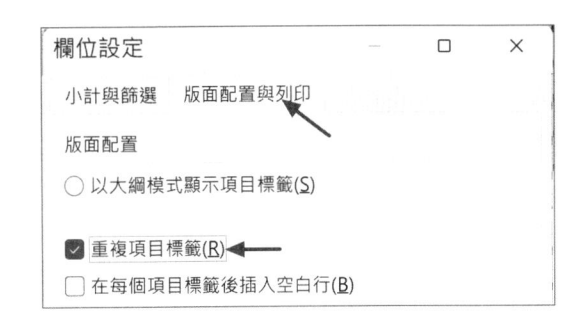

	A	B	C	D	E	F
10	天源義記機械股份公司	吳國信	57249272	5.37%		
11	太平洋汽門工業股份公司	林鳳春	14368740	1.35%		
12	太平洋汽門工業股份公司	郭曜明	7013520	0.66%		
13	日南紡織股份有限公司	陳曉蘭	12395710	1.16%		

	A	B	C	D	E	F
60	豐興鋼鐵(股)公司	張志輝	21975720	2.06%		
61	豐興鋼鐵(股)公司	郭曜明	1884540	0.18%		
62	鐶琪塑膠股份有限公司	莊國雄	34987700	3.28%		
63	鐶琪塑膠股份有限公司	林鵬翔	1246400	0.12%		
64	總計		1066234352	100.00%		

解說

系統預設：相同「客戶寶號」只顯示第1筆，下方以空白顯示。

7. 新增【2-2】表
   複製【2-1】表 D4:A63 範圍，貼至【2-2】表 A1 儲存格，如下圖：

	A	B	C	D	E	F
1	客戶寶號	業務姓名	加總 - 達成業績	加總 - 達成業績2		
2	九華營造工程股份有限公司	林鵬翔	63578650	5.96%		
3	天源義記機械股份公司	吳國信	57249272	5.37%		
4	大喬機械公司	吳美成	51987850	4.88%		
5	台灣勝家實業股份有限公司	謝穎青	43978900	4.12%		

8. 刪除 3.00%以下資料：
   選取 D1 儲存格，點選 . 遞減排序鈕，刪除第11列以下資料

	A	B	C	D	E	F
9	鐶琪塑膠股份有限公司	莊國雄	34987700	3.28%		
10	永輝興電機工業股份有限公司	林玉堂	32983740	3.09%		
11	東陽實業(股)公司	李進祿	31675170	2.97%		
12	菱生精密工業股份有限公司	王玉治	30427920	2.85%		
13	羽田機械股份有限公司	毛渝南	29893350	2.80%		
14	台灣保谷光學股份有限公司	李進祿	29740410	2.79%		

2-69

9. 編輯第 1 列欄位名稱，結果如下圖：

	A	B	C	D	E	F	G
1	客戶寶號	業務員姓名	交易額	佔公司營業額			
2	九華營造工程股份有限公司	林鵬翔	63578650	5.96%			
3	天源義記機械股份公司	吳國信	57249272	5.37%			
4	大喬機械公司	吳美成	51987850	4.88%			

10. 拖曳調整欄位順序，結果如下圖：

	A	B	C	D	E	F	G
1	客戶寶號	交易額	佔公司營業額	業務員姓名			
2	九華營造工程股份有限公司	63578650	5.96%	林鵬翔			
3	天源義記機械股份公司	57249272	5.37%	吳國信			
4	大喬機械公司	51987850	4.88%	吳美成			

11. 將「交易額」單位改成「萬元」：

    在 F1 儲存格輸入 10000，點選：複製鈕

    選取：B2:B10 範圍，按滑鼠右鍵 → 選擇性貼上 → 運算：除，結果如下圖：

	A	B	C	D	E	F	G
1	客戶寶號	交易額	佔公司營業額	業務員姓名		10000	
2	九華營造工程股份有限公司	6357.865	5.96%	林鵬翔			
3	天源義記機械股份公司	5724.927	5.37%	吳國信			
4	大喬機械公司	5198.785	4.88%	吳美成			

12. 設定 B 欄資料：小數 2 位

    每一筆資料間插入 1 列空白

    合併 C19:D19 範圍，輸入文字如下：

	A	B	C	D	E	F	G
14	周家合板股份有限公司	3860.58	3.62%	朱金倉			
15							
16	鑀琪塑膠股份有限公司	3498.77	3.28%	莊國雄			
17							
18	永輝興電機工業股份公司	3298.37	3.09%	林玉堂			
19			交易額單位：新台幣萬元				

關鍵檢查

	A	B	C	D	E	F	G
16	鑀琪塑膠股份有限公司	3498.77	3.28%	莊國雄			
17							
18	永輝興電機工業股份公司	3298.37	3.09%	林玉堂	309		
19			交易額單位：新台幣萬元				

▶ 附件三

報表類型：統計圖，資料來源：【1-2】。

1. 新增【3-1】表

    複製【1-2】表 A1:G32 範圍，貼至【3-1】表 A1 儲存格（貼上選項：123）

	A	B	C	D	E	F	G
1	部門名稱	主管姓名	業務員姓名	業績目標	達成業績	業績達成率	毛利
2	業務一課						
3		陳曉蘭					
4			王玉治	86920000	59329290	0.683	25514060
5			吳美成	86920000	77134650	0.887	33170560
6			林鳳春	86920000	70161300	0.807	30170840
7			陳曉蘭	86920000	41242150	0.474	17737890
8		部門總和		347680000	247867390	0.713	106593350

2. 將每一課的「部門加總列」拖曳至「課別名稱列」

    刪除所有業務員明細資料列，如下圖：

	A	B	C	D	E	F	G
1	部門名稱	主管姓名	業務員姓名	業績目標	達成業績	業績達成率	毛利
2	業務一課	部門總和		347680000	247867390	0.713	106593350
3	業務二課	部門總和		299720000	219769732	0.733	94507620
4	業務三課	部門總和		400000000	310152340	0.775	133382180
5	業務四課	部門總和		356400000	288444890	0.809	124050510
6							

3. 刪除 B、C、F 欄

    結果如右圖：

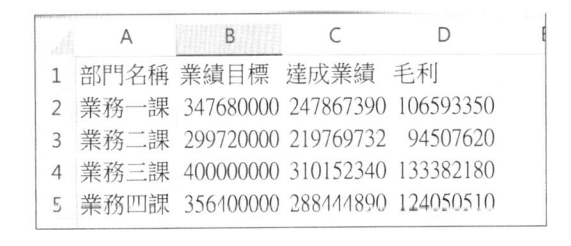

	A	B	C	D
1	部門名稱	業績目標	達成業績	毛利
2	業務一課	347680000	247867390	106593350
3	業務二課	299720000	219769732	94507620
4	業務三課	400000000	310152340	133382180
5	業務四課	356400000	288444890	124050510

4. 選取：A1 儲存格

    插入 → 插入直條圖或橫條圖

    　　選取：立體群組直條圖

    圖表設計 → 移動圖表

    　　選取：新工作表 Chart1

    圖表設計 → 快速版面配置

    　　選取：版面配置 9

5. 在圖表區空白處按右鍵：字型，設定如下：

    英文：Times New Roman，中文：新細明體，12 pt

6. 輸入標題文字：「90 年公司營業部門之業績目標、達成業績、毛利比較圖」

    設定字體：新細明體、16 pt、斜體、底線

7. 輸入橫軸文字:「部門名稱」,設定:14 pt
   輸入縱軸文字:「金額」,設定:14 pt、文字方向 → 垂直
8. 設定橫軸項目(業務一、二、三、四課):
   方向:垂直、字體大小:10 pt
9. 設定垂直軸項目字體:10 pt
10. 在垂直軸上連點 2 下
    展開:座標軸選項
    往下捲動…
    設定顯示單位:10000
    取消:在圖表上顯示單位標籤 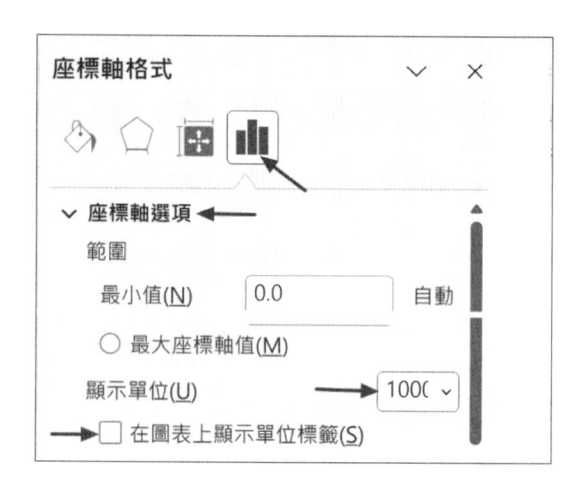
11. 設定圖例:字體大小 → 10 pt、外框線、移動至右下角
12. 設定背景牆:外框線、設定底板:填滿(灰色)
    設定圖表區外框線:粗線(3 pt 黑色)
13. 點選:＋鈕 → 資料標籤
    連點業務一課第 1 組標籤 2 下
    設定數值:小數位數 2 位
    取消:使用千分位
    設定字體大小:10 pt
    相同設定:第 2 組資料標籤
    相同設定:第 3 組資料標籤
14. 拖曳資料標籤位置
    不要與圖形重疊 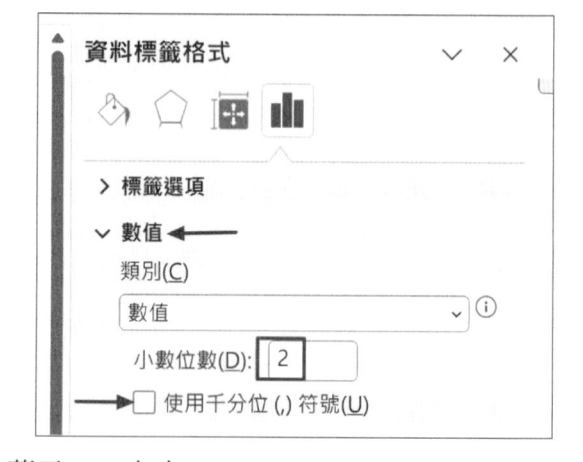
15. 在圖標標題左側插入文字方塊,輸入:「單位:萬元」、大小:14 pt
16. 在圖標標題右側插入文字方塊,輸入:「28-Dec-2024」(檢定當天日期)
    設定:大小 → 12 pt、字型:Times New Roman

- 完成結果如右圖:

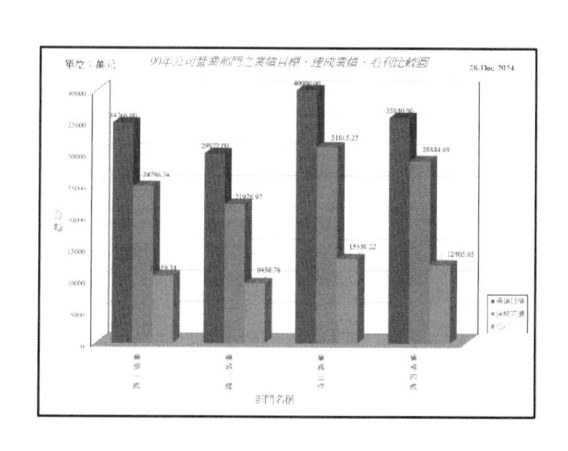

關鍵檢查

- 右圖「業務一課」資料標籤最後一碼:
  044 冷颼颼。

2-72

附件四

- 這份報表比較特殊，必須由 2 分資料合成，一份是部門業績、另一份是部門主管薪資。

1. 新增【4-1】表
   複製【3-1】表 A1:D5 範圍，貼至【4-1】表 A1 儲存格
   複製【DATA-2】表 A1:C1、A6:C9 範圍，貼至【4-1】表 F1 儲存格
   結果如下圖：

	A	B	C	D	E	F	G	H	I	J
1	部門名稱	業績目標	達成業績	毛利		部門名稱	主管姓名	年薪		
2	業務一課	347680000	247867390	106593350		業務一課	陳曉蘭	364620		
3	業務二課	299720000	219769732	94507620		業務二課	陳雅賢	669912		
4	業務三課	400000000	310152340	133382180		業務三課	朱金倉	480804		
5	業務四課	356400000	288444890	124050510		業務四課	林鵬翔	444960		

2. 調整欄位順序並插入欄位，結果如下圖：

	A	B	C	D	E	F	G	H	I
1	部門名稱	主管姓名	業績目標	達成業績	業績達成率	毛利	年薪	獎金	
2	業務一課	陳曉蘭	347680000	247867390		106593350	364620		
3	業務二課	陳雅賢	299720000	219769732		94507620	669912		
4	業務三課	朱金倉	400000000	310152340		133382180	480804		
5	業務四課	林鵬翔	356400000	288444890		124050510	444960		

3. 在 E2 儲存格輸入運算式，向下填滿
   設定格式：百分比、小數 2 位，結果如下圖：

   E2 =ROUND(D2/C2,4)

	A	B	C	D	E	F	G	H	I
1	部門名稱	主管姓名	業績目標	達成業績	業績達成率	毛利	年薪	獎金	
2	業務一課	陳曉蘭	347680000	247867390	71.29%	106593350	364620		
3	業務二課	陳雅賢	299720000	219769732	73.33%	94507620	669912		

4. 在 H2 儲存格輸入運算式，向下填滿至 H3，結果如下圖：

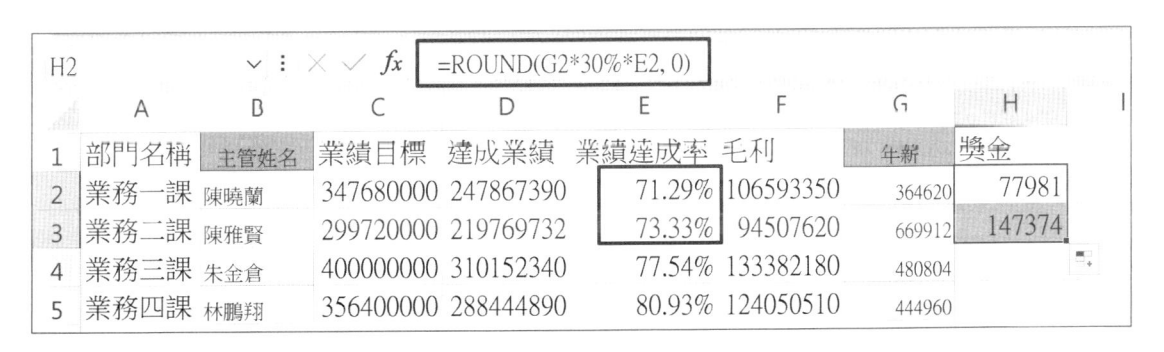

   H2 =ROUND(G2*30%*E2, 0)

	A	B	C	D	E	F	G	H	I
1	部門名稱	主管姓名	業績目標	達成業績	業績達成率	毛利	年薪	獎金	
2	業務一課	陳曉蘭	347680000	247867390	71.29%	106593350	364620	77981	
3	業務二課	陳雅賢	299720000	219769732	73.33%	94507620	669912	147374	
4	業務三課	朱金倉	400000000	310152340	77.54%	133382180	480804		
5	業務四課	林鵬翔	356400000	288444890	80.93%	124050510	444960		

> **解說**

業務一、二課的業績達成率<75% → 獎金 = 年薪 x 30% x 業績達成率。

5. 在 H4 儲存格輸入運算式，向下填滿至 H5，結果如下圖：

	A	B	C	D	E	F	G	H
					fx	=ROUND(F4*2%*E4, 0)		
1	部門名稱	主管姓名	業績目標	達成業績	業績達成率	毛利	年薪	獎金
2	業務一課	陳曉蘭	347680000	247867390	71.29%	106593350	364620	77981
3	業務二課	陳雅賢	299720000	219769732	73.33%	94507620	669912	147374
4	業務三課	朱金倉	400000000	310152340	77.54%	133382180	480804	2068491
5	業務四課	林鵬翔	356400000	288444890	80.93%	124050510	444960	2007882

> **解說**

業務三、四課的業績達成率>75% → 獎金 = 毛利 x 2% x 業績達成率。

上面採用的是取巧的解法，因為完成答案只有 4 筆，若在資料筆數多的情況下便會採用 IF( )，解法如下：

H2 : ROUND(IF(E2 < 75% , G2 * 30% * E2 , F2 *2% * E2),0)

6. 新增【4-2】表

   複製【4-1】表 A1:H6 範圍，貼至【4-2】表 A1 儲存格（貼上選項：123）

7. 刪除「業績目標」欄、「達成業績」欄

   設定「業績達成率」欄：百分比、小數 2 位，結果如下圖：

	A	B	C	D	E	F	G	H	I
1	部門名稱	主管姓名	業績達成率	毛利		年薪	獎金		
2	業務一課	陳曉蘭	71.29%	106593350		364620	77981		
3	業務二課	陳雅賢	73.33%	94507620		669912	147374		
4	業務三課	朱金倉	77.54%	133382180		480804	2068491		
5	業務四課	林鵬翔	80.93%	124050510		444960	2007882		

8. 合併 D6:E6 範圍，設定靠右對齊，輸入文字

   選取 F6 儲存格，點選：加總鈕，結果如下圖：

	A	B	C	D	E	F	G	H	I
1	部門名稱	主管姓名	業績達成率	毛利		年薪	獎金		
2	業務一課	陳曉蘭	71.29%	106593350		364620	77981		
3	業務二課	陳雅賢	73.33%	94507620		669912	147374		
4	業務三課	朱金倉	77.54%	133382180		480804	2068491		
5	業務四課	林鵬翔	80.93%	124050510		444960	2007882		
6				部門主管獎金總計		4301728			
7									

9. 在每一個部門間插入一列空白
   結果如右圖：

關鍵檢查

- 上圖最下方獎金總計最後 4 碼：
  1728 → 一起餓吧

▶ 附件五

- 統計圖資料來自於【3-1】表。

1. 新增【5-1】表
   複製【3-1】表 A1:A5、C1:C5 範圍
   貼至【5-1】表 A1 儲存格
   結果如右圖：

2. 選取：A1 儲存格
   插入 → 插入圓形圖或環圈圖
      選取：立體圓形圖
   圖表設計 → 快速版面配置
      選取：版面配置 1

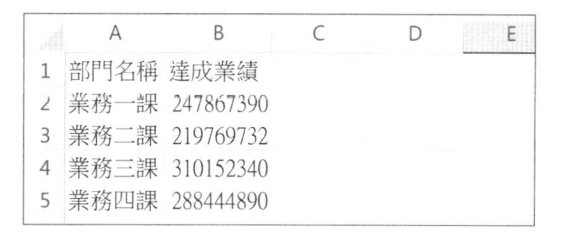

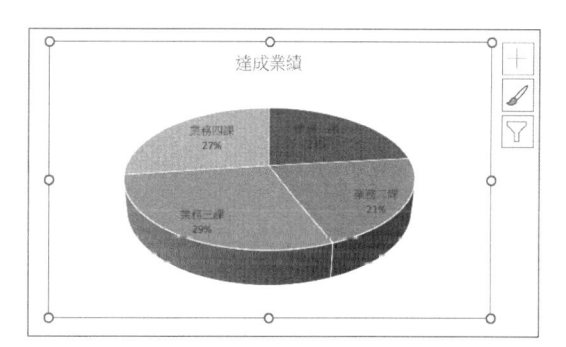

3. 在圖表區空白處按右鍵：字型，設定如下：
   英文：Times New Roman，中文：新細明體，12 pt

4. 更改標題文字：「營業部門達成業績比例圖」
   設定字體：新細明體、14 pt

5. 在任一資料標籤上連點 2 下
   展開「數值」項目：
   設定：百分比、小數位數 2 位

6. 分別點選 4 個圖形區塊，向外拖曳
   分別點選 4 個資料標籤，向外拖曳
   完成結果如下圖：

關鍵檢查

- 上圖「業務四課」資料標籤
  2705 → 惡妻凌我

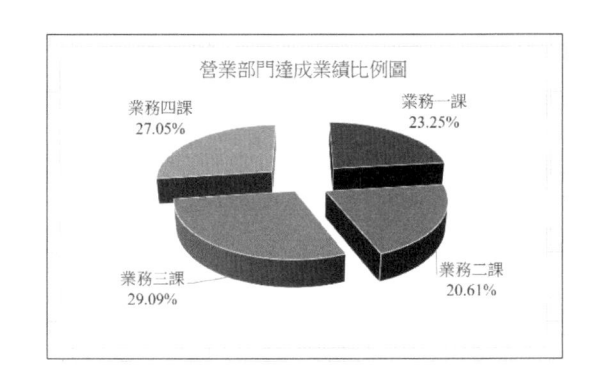

Word 解題

▶ 附件一

1. 複製【1-2】表內容，貼至〔4-1〕文件

2. 按 Ctrl + A：全選，常用 → 字型，設定如下：
   中文字型 → 新細明體、字型 → Times New Roman、字型樣式：標準、12 pt

3. 選取表格，取消：框線，取消：網底
   表格版面配置 → 自動調整 → 自動調整成視窗大小
   設定文字欄位：靠左對齊、設定數字欄位：靠右對齊，結果如下圖：

4. 選取：第 1~2 列，按滑鼠右鍵 → 插入 → 插入上方列
   合併第 1 列儲存格，設定：置中對齊，輸入：標題文字
   合併第 2 列儲存格，設定：靠右對齊，輸入：日期
   設定標題：18 pt、單底線，結果如下圖：

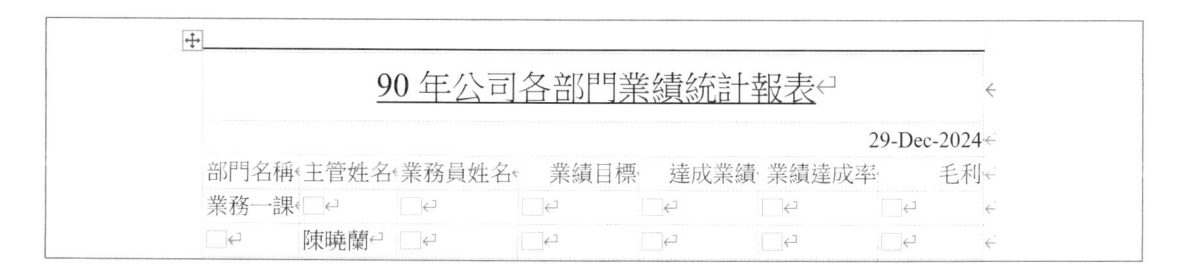

5. 設定欄位名稱列：上框線、下框線 → 2 1/4 pt、單線
   設定年度總和列：下框線 → 2 1/4 pt、單線
   設定部門總和列：上框線 → 1 pt、單線，結果如下圖：

2-77

部門名稱	主管姓名	業務員姓名	業績目標	達成業績	業績達成率	29-Dec-2024 毛利
業務一課						
	陳曉蘭					
		王玉治	86920000	59329290	68.3%	25514060
		吳美成	86920000	77134650	88.7%	33170560
		林鳳春	86920000	70161300	80.7%	30170840
		陳曉蘭	86920000	41242150	47.4%	17737890
	部門總和		347680000	247867390	71.3%	106593350

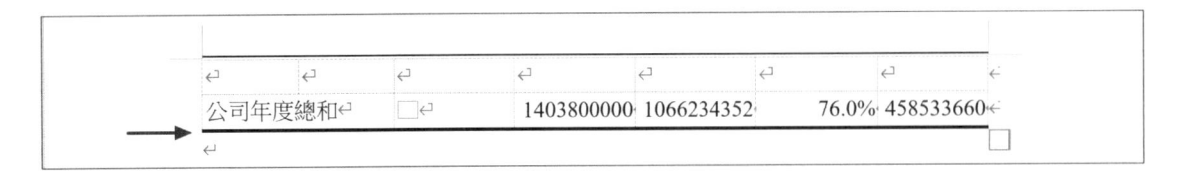

公司年度總和			1403800000	1066234352	76.0%	458533660

6. 選取表格第 1~3 列，表格版面配置 → 重複標題列

捲動至第 2 頁檢查，結果如下圖：

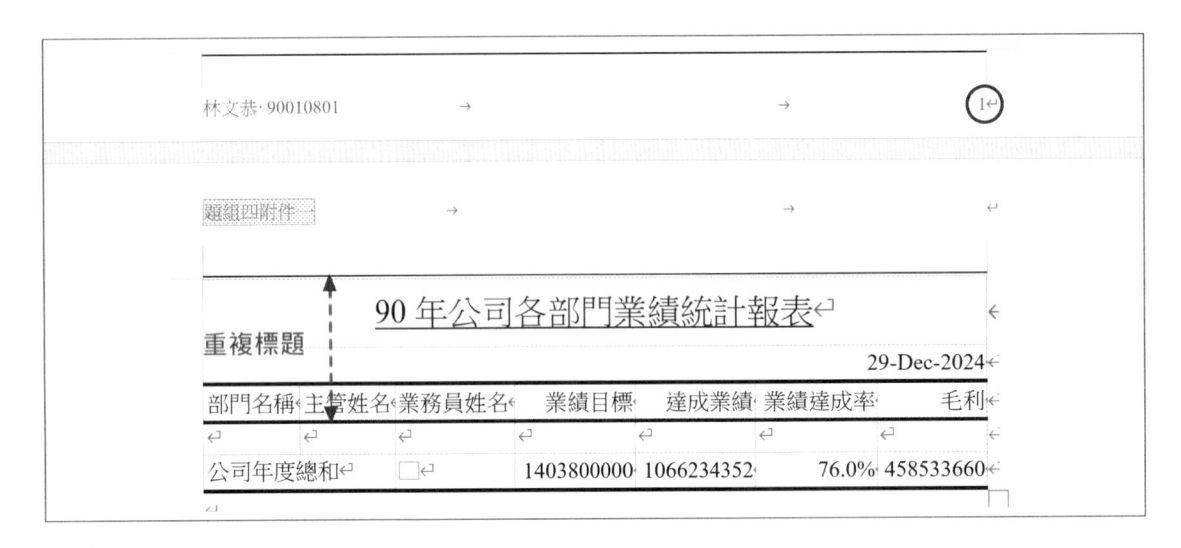

90 年公司各部門業績統計報表

重複標題

部門名稱	主管姓名	業務員姓名	業績目標	達成業績	業績達成率	29-Dec-2024 毛利
公司年度總和			1403800000	1066234352	76.0%	458533660

解說

由於報表第 2 頁只有 2 列資料，若取消所有的段落設定「貼齊格線」，便可讓報表內容縮減為 1 頁。

▶ 附件二

1. 複製【2-2】表內容，貼至〔4-2〕文件

客戶寶號	交易額	佔公司營業額	業務員姓名
九華營造工程股份有限公司	6357.87	5.96%	林鵬翔
天源義記機械股份公司	5724.93	5.37%	吳國信

2. 按 Ctrl + A：全選，常用 → 字型，設定如下：
   中文字型 → 新細明體、字型 → Times New Roman、字型樣式：標準、12 pt

3. 選取整個表格，取消：框線，取消：網底
   表格版面配置 → 自動調整 → 自動調整成視窗大小
   設定 2~4 欄：置中對齊，結果如下圖：

客戶寶號	交易額	佔公司營業額	業務員姓名
九華營造工程股份有限公司	6357.87	5.96%	林鵬翔
天源義記機械股份公司	5724.93	5.37%	吳國信

4. 將插入點置於第一列最左邊，按 Enter 鍵（表格上方產生一空白段落）

5. 複製〔4-1〕文件第 1~2 列標題，貼到〔4-2〕文件最上方空白段落上
   刪除標題列下方空白段落

6. 修改標題文字、修改標題格式（斜體），結果如下圖：

   90 年公司重要客戶交易統計

   29-Dec-2024

客戶寶號	交易額	佔公司營業額	業務員姓名
九華營造工程股份有限公司	6357.87	5.96%	林鵬翔

7. 以畫筆繪製欄位名稱列：下框線 2 1/4 pt 單線
   設定欄位名稱列：大小 14 pt，結果如下圖：

   29-Dec-2024

   14pt → | 客戶寶號 | 交易額 | 佔公司營業額 | 業務員姓名 |
   |---|---|---|---|
   | 九華營造工程股份有限公司 | 6357.87 | 5.96% | 林鵬翔 |
   | | | | |

2-79

8. 以畫筆繪製交易額單位列：上框線 2 1/4 pt 單線
   設定交易額單位儲存格：靠右對齊，結果如下圖：

鐶琪塑膠股份有限公司	3498.77	3.28%	莊國雄
永輝興電機工業股份公司	3298.37	3.09%	林玉堂
		交易額單位：新台幣萬元	

▶ 附件三

1. 複製【chart-1】表統計圖
   貼至〔4-3〕文件
2. 向右拖曳圖片右邊線
   → 圖與頁面等寬
3. 向上拖曳圖片下邊線
   → 圖位於頁面下邊線上方
   結果如右圖：

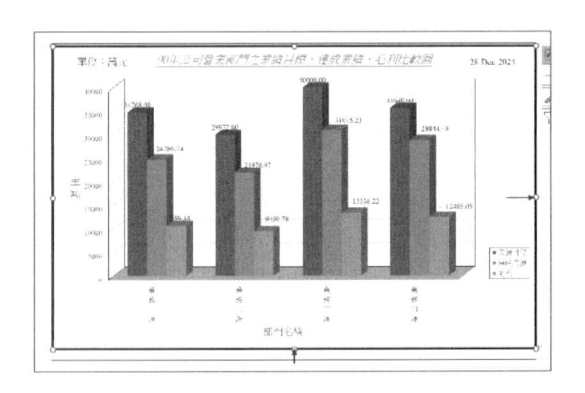

▶ 附件四

1. 複製【4-2】表內容，貼至〔4-4〕文件

部門名稱	主管姓名	業績達成率	毛利	年薪	獎金
業務一課	陳曉蘭	71.29%	106593350	364620	77981
業務二課	陳雅賢	73.33%	94507620	669912	147374

2. 按 Ctrl + A：全選，常用 → 字型，設定如下：
   中文字型 → 新細明體、字型 → Times New Roman、字型樣式：標準、12 pt
3. 選取整個表格，取消：框線，取消：網底
   表格版面配置 → 自動調整 → 自動調整成視窗大小
   設定文字欄位：靠左對齊、設定數字欄位：靠右對齊，結果如下圖：

部門名稱	主管姓名	業績達成率	毛利	年薪	獎金
業務一課	陳曉蘭	71.29%	106593350	364620	77981
業務二課	陳雅賢	73.33%	94507620	669912	147374

4. 將插入點置於第一列最左邊，按 Enter 鍵（表格上方產生一空白段落）
5. 複製〔4-1〕文件第 1~2 列標題，貼到〔4-4〕文件最上方空白段落上
   刪除標題列下方空白段落
6. 修改標題文字、修改標題格式（斜體）
7. 設定：
   欄位名稱列下框線：2 1/4 pt
   總計金額列下框線：2 1/4 pt
8. 設定欄位名稱列：
   字體大小 → 14 pt，
   結果如右圖：

▶ 附件五

- 假設抽到文書檔：YR7.ODT，圖片檔：PIF4.BMP

1. 開啟〔4-5〕文件，匯入 YR7.ODT、刪除多餘段落、內文格式設定
   （請參考：Word 基礎教學）

2. 複製〔4-1〕文件標題，貼至〔4-5〕文件最上方
   修改標題文字、修改格式設定（斜體）

3. 取消：標題表格下方框線
   在第一個段落前按 Enter 鍵（產生空白段落），結果如下圖：

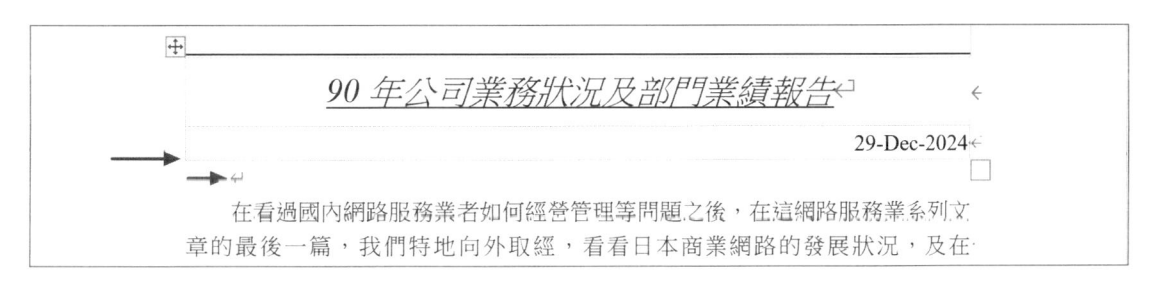

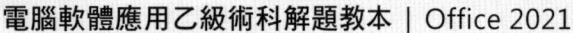

4. 選取:所有內文段落(不包括:標題下方空白段落、文件結尾空白段落)

5. 版面設定 → 欄 → 其他欄
   三欄
   寬度:10 字元
   結果如下圖:

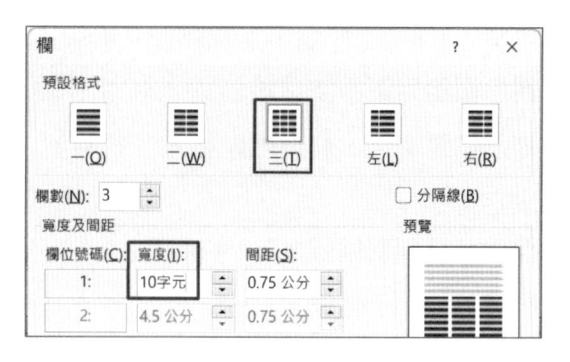

6. 複製【5-1】表統計圖
   將插入點置於第 1 個段落第 1 個字上
   按滑鼠右鍵 → 貼上選項:圖片

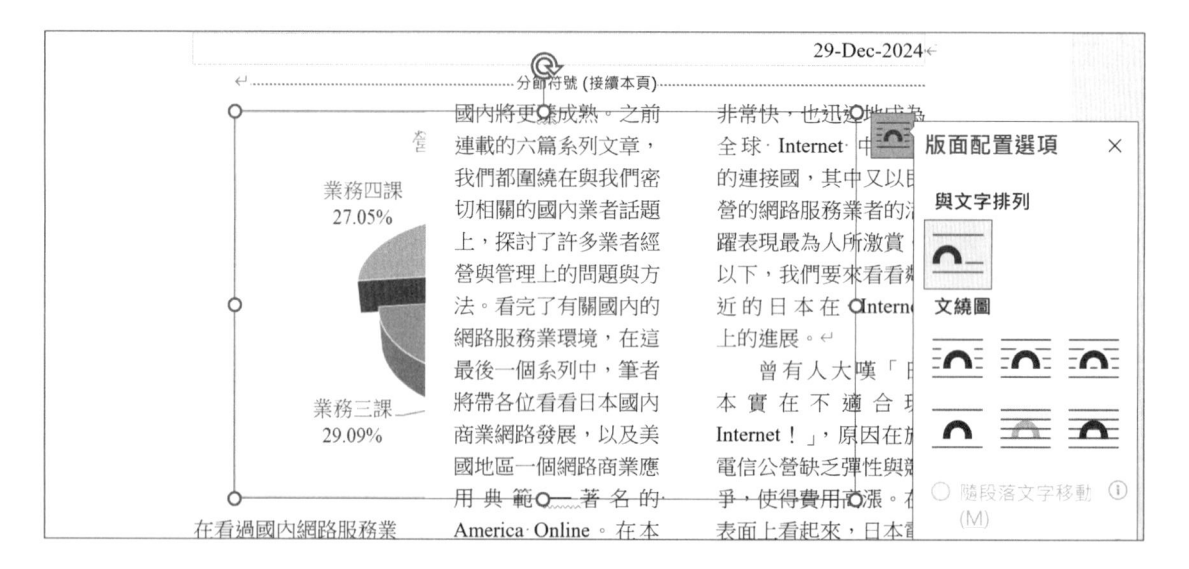

7. 設定圖片版面配置：矩形
   拖曳圖片位置：垂直 → 與第一個段落上邊緣貼齊、水平 → 貼齊第 2 欄左側
   調整圖片大小：2 欄寬度、10 列高，結果如下圖：

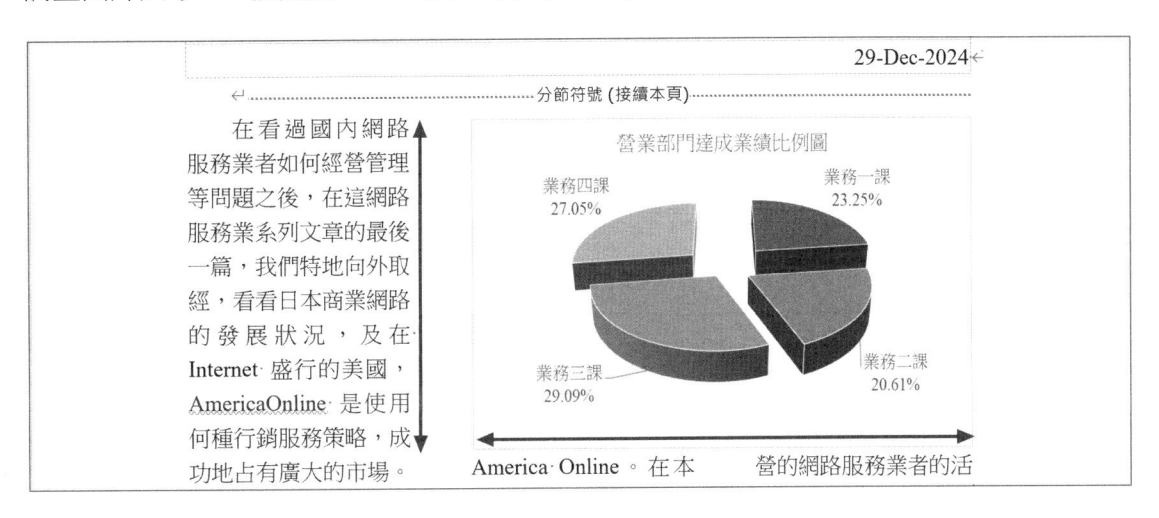

8. 在圖片上按右鍵，大小及位置
   文繞圖標籤：
   與下方文字距離：0.7 公分
   結果如下圖：

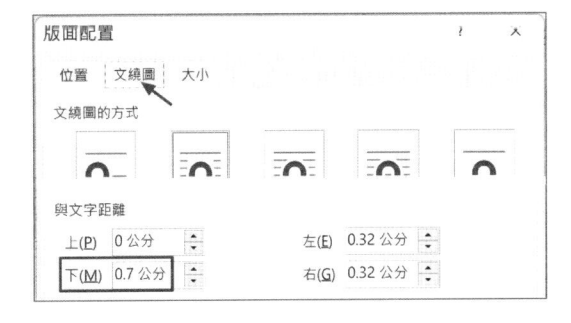

9. 檢查第 2 頁內容 3 欄均分，結果如下圖：

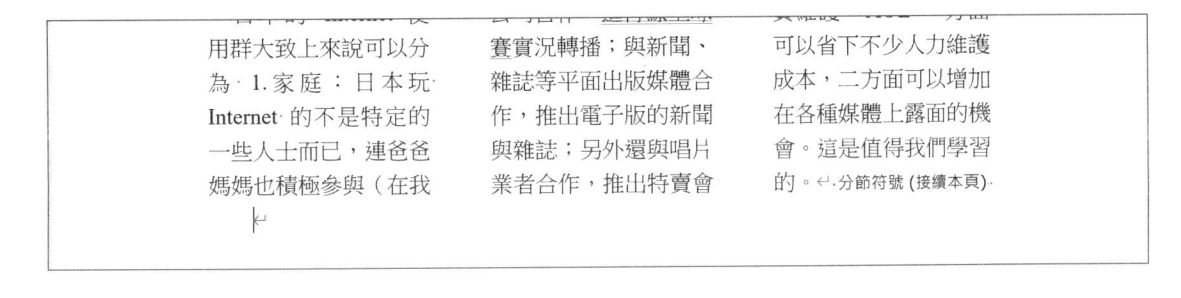

題組四附件一

90 年公司各部門業績統計報表

29-May-2011

部門名稱	主管姓名	業務員姓名	業績目標	達成業績	業績達成率	毛利
業務一課						
	陳曉蘭					
		王玉治	86920000	59329290	68.3%	25514060
		吳美成	86920000	77134650	88.7%	33170560
		林鳳春	86920000	70161300	80.7%	30170840
		陳曉蘭	86920000	41242150	47.4%	17737890
	部門總和		347680000	247867390	71.3%	106593350
業務二課						
	陳雅賢					
		向大鵬	74930000	27513690	36.7%	11832440
		吳國信	74930000	64682552	86.3%	27814650
		莊國雄	74930000	66217360	88.4%	28476860
		陳雅賢	74930000	61356130	81.9%	26383670
	部門總和		299720000	219769732	73.3%	94507620
業務三課						
	朱金倉					
		朱金倉	100000000	101364940	101.4%	43594490
		林玉堂	100000000	55465540	55.5%	23854150
		張志輝	100000000	49453610	49.5%	21266930
		謝穎青	100000000	103868250	103.9%	44666610
	部門總和		400000000	310152340	77.5%	133382180
業務四課						
	林鵬翔					
		毛渝南	89100000	69012160	77.5%	29679270
		李進祿	89100000	81077210	91.0%	34869930
		林鵬翔	89100000	82954970	93.1%	35674760
		郭曜明	89100000	55400550	62.2%	23826550
	部門總和		356400000	288444890	80.9%	124050510
公司年度總和			1403800000	1066234352	76.0%	458533660

林文恭　90010801

題組四附件二

90 年公司重要客戶交易統計

29-May-2011

客戶寶號	交易額	佔公司營業額	業務員姓名
九華營造工程股份有限公司	6357.87	5.96%	林鵬翔
天源義記機械股份公司	5724.93	5.37%	吳國信
大喬機械公司	5198.79	4.88%	吳美成
台灣勝家實業股份有限公司	4397.89	4.12%	謝穎青
台灣航空電子股份公司	4280.85	4.01%	謝穎青
現代農牧股份有限公司	4000.12	3.75%	朱金倉
周家合板股份有限公司	3860.58	3.62%	朱金倉
鐶琪塑膠股份有限公司	3498.77	3.28%	莊國雄
永輝興電機工業股份公司	3298.37	3.09%	林玉堂

交易額單位：新台幣萬元

林文恭　90010801

90年公司營業部門之業績目標、達成業績、毛利比較圖

29-May-2011

單位：萬元

部門名稱	業績目標	達成業績	毛利
業務一課	34768.00	24786.74	10659.34
業務二課	29972.00	21976.97	9450.76
業務三課	40000.00	31015.23	13338.22
業務四課	35640.00	28844.49	12405.05

題組四附件三

林文恭 90010801

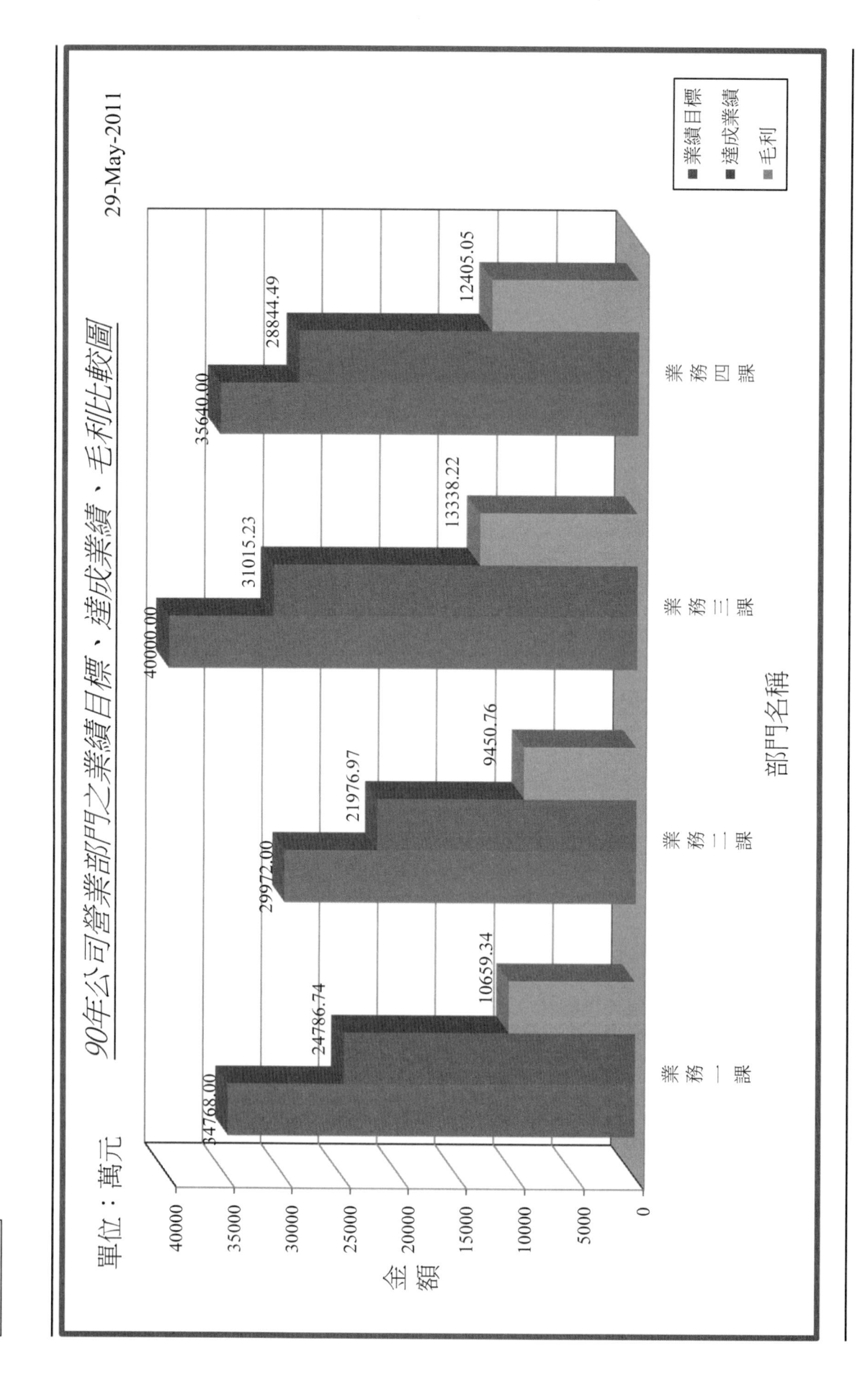

題組四附件四

90 年業務部門主管業績獎金統計表

29-May-2011

部門名稱	主管姓名	業績達成率	毛利	年薪	獎金
業務一課	陳曉蘭	71.29%	106593350	364620	77981
業務二課	陳雅賢	73.33%	94507620	669912	147374
業務三課	朱金倉	77.54%	133382180	480804	2068491
業務四課	林鵬翔	80.93%	124050510	444960	2007882
				部門主管獎金總計	4301728

題組四附件五

90 年公司業務狀況及部門業績報告

29-May-2011

由於網路的盛行及資料處理的日益龐大，高容量儲存設備也就成為各家廠商兵家必爭之地。目前無論是磁帶機、硬碟，或光碟機，無不朝向體積縮小、容量加大，而價格卻降低的方向發展。對使用者而言，這不啻為一大福音。

營業部門達成業績比例圖
業務四課 27.05%
業務一課 23.25%
業務三課 29.09%
業務二課 20.61%

硬碟除容量成長外，最大的優點是它的速度及適用環境，速度快是使用者津津樂道的；一提到儲存設備的速度，一般大眾均會和硬碟比較一下，往往是硬碟勝於一切儲存體。但每一種儲存設備均有它存在的市場因素，而在適用環境上，硬碟是現今應用環境最廣的電腦設備，幾乎是缺它不可。電腦系統的啟動，大部分需要硬碟的支援，而且各種作業系統均能和其搭配。所以在網路系統中，硬碟更是不可缺的設備；而在網路伺服器中，硬碟的搭配及選擇，就需要考量到資料的安全性及擴充性。在網路技術裡，對儲存媒體有鏡射功能（Mirror），對資料有保護的功能，一份資料可存放兩個位置，以防資料損壞時可即時補救，而不影響系統的運作。

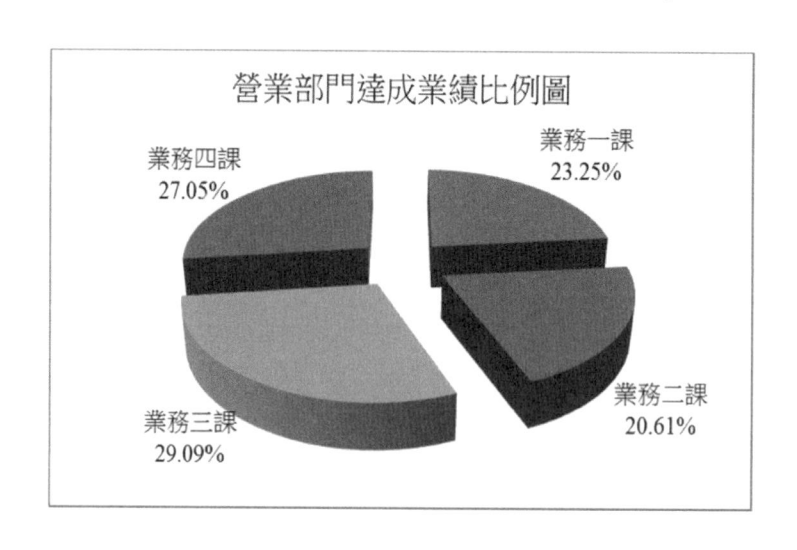

可讀寫光碟機的主要優點在於它可以抽換，容量可利用抽換特性不斷地更換，達到資料無限存放；其缺點是成本稍高，速度不如硬碟快，所以應用市場普及性並不算高。同樣地也可將可讀寫光讀機連接成一個陣列，應用在網路上，但是其成本可能高於利用硬碟為主的陣列式儲存體。存取速度是目前的瓶頸，不過其抽換式的高容量儲存媒體成本若低的話，仍可成為另一種應用選擇。而且可讀寫光碟機的容量，在近年中可能會突破 1.2GB 的瓶頸，達到 4GB 或更高的容量，如此更可以擴大其應用市場。

以上幾種儲存體是當前應用的主流，若在網路系統的選擇上，應考慮以下幾點：資料的成長預估、資料安全性、擴充性和成本預算。選擇儲存體時不是只考量現在的資料量，而更需要預估未來兩、三年的資料成長率，方不致於買完設備後，不久就發現資料儲存空間不足，得再浪費時間重新更新。在資料安全性的考慮下，應建立資料定時備份的觀念，保持資料隨時可儲存回系統中

林文恭　90010801

；另外選擇穩定性高的儲存技術，來幫助系統建立一個資料安全體系。同時須考慮硬體設備的擴充性，以滿足資料未來成長的儲存空間，或許可考慮抽換式或硬體串接式的設備，最後再考慮成本及效益。以階段性的成本考量，來選擇或擴充您的系統容量，以合乎資料成長的需求。

高容量儲存媒體一直是儲存媒體廠商發展的重點，加上其體積小、成本低等因素，所以非常普及，也使得目前使用者能感受到它的價值存在。但由於新的作業系統發展快速，對於儲存容量的需求會愈來愈大，因此高容量的儲存設備發展更是目前許多家廠商全力投入的重點，未來的市場競爭是可預見的。儲存設備多樣化的發展更能符合網路使用者應用的需求，因此抽換式的儲存設備的發展空間會愈來愈大，對於使用者成本、效益的投資也愈來愈契合；而硬碟容量除再往上增加外，其大的陣列磁碟系統發展，應是明日應用的主流。將所有的儲存媒體彈性地結合成陣列式或分開獨立自成一系統，如此更符合彈性化，多元化的功能應用。(作者任職富驛企業)

題組三：試題編號 930203

電腦軟體應用乙級技術士技能檢定術科測試檢定試題

資　料　檔　名　稱	檔　案　名　稱	備　　註
部門主檔	dept.xml	
人事主檔	employee.xml	
人事副檔	person.xml	
人事履歷檔	exp.xml	
產品主檔	product.xml	
銷售主檔	sales.xml	
業績目標主檔	quota.xml	
文書檔	yr1.odt ~ yr10.odt	第 5 子題用
圖形檔	pif1.bmp ~ pif10.bmp	

【檔案及報表要求】

請利用以上所列之資料庫及檔案，在 90 年終結算公司營業成果時，製作 1~5 小題之報表。請依下列要求作答，所有的列印皆設定為：

◎ 文書檔由應檢人員於考試開始前，自 yr1.odt、yr2.odt、yr3.odt、yr4.odt、yr5.odt、yr6.odt、yr7.odt、yr8.odt、yr9.odt、yr10.odt 中抽選一檔案。

◎ 圖形檔由應檢人員於考試開始前，自 pif1.bmp、pif2.bmp、pif3.bmp、pif4.bmp、pif5.bmp、pif6.bmp、pif7.bmp、pif8.bmp、pif9.bmp、pif10.bmp 中抽選一檔案。

△ 紙張設定為 A4 格式，頁面內文之上、下邊界皆為 3 公分，左、右邊界亦為 3 公分。因印表機紙張定位有所不同時，左、右邊界可允許有少許誤差，惟左、右邊界之總和仍為 6 公分。

△ 中文設定為新細明體或細明體字型，英文及數字設定為 Times New Roman 字型，但圖表的標題皆設為新細明體或細明體。

△ 頁首之下與頁尾之上，各以一條 1 點之橫線與本文間相隔，頁首之下的橫線與頁緣距離為 3 公分，頁尾之上的橫線與頁緣距離為 3 公分。並於頁首左邊以 10 點字型加印題組及附件編號，例如「題組三附件一」，且加框線及灰色網底。

◎ 所有列印報表之欄位名稱均須橫列並列印於同一頁、同一列上。

◎ 報表內容，應依試題要求作答，不得自行加入無關的資料。

1. 為拔擢適當人選成立新的研發部門就任研發經理一職，根據條件製作一份「人事資料遴選」報表，報表的內容應包括：
   (本題答案所要求之報表格式請參考「題組三附件一」之參考範例)
   ● 紙張設定為直式。

題組三

- 以年資遞減排序方式製表,其中若年資相同,則以部門名稱遞增排序。
- 年資 = 90 年 – 到職年。

人事資料遴選條件:
- 年齡:30～40 歲。
- 歷練:曾在以前公司或本公司擔任過「研發」相關職務,且未曾在本公司擔任過「研發經理」一職。
- 專長為:「電子電路」或「數位電路」。
- 在本公司年資:三年(含)以上。
- ▲ 報表標題:
  主標題:「頂新資訊公司」
  副標題:「90 年研發經理候選人名單」
- ▲ 報表含「姓名、現任職稱、部門名稱、年齡、年資」等欄位。
- ※ 主標題為 20 點字型,置中對齊,並加網底。副標題為 16 點字型,置中對齊,並加單線底線。主標題與副標題之間,以一空白列間隔。
- ※ 欄位的名稱為 12 點字型,每個欄位以一個(含)以上的空白予以間隔,且下標以一條 2 1/4 點之橫線。其中「現任職稱」請參考人事主檔(employee.xml)之「現任職稱」。
- ※ 副標題與欄位的名稱列之間以一空白列予以間隔。
- ※ 欄位內各項資料,皆以置中對齊方式編排。
- ※ 在每頁頁面右上方以 10 點字型加入測驗當天的日期,其格式為「民國 X 年 X 月 X 日」(X 皆以阿拉伯數字表示)。
- ※ 在每頁頁面左下方以 10 點字型加入您的姓名、准考證號碼,姓名及准考證號碼間以一個空白予以間隔,並加上外框。頁面右下方以 10 點字型加上頁碼,其格式為「第 X 頁」,如「第 1 頁」。

2. 製作一份 90 年業務部門員工的業績匯總報表,內容必須包含:
   (本題答案所要求之報表格式請參考「題組三附件二」之參考範例)
   - 紙張設定為直式。
   - 以課別遞增排序方式製表,其中若部門名稱相同,則以姓名遞增排序。
   - 90 年度業績 = 產品「單價」× 90 年度銷售「數量」,並彙總。
   - 沒有業績的業務員,不須列印。
   - 業績達成率 =(90 年度業績 ÷ 90 年度業績目標),以 % 表示,計算至百分比小數點第二位,小數點第三位四捨五入。
   - 達成毛利 = (產品之「單價」-產品之「成本」)×「數量」,並彙總。
   - 所有課別列印完畢後,加印一列總計金額,計算出整個業務部門業績目標、90 年業績、達成毛利之總和。

題組三

- ▲ 報表標題：
  主標題：「頂新資訊公司」
  副標題：「90年業務部門業績匯總報表」
- ▲ 報表含「部門名稱、業務姓名、業績目標、90年業績、業績達成率、達成毛利」等欄位。
- ※ 主標題為 20 點字型，置中對齊，並加網底。副標題為 16 點字型，置中對齊，並加單線底線。主標題與副標題之間，以一空白列間隔。
- ※ 欄位的名稱為 12 點字型，每個欄位以一個（含）以上的空白予以間隔，且其下須標以一條 2 1/4 點之橫線。
- ※ 副標題與欄位的名稱列之間以一空白列予以間隔。
- ※ 報表內數值欄位皆以靠右對齊方式編排。
- ※ 最後一列「總計金額」字樣靠左對齊，整列之上須標以一條 1 1/2 點之橫線，之下須標以一條 1 1/2 點之雙橫線。「總計金額」列與所列印最後一個課的資料間，以三列空白列予以間，且整列加上網底。
- ※ 在每頁頁面右上方以 10 點字型加入測驗當天的日期，其格式為「民國 X 年 X 月 X 日」（X 皆以阿拉伯數字表示）。
- ※ 在每頁左下方以 10 點字型加入您的姓名、准考證號碼，姓名及准考證號碼間以一個空白予以間隔，並加上外框。頁面右下方以 10 點字型加上頁碼，其格式為「第 X 頁」，如「第 1 頁」。

3. 製作一份 90 年度業務部門員工對公司的貢獻程度與公司對該員工的業績獎金報表，內容必須包含：
(本題答案所要求之報表格式請參考「題組三附件三」之參考範例)
- ● 報表為橫式列印。
- ● 以課別遞增排序方式分別製表，並於每一課開始列加入課別名稱。
- ● 每一課內列出該課員工之相關資料，並依業務姓名筆劃遞增排序。
- ● 於員工資料列印完畢後，加印一列「部門加總」，計算出該課業績目標、90年業績、達成毛利、業績獎金之總和。
- ● 90年業績 ＝ 產品「單價」× 90年度銷售「數量」，並彙總。
- ● 沒有業績的業務員，不須列印。
- ● 業績達成率 ＝（90年度業績 ÷ 90年度業績目標），以 % 表示，計算至百分比小數點第二位，小數點第三位四捨五入。
- ● 達成毛利 ＝ 產品（「單價」-「成本」）×「數量」，並彙總。
- ● 毛利達成率 ＝（達成毛利 ÷ 業績目標），以 % 表示，計算至百分比小數點第二位，小數點第三位四捨五入。
- ● 業績達成率需達到 60%，毛利達成率需達到 25% 才發給業績獎金。
- ● 業績獎金 ＝ 年薪 × 40% × 業績達成率，金額以整數計算，小數後無條件捨去。

題組三

- 年薪 ＝ 目前月薪資 × 12。
- ▲ 報表標題：
  主標題：「頂新資訊公司」
  副標題：「90 年業務部門業績獎金報表」
- ▲ 報表含「部門名稱、業務姓名、年薪、業績目標、90 年業績、業績達成率、達成毛利、毛利達成率、業績獎金」等欄位。
- ※ 每一頁報表皆有標題及欄位名稱。
- ※ 主標題為 20 點字型，置中對齊，並加網底。副標題為 16 點字型，置中對齊，並加單線底線。
- ※ 欄位的名稱以 12 點字型列印，每個欄位以一個（含）以上的空白予以間隔，且上下皆標以一條 2 1/4 點之橫線。
- ※ 副標題與欄位的名稱列之間以一空白列予以間隔。
- ※ 課別名稱與部門名稱欄對齊，且課與課間以二空白列予以間隔。
- ※ 報表內數值欄位皆以靠右對齊方式編排。
- ※ 「部門加總」字樣與部門名稱欄對齊。「部門加總」列之上須標以一條 1 1/2 點之橫線，之下須標以一條 1 1/2 點之雙橫線，整列加網底。
- ※ 在每頁頁面右上方以 10 點字型加入測驗當天的日期，其格式為「民國 X 年 X 月 X 日」（X 皆以阿拉伯數字表示）。
- ※ 在每頁頁面左下方以 10 點字型加入您的姓名、准考證號碼，姓名及准考證號碼間以一個空白予以間隔，並加上外框。頁面右下方以 10 點字型加上頁碼，其格式為「第 X 頁」，如「第 1 頁」。

4. 製作一份業務部門各課業績分析圖（立體長條圖），詳列各課 90 年的總業績。本圖表內容必須包含：
(本題答案所要求之報表格式請參考「題組三附件四」之參考範例)

- 紙張設定為橫式。
- 資料標記位於每條立體長條圖之上，計算到小數點第一位，並將第二位四捨五入。
- ▲ 圖表標題：「90 年業務部門各課業績分析圖」。
- ※ 圖表不加外框。
- ※ 圖表標題為 24 點字型，靠上置中對齊，並加外框及陰影。
- ※ 縱軸座標標題「業績[萬新台幣]」（逆時針旋轉 90 度），字體為 14 點字型。長條圖表示各課的總業績，範圍為 0 到 30000（每一長度單位為 5000），表內需有單位水平格線，字體為 12 點字型。
- ※ 橫軸座標無標題。橫軸依課別筆劃遞增由左到右排列，每一課名稱均橫列，置於橫軸的下端，字體為 12 點字型。
- ※ 無圖例（Legend）。

題組三

※ 圖表內的資料標記，字體為 12 點字型。
※ 在每頁頁面右上方以 10 點字型加入測驗當天的日期，其格式為「民國 X 年 X 月 X 日」（X 皆以阿拉伯數字表示）。
※ 在每頁頁面左下方以 10 點字型加入您的姓名、准考證號碼，姓名及准考證號碼間以一個空白予以間隔，並加上外框。頁面右下方以 10 點字型加上頁碼，其格式為「第 X 頁」，如「第 1 頁」。

5. 編製一份書面報告，並將第 4 題所完成之立體長條圖及圖形檔之圖形嵌入文書檔中，再列印。
   (本題答案所要求之報表格式請參考「題組三附件五」之參考範例)
   ● 紙張設定為直式。
   ● 讀取文書檔，文書上下對齊直式編排。
   ● 圖形檔之圖形嵌入文件左上方。
   ● 將第 4 題所完成之圖嵌入文件右下方，圖形的高為 4 公分，寬為 6 公分。
   ● 將圖形檔之圖形，嵌入文件左上方，圖形的高為 4 公分，寬為 4 公分。
   ▲ 報告的標題為「90 年公司業務部門業績報告」。
   ※ 每段落開始縮排兩個中文字元。
   ※ 首頁標題橫列，為 20 點斜體字型，加雙底線，置中對齊，每頁必須重覆顯示標題。
   ※ 文書資料與頁首之下的橫線距離為 2 公分，內容為 12 點字型。
   ※ 右下方的圖形，加外框，圖形位置分別與右邊界和下邊界對齊。圖形具矩形的文繞圖效果，上方與左方文字距外框距離為 0.5 公分。
   ※ 左上方的圖形，加外框，圖形位置與上邊界的橫線距離為 2 公分，且和左邊界對齊；圖形具矩形的文繞圖效果，下方與右方文字距外框距離為 0.5 公分。
   ※ 文書資料每個段落，對齊方式採為左右對齊。
   ※ 在每頁頁面右上方以 10 點字型加入測驗當天的日期，其格式為「民國 X 年 X 月 X 日」（X 皆以阿拉伯數字表示）。
   ※ 在每頁頁面左下方以 10 點字型加入您的姓名、准考證號碼，姓名及准考證號碼間以一個空白予以間隔，並加上外框。頁面右下方以 10 點字型加上頁碼，其格式為「第 X 頁」，如「第 1 頁」。

民國 100 年 1 月 31 日

頂新資訊公司

90 年研發經理候選人名單

姓名	現任職稱	部門名稱	年齡	年資
王德惠	研發工程師	研發一課	37	17
鍾智慧	研發工程師	研發三課	30	12
張景松	副工程師	研發二課	30	11
方鎮深	副工程師	研發三課	34	11
楊銘哲	研發副理	研發三課	30	9

題組三附件二　　　　　　　　　　　　　　　　　　　民國 100 年 1 月 31 日

頂新資訊公司

90 年業務部門業績匯總報表

部門名稱	業務姓名	業績目標	90年業績	業績達成率	達成毛利
業務一課	王玉治	42000000	31523000	75.05%	13138000
業務一課	吳美成	42000000	24276000	57.80%	10130000
業務一課	林鳳春	36000000	56664000	157.40%	23216400
業務一課	陳曉蘭	36000000	14449500	40.14%	5424500
業務二課	向大鵬	36000000	36504000	101.40%	14643000
業務二課	吳國信	36000000	18516000	51.43%	7758000
業務二課	莊國雄	44000000	51318000	116.63%	21385000
業務二課	陳雅賢	42000000	32588400	77.59%	13299400
業務三課	朱金倉	44000000	46135000	104.85%	18571000
業務三課	林玉堂	36000000	56040000	155.67%	22894000
業務三課	張志輝	44000000	58506000	132.97%	24473000
業務三課	謝穎青	36000000	17930800	49.81%	7328700
業務四課	毛渝南	44000000	30774000	69.94%	13986000
業務四課	李進祿	36000000	51036000	141.77%	21260000
業務四課	林鵬翔	36000000	56021500	155.62%	22685700
業務四課	郭曜明	42000000	62990000	149.98%	25843000

| 總計金額 | | 632000000 | 645272200 | | 266035700 |

李國強　90010801

頂新資訊公司

90年業務部門業績獎金報表

民國 100 年 1 月 31 日

部門名稱	業務姓名	年薪	業績目標	90年業績	業績達成率	達成毛利	毛利達成率	業績獎金
業務一課								
	王王治	417600	42000000	31523000	75.05%	13138000	31.28%	125363
	吳美成	417600	42000000	24276000	57.80%	10130000	24.12%	0
	杜鳳春	708000	36000000	56664000	157.40%	23216400	64.49%	445756
	陳曉蘭	354000	36000000	14449500	40.14%	5424500	15.07%	0
部門加總			156000000	126912500		51908900		571119
業務二課								
	向大鵬	280800	36000000	36504000	101.40%	14643000	40.68%	113892
	吳國信	444000	36000000	18516000	51.43%	7758000	21.55%	0
	莊國雄	470400	44000000	51318000	116.63%	21385000	48.60%	219451
	陳雅賢	650400	42000000	32588400	77.59%	13299400	31.67%	201858
部門加總			158000000	138926400		57085400		535201

李國強　90C10801

題組三附件三

頂新資訊公司

90 年業務部門業績獎金報表

民國 100 年 1 月 31 日

部門名稱	業務姓名	年薪	業績目標	90 年業績	業績達成率	達成毛利	毛利達成率	業績獎金
業務三課								
	朱金倉	466800	44000000	46135000	104.85%	18571000	42.21%	195775
	林玉堂	306000	36000000	56040000	155.67%	22894000	63.59%	190540
	張志煇	378000	44000000	58506000	132.97%	24473000	55.62%	201050
	謝穎青	294000	36000000	17930800	49.81%	7328700	20.36%	0
部門加總			160000000	178611800		73266700		587365
業務四課								
	毛渝南	912000	44000000	30774000	69.94%	13986000	31.79%	255141
	李進祿	300000	36000000	51036000	141.77%	21260000	59.06%	170124
	林鵬翔	432000	36000000	56021500	155.62%	22685700	63.02%	268911
	郭曜明	312000	42000000	62990000	149.98%	25843000	61.53%	187175
部門加總			158000000	200821500		83774700		881351

李國強 90010801

第 2 頁

題組三附件四　　　　　　　　　　　　　　　　　　　　　　　　民國 100 年 1 月 31 日

90年業務部門各課業績分析圖

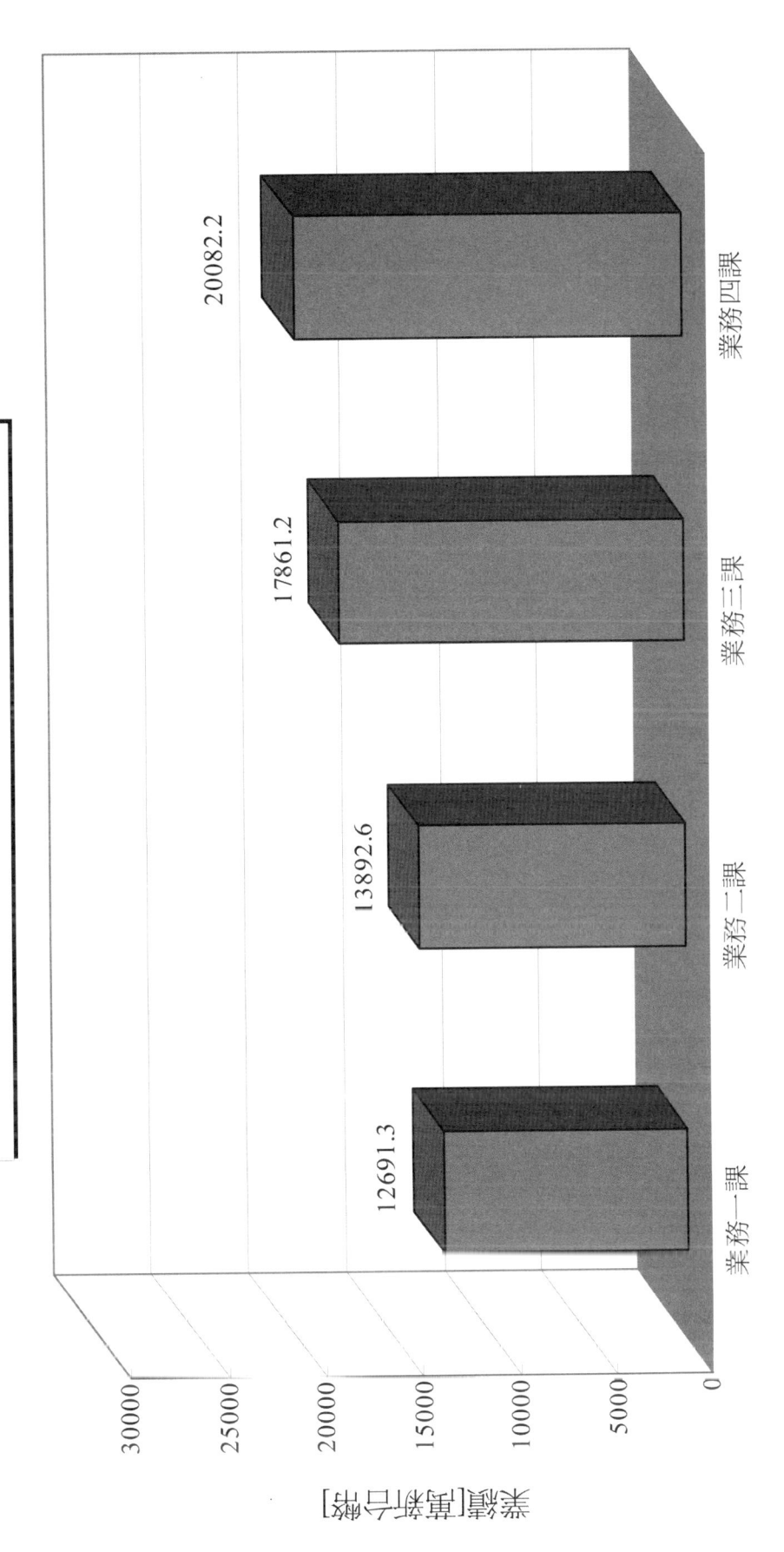

課別	業績 [單位:千元]
業務一課	12691.3
業務二課	13892.6
業務三課	17861.2
業務四課	20082.2

李國強　90010801

90 年公司業務部門業績報告

今日網路之所以能如此的普及,網路產品、技術的發展功不可沒;而在產品和技術的發展過程中,路由器即扮演著非常重要的角色。本文便以網路的發展趨勢、技術和市場需求等因素,來探討路由器在網路規劃、應用上的定位和變革。

由於較大型網路的規劃必須考慮到資料傳輸效率的問題,所以在規劃時必須將網路切割成多個子網路,稱為網際網路。橋接器是最早被採用於規劃網際網路的連線設備,也是連接多個區域網路成大型網路最經濟、最簡單的方法。然而在運作上橋接器卻有許多的缺點,如必須記憶大量工作站的 MAC 層位址,且須不斷地更新,易造成所謂的廣播風暴(Broadcast Storm);不能形成迴路以致不能規劃線路的備援;無法劃分網路層位址,如 IP、IPX 等。在對遠端網路連線時,這些缺點常造成頻寬的浪費。

對於廣域網路的連線有項功能是很重要的,那就是撥接備援(Dial Back-up)能力。撥接備援可以在當主要幹線中斷時自動撥接備援線路,使網路連線不致中斷。另也可在主要幹線資料流量壅塞時自動撥接備援線路,以分擔資料的傳輸流量。撥接備援的線路可選擇如 ISDN、X.25 或電話線路等。交換式乙太網路的資料傳輸不再是共用頻寬的模式,它提供二個工作站之間擁有專屬頻寬傳輸資料的能力,並且能在同一時間內建立起多對工作站之間的連線,各自擁有專屬的頻寬來傳送資料。觀念上就好比電話交換機系統能在同一時間內建立起多對電話的連接、交談。

由於交換式乙太網路能建立並行式的通訊方式,同時建立多對工作站間的連線,那麼即使網路的傳輸速率並沒有提高,但整體的網路傳輸效能卻能有很大的提升。電話交換機建立兩具電話的連線係根據所撥接的電話號碼,交換式乙太網路則是根據資料鏈結層的 MAC(EtherSwitch)必須建立自己的 MAC 位址(以下簡稱 EtherSwitch)必須建立自己的 MAC 位址(Media Access Control Address)來辨識,所以交換式乙太網路設備(以下簡稱 EtherSwitch)必須建立自己的 MAC 位址表以了解所有工作站的位置,再根據位址表以達成工作站與工作站間的連線。

EtherSwitch 建立位址表的方式和橋接器非常類似,均是採自學(Learning)、透通(Transparent)的方式,與工作站的運作完全無關。但是 EtherSwitch 對資料封包的轉送效率卻比橋接器和路由器快,在安裝成本上也比橋接器和路由器低。表 1 為三者的比較表。

李國強　90010801

90 年公司業務部門業績報告

在網際網路的連線上，路由器取代了橋接器而成為主要的連線設備。近年來 EtherSwitch 的出現，以其安裝成本低、安裝維護容易、傳輸效率高等優點漸而取代了路由器在網際網路的地位。漸漸的路由器已被規劃於作遠端的連線，或必須作 IP 位址劃分的網路上。圖 2 和圖 3 是目前規劃上最常見的兩種架構。

題組三　術科解題

Word 附件製作

- 根據「題組三附件一」樣式建立標準範本：〔3-1〕文件
  完成：版面配置、頁首頁尾、頁面框線設定
- 將〔3-1〕文件另存為：3-2、3-3、3-4、3-5，並逐一修改
  （請參考：Word 基礎教學）

Access 解題

建立資料庫、匯入資料表

1. 建立資料庫 NO3
2. 匯入考題要求 7 張資料表
   結果如右圖：
   （請參考：Access 基礎教學）

更改欄位屬性

1. 更改 EMPLOTEE 資料表
   欄位：目前月薪資
   資料類型：數字

2. 更改 PERSON 資料表
   欄位：年齡、到職年
   資料類型：數字

3. 更改 PRODUCT 資料表
   欄位：單價、成本
   資料類型：數字

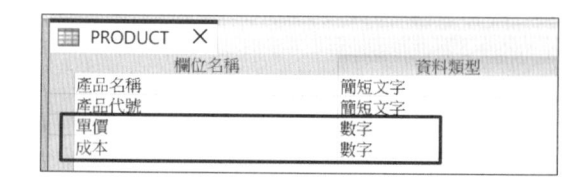

2-102

4. 更改 QUOTA 資料表
   欄位：業績目標 90
   資料類型：數字

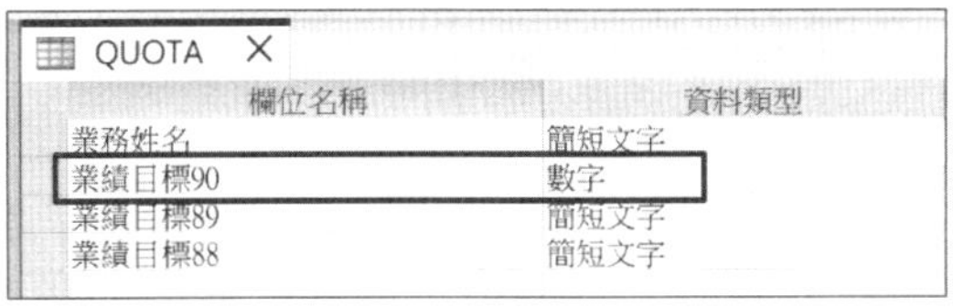

5. 更改 SALES 資料表
   欄位：數量、交易年
   資料類型：數字

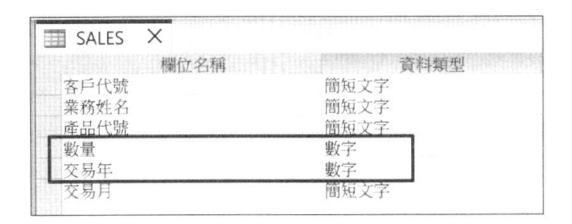

解題分析

題組三有 2 個主題：

人事資料篩選：

　　只需把人事資料相關檔案：DEPT（部門檔）、EMPLOYEE（人事主檔）、PERSON（人事副檔）、EXP（經歷檔）整合，使用 Excel 篩選功能即可輕鬆解題。

業績統計：

　　與題組四完全一致，只是少了 CUSTOMER 檔案。

建立查詢：DATA-1

1. 建立 → 查詢設計
   新增資料表 → 選取：DEPT、EMPLOYEE、EXP、PERSON
   點選：新增資料表鈕
   由左至右建立資料表關聯，結果如下圖：

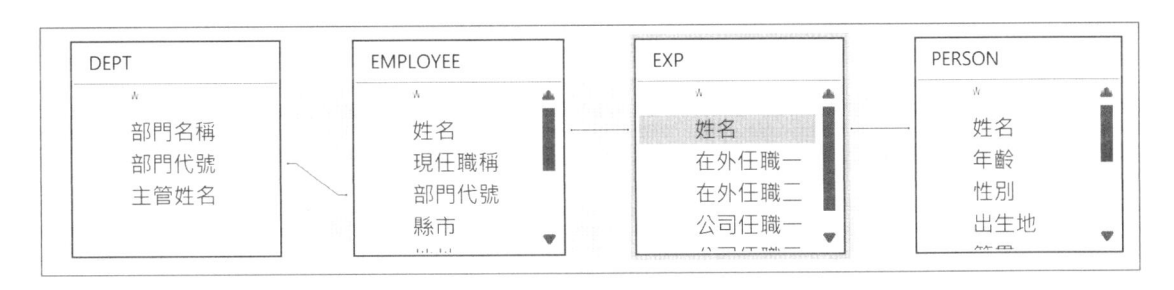

建立欄位

- 附件一報表欄位分析，如下圖：

姓名	現任職稱	部門名稱	年齡	年資
欄位	欄位	欄位	欄位	欄位

1. 建立欄位:「姓名」、「現任職稱」、「部門名稱」、「年齡」
   建立「年資」運算式,結果如下圖:

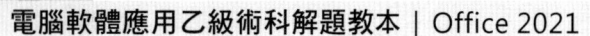

欄位:	姓名	部門名稱	現任職稱	年齡	年資: 90-[到職年]	
資料表:	EMPLOYEE	DEPT	EMPLOYEE	PERSON		
排序:						
顯示:	☑	☑	☑	☑	☑	☐
準則:						
或:						

解說

考題規定:年資:90 – 到職年。

2. 建立運算式:「歷練」、「本公司」、「專長」,如下圖:

欄位	歷練:[公司任職一] & [公司任職二] & [在外任職一] & [在外任職二]	本公司:[公司任職一] & [公司任職二]	專長:[專長一] & [專長二]
資料表:			
排序:			
顯示:	☑	☑	☑
準則:			
或:			

解說

題目規定篩選條件如下:

> 人事資料遴選條件:
> ● 年齡:30~40 歲。
> ● 歷練:曾在以前公司或本公司擔任過「研發」相關職務,且未曾在本公司擔任過「研發經理」一職。
> ● 專長為:「電子電路」或「數位電路」。
> ● 在本公司年資:三年(含)以上。

歷練:公司任職一 & 公司任職二 & 在外任職一 & 在外任職二

本公司:公司任職一 & 公司任職二

專長:專長一 & 專長二

● 常用 → 檢視 → 資料工作表檢視,共得資料 97 筆

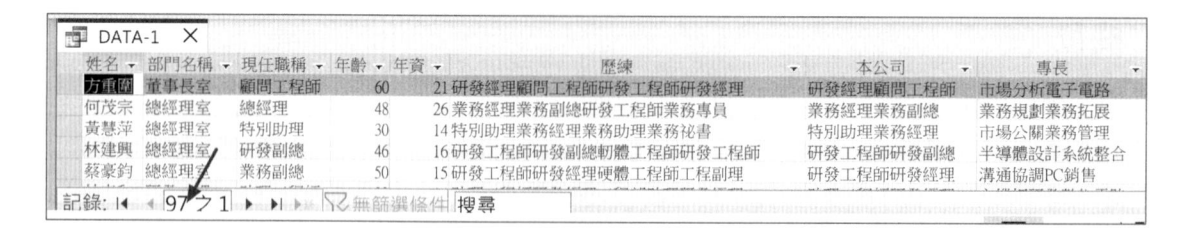

姓名	部門名稱	現任職稱	年齡	年資	歷練	本公司	專長
方重仰	董事長室	顧問工程師	60	21	研發經理顧問工程師研發工程師研發經理	研發經理顧問工程師	市場分析電子電路
何茂宗	總經理室	總經理	48	26	業務經理業務副總研發工程師業務專員	業務經理業務副總	業務規劃業務拓展
黃慧萍	總經理室	特別助理	30	14	特別助理業務經理業務助理業務祕書	特別助理業務經理	市場公關業務管理
林慧興	總經理室	研發副總	46	16	研發工程師研發副總軔體工程師工程師	研發工程師研發副總	半導體設計系統整合
蔡豪鈞	總經理室	業務副總	50	15	研發工程師研發經理硬體工程師工程師副理	研發工程師研發經理	溝通協調PC銷售

記錄: 97/1 無篩選條件 搜尋

建立查詢：DATA-2

1. 建立 → 查詢設計

    新增資料表 → 選取：DEPT、EMPLOYEE、PRODUCT、QUOTA、SALES

    點選：新增資料表鈕

    由左至右建立資料表關聯，結果如下圖：

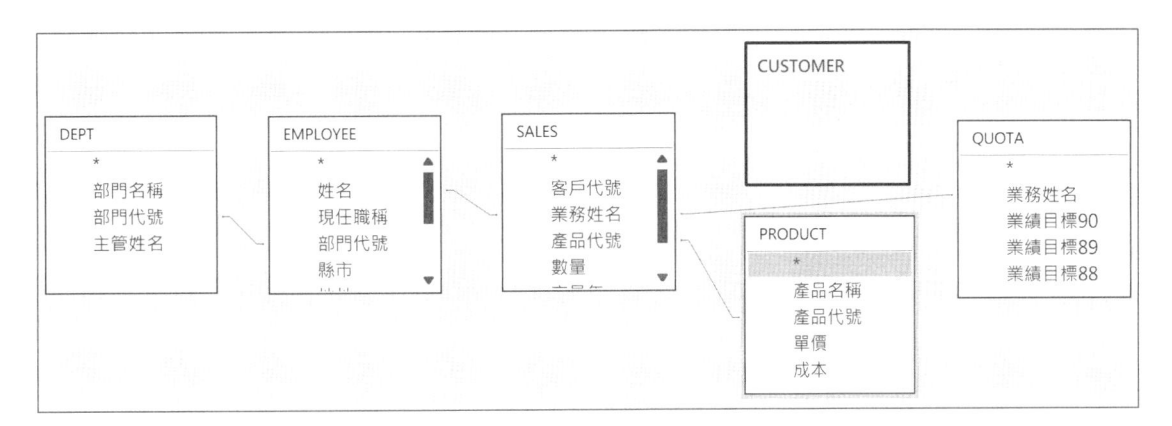

- 附件二報表欄位分析，如下圖：

部門名稱	業務姓名	業績目標	90年業績	業績達成率	達成毛利
欄位	欄位	欄位	欄位	計算	欄位

1. 建立欄位：「部門名稱」、「業務姓名」、「業績目標90」

    建立運算式：「90年業績」、「達成毛利」，如下圖：

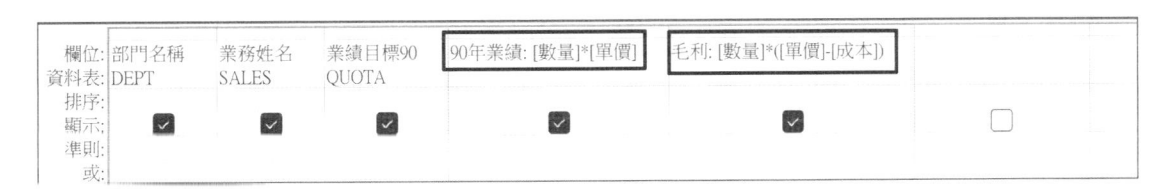

欄位:	部門名稱	業務姓名	業績目標90	90年業績: [數量]*[單價]	毛利: [數量]*([單價]-[成本])	
資料表:	DEPT	SALES	QUOTA			
排序:						
顯示:	✓	✓	✓	✓	✓	☐
準則:						
或:						

    解說

    90年業績: 數量 * 單價

    毛利: 數量 * (單價 – 成本)

- 附件三報表欄位分析：

部門名稱	業務姓名	年薪	業績目標	90年業績	業績達成率	達成毛利	毛利達成率	業績獎金
		欄位					計算	計算

2-105

2. 建立運算式:「年薪」,如下圖:

解說

年薪:目前月薪資 * 12

- 附件四報表欄位分析:
  統計圖所需資料:「部門名稱」、「90 年業績」已取得,不須新增欄位。
- 附件五報表欄位分析:
  文字報表中內含一個統計圖,是附件四的縮小圖,不須新增欄位。

3. 按存檔鈕,命名為:DATA-2,常用 → 檢視 → 資料工作表檢視,共得資料 251 筆

資料篩選

- 題組共同的資料篩選準則:民國 90 年

1. 常用 → 檢視 → 設計檢視

2. 建立欄位:「交易年」,取消:顯示、設定準則:90,如下圖:

3. 常用 → 檢視 → 資料工作表檢視,共得資料 115 筆

2-106

Excel 解題

將 Access 資料複製到 Excel

1. 將 DATA -1 查詢拖曳
   至【工作表 1】表 A1 儲存格
2. 更改【工作表 1】表為【DATA-1】表

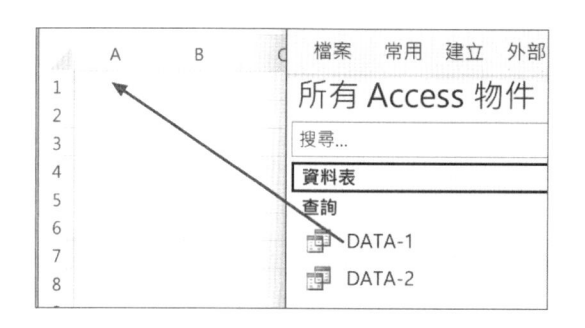

3. 選取【DATA-1】表，選取所有儲存格，設定：最適欄寬、最適列高

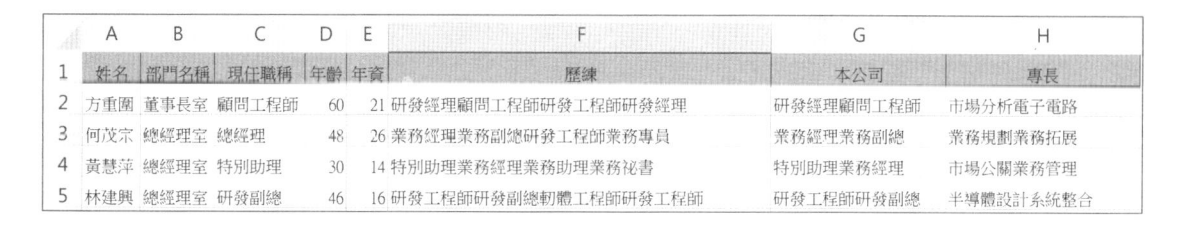

4. 將 DATA-2 查詢拖曳至【工作表 2】表 A1 儲存格
   更改【工作表 2】表為【DATA-2】表，結果如下圖：

▶ 附件一

報表類型：資料篩選，資料來源：【DATA-1】。

1. 選取【DATA-1】表 A1 儲存格，資料 → 篩選，欄位名稱產生下拉鈕如下圖：

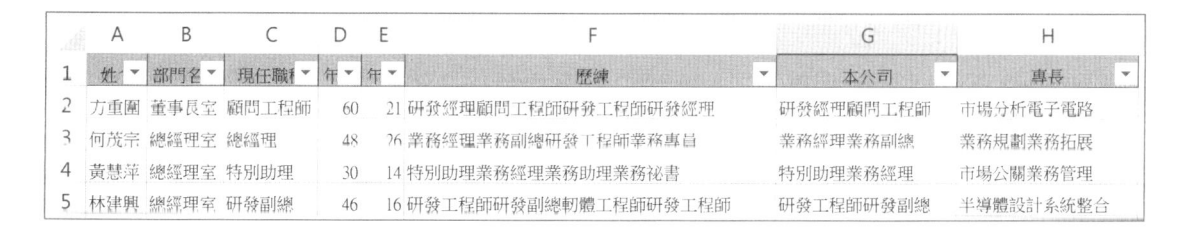

2-107

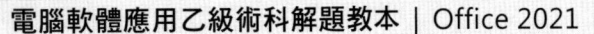

2. 年齡篩選：
   點選「年齡」下拉鈕：
   選取：數字篩選 → 介於
   設定如右圖：

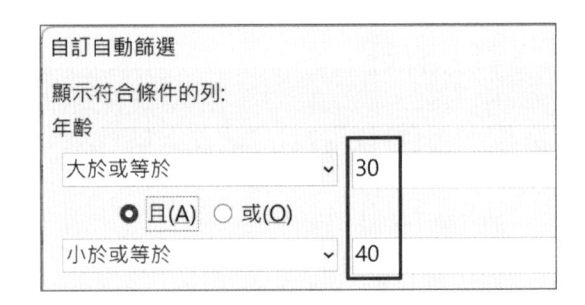

3. 歷練篩選：
   點選「歷練」下拉鈕：
   選取：文字篩選 → 包含
   設定如右圖：

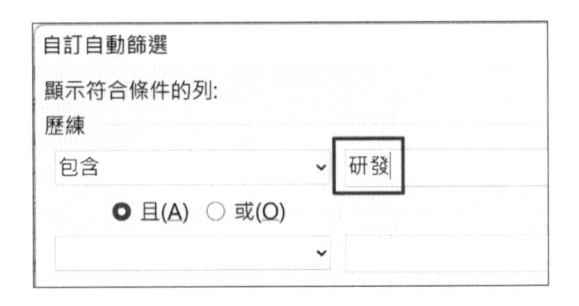

4. 本公司篩選：
   點選「本公司」下拉鈕：
   選取：文字篩選 → 不包含
   設定如右圖：

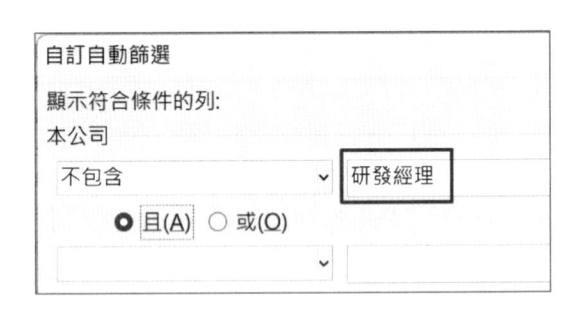

5. 專長篩選：
   點選「專長」下拉鈕：
   選取：文字篩選 → 包含
   設定如右圖：

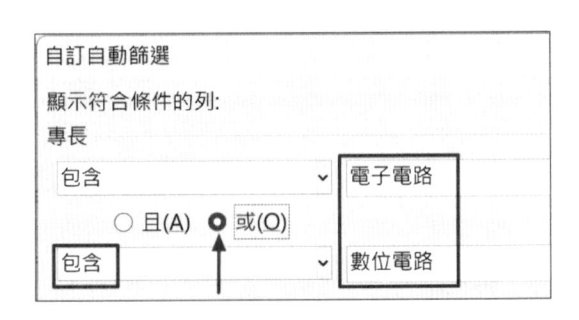

6. 年資篩選：
   點選「年資」下拉鈕：
   選取：數字篩選 → 大於或等於
   設定如右圖：

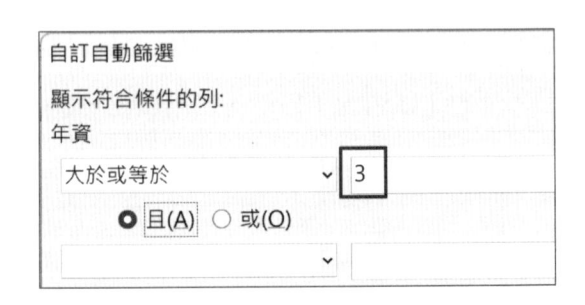

- 篩選完成後，共得資料 7 筆，如下圖：

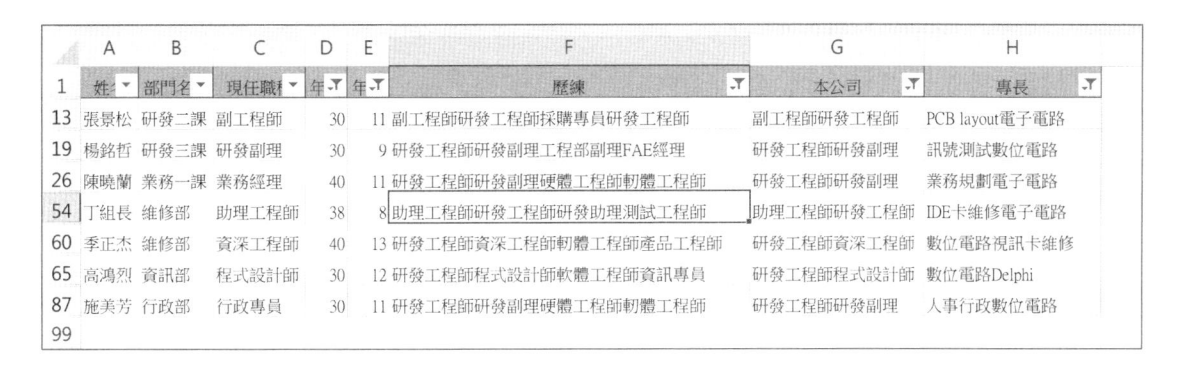

	A	B	C	D	E	F	G	H
1	姓名 ▼	部門名 ▼	現任職稱 ▼	年齡 ▼	年資 ▼	歷練 ▼	本公司 ▼	專長 ▼
13	張景松	研發二課	副工程師	30	11	副工程師研發工程師採購專員研發工程師	副工程師研發工程師	PCB layout電子電路
19	楊銘哲	研發三課	研發副理	30	9	研發工程師研發副理工程部副理FAE經理	研發工程師研發副理	訊號測試數位電路
26	陳曉蘭	業務一課	業務經理	40	11	研發工程師研發副理硬體工程師軔體工程師	研發工程師研發副理	業務規劃電子電路
54	丁組長	維修部	助理工程師	38	8	助理工程師研發工程師研發助理測試工程師	助理工程師研發工程師	IDE卡維修電子電路
60	季正杰	維修部	資深工程師	40	13	研發工程師資深工程師軔體工程師產品工程師	研發工程師資深工程師	數位電路視訊卡維修
65	高鴻烈	資訊部	程式設計師	30	12	研發工程師程式設計師軟體工程師資訊專員	研發工程師程式設計師	數位電路Delphi
87	施美芳	行政部	行政專員	30	11	研發工程師研發副理硬體工程師軔體工程師	研發工程師研發副理	人事行政數位電路
99								

解說

欄位名稱右側有篩選圖示者，表示該欄位包含條件設定。

列數跳號表示有資料被篩選功能隱藏了。

7. 複製 A:E 欄篩結果
   貼至 A101 儲存格
8. 資料 → 排序
   設定如右圖：

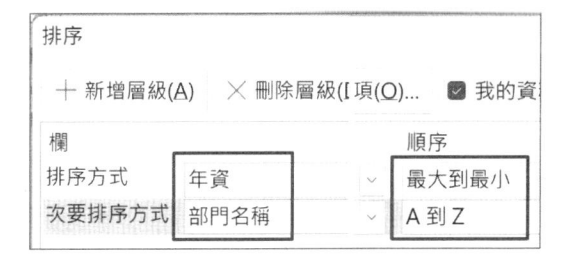

欄		順序
排序方式	年資	最大到最小
次要排序方式	部門名稱	A 到 Z

解說

排序準則：年資遞減 → 部門遞增。

- 結果如右圖：

	A	B	C	D	E
101	姓名	部門名稱	現任職稱	年齡	年資
102	季正杰	維修部	資深工程師	40	13
103	高鴻烈	資訊部	程式設計師	30	12
104	施美芳	行政部	行政專員	30	11
105	張景松	研發二課	副工程師	30	11
106	陳曉蘭	業務一課	業務經理	40	11
107	楊銘哲	研發三課	研發副理	30	9
108	丁組長	維修部	助理工程師	38	8
109					

關鍵檢查

- 右圖 L 型方向數字排列
  43388 → 是三三八八

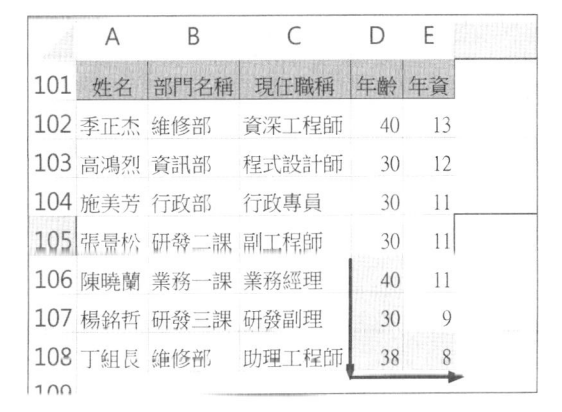

2-109

▶ 附件二

報表類型：樞紐分析，資料來源：【DATA-2】。

1. 選取【DATA-2】表 A1 儲存格，插入 → 樞紐分析表
   設定樞紐分析表為「古典式」，將新工作表更名為【2-1】表

2. 根據附件二報表要求，依序勾選、拖曳欄位如下圖：

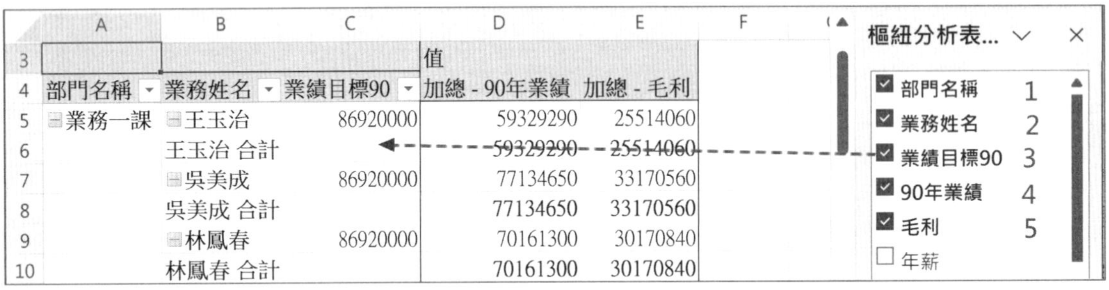

	A	B	C	D	E
3				值	
4	部門名稱	業務姓名	業績目標90	加總 - 90年業績	加總 - 毛利
5	業務一課	王玉治	86920000	59329290	25514060
6		王玉治 合計		59329290	25514060
7		吳美成	86920000	77134650	33170560
8		吳美成 合計		77134650	33170560
9		林鳳春	86920000	70161300	30170840
10		林鳳春 合計		70161300	30170840

樞紐分析表...
- ☑ 部門名稱　1
- ☑ 業務姓名　2
- ☑ 業績目標90　3
- ☑ 90年業績　4
- ☑ 毛利　5
- ☐ 年薪

3. 在 B4 儲存格上按右鍵，取消：小計"業務姓名"
   在 A4 儲存格上按右鍵，取消：小計"部門名稱"，結果如下圖：

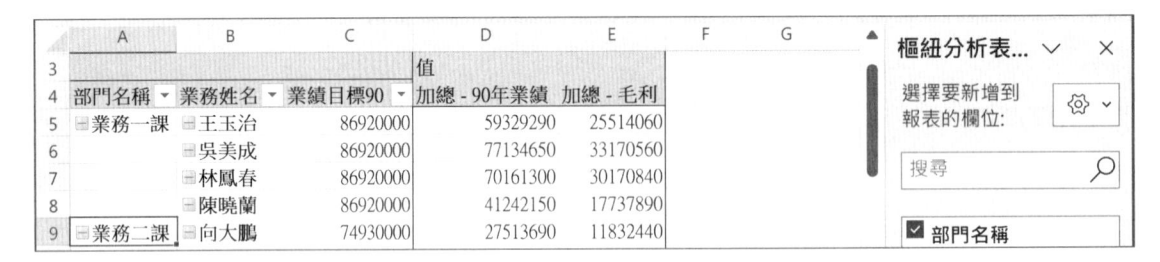

	A	B	C	D	E
3				值	
4	部門名稱	業務姓名	業績目標90	加總 - 90年業績	加總 - 毛利
5	業務一課	王玉治	86920000	59329290	25514060
6		吳美成	86920000	77134650	33170560
7		林鳳春	86920000	70161300	30170840
8		陳曉蘭	86920000	41242150	17737890
9	業務二課	向大鵬	74930000	27513690	11832440

4. 在 A4 儲存格上按右鍵
   選取：欄位設定
   選取：版面配置與列印
   選取：重複項目標籤

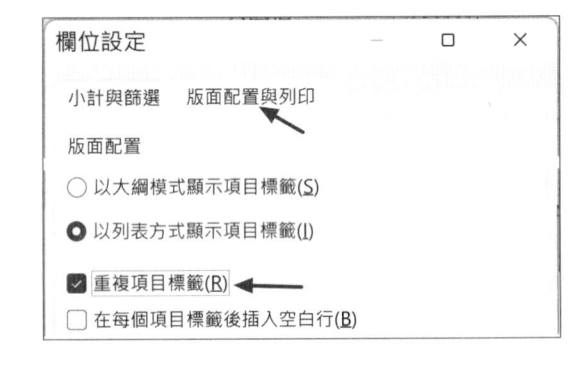

欄位設定
- 小計與篩選　版面配置與列印
- 版面配置
  - ○ 以大綱模式顯示項目標籤(S)
  - ● 以列表方式顯示項目標籤(I)
  - ☑ 重複項目標籤(R) ←
  - ☐ 在每個項目標籤後插入空白行(B)

結果如下圖：

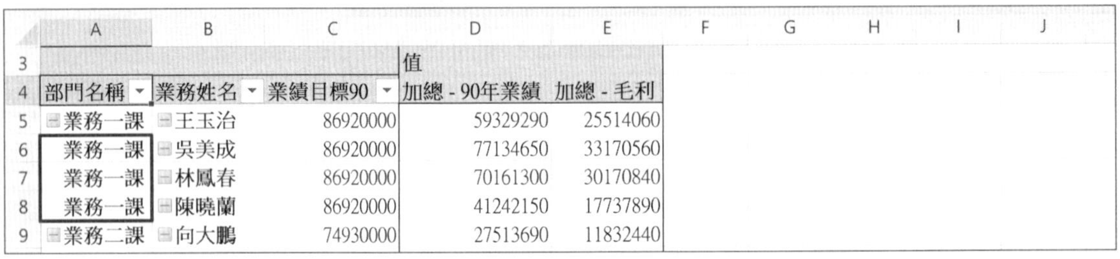

	A	B	C	D	E
3				值	
4	部門名稱	業務姓名	業績目標90	加總 - 90年業績	加總 - 毛利
5	業務一課	王玉治	86920000	59329290	25514060
6	業務一課	吳美成	86920000	77134650	33170560
7	業務一課	林鳳春	86920000	70161300	30170840
8	業務一課	陳曉蘭	86920000	41242150	17737890
9	業務二課	向大鵬	74930000	27513690	11832440

5. 新增【2-2】表

    複製【2-1】表 E4:A21 範圍，貼至【2-2】表 A1 儲存格，結果如下圖：

	A	B	C	D	E
1	部門名稱	業務姓名	業績目標90	加總 - 90年業績	加總 - 毛利
2	業務一課	王玉治	86920000	59329290	25514060
3	業務一課	吳美成	86920000	77134650	33170560
4	業務一課	林鳳春	86920000	70161300	30170840

6. 編輯欄位名稱列、插入欄位，結果如下圖：

	A	B	C	D	E	F
1	部門名稱	業務姓名	業績目標	90年業績	業績達成率	毛利
2	業務一課	王玉治	86920000	59329290		25514060
3	業務一課	吳美成	86920000	77134650		33170560
4	業務一課	林鳳春	86920000	70161300		30170840

7. 在 E2 儲存格輸入運算式，向下填滿

    設定格式：百分比、小數點 2 位，結果如下圖：

    E2　　fx　=ROUND(D2/C2, 4)

	A	B	C	D	E	F
1	部門名稱	業務姓名	業績目標	90年業績	業績達成率	毛利
2	業務一課	王玉治	86920000	59329290	68.26%	25514060
3	業務一課	吳美成	86920000	77134650	88.74%	33170560
4	業務一課	林鳳春	86920000	70161300	80.72%	30170840

8. 將「總計」更正為「總計金額」，刪除總計列的 E 欄錯誤「#DIV/0!」

    在「總計金額」列上方插入 3 列空白，結果如下圖：

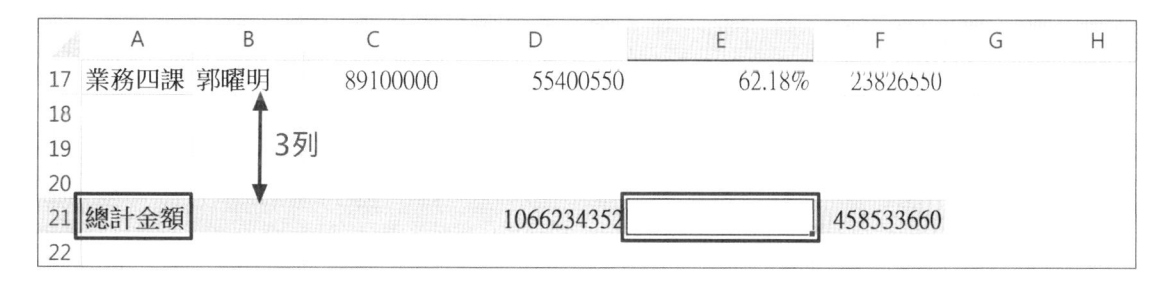

	A	B	C	D	E	F
17	業務四課	郭曜明	89100000	55400550	62.18%	23826550
18						
19		3列				
20						
21	總計金額			1066234352		458533660
22						

關鍵檢查

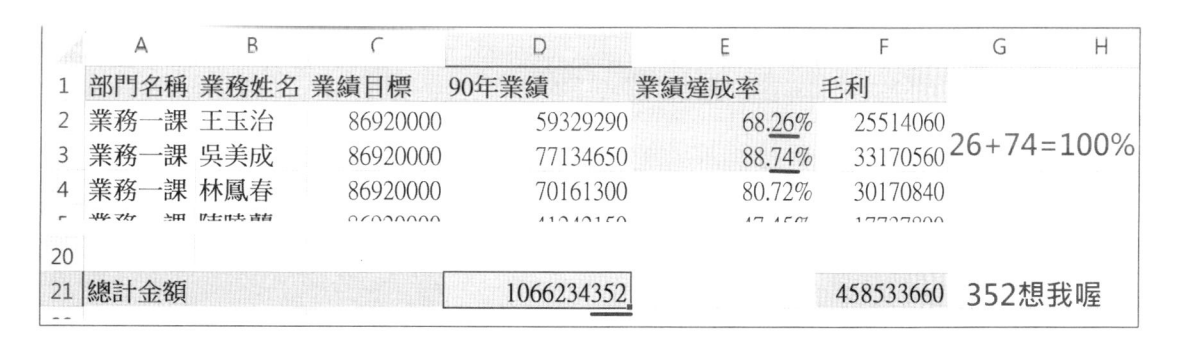

	A	B	C	D	E	F
1	部門名稱	業務姓名	業績目標	90年業績	業績達成率	毛利
2	業務一課	王玉治	86920000	59329290	68.26%	25514060
3	業務一課	吳美成	86920000	77134650	88.74%	33170560
4	業務一課	林鳳春	86920000	70161300	80.72%	30170840
	業務一課	陸曉蕙	86920000	41343150	47.45%	17737800
20						
21	總計金額			1066234352		458533660

26+74=100%

352想我喔

▶ 附件三

報表類型：樞紐分析，資料來源：【DATA-2】。

1. 選取【DATA-2】表 A1 儲存格，插入 → 樞紐分析表

    設定樞紐分析表為「古典式」，將新工作表更名為【3-1】表

2. 根據附件三報表要求，依序勾選、拖曳欄位如下圖：

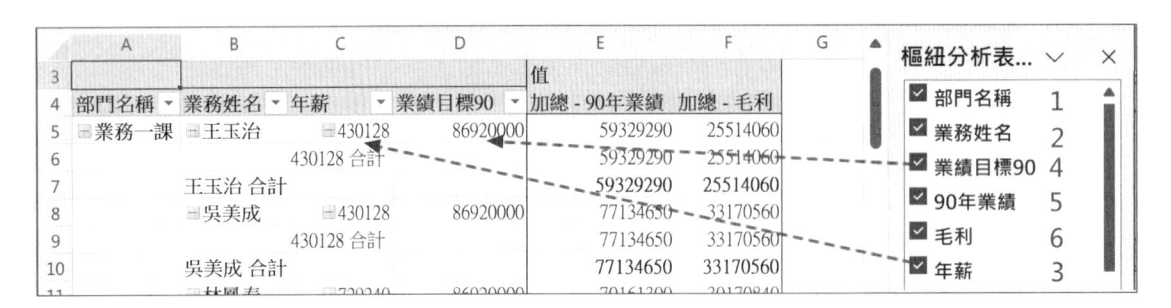

3. 在 C4 儲存格上按右鍵，取消：小計"年薪"

    在 B4 儲存格上按右鍵，取消：小計"業務姓名"

    在 A4 儲存格上按右鍵，取消：小計"部門名稱"，結果如下圖：

解說

附件三報表格式包含「部門名稱」小計，但我們先將它取消，因為本報表中「獎金」欄位計算複雜容易出錯，因此我們要採取「變通」的解法。

4. 在 A4 儲存格上按右鍵 → 欄位設定 → 版面配置與列印 → 重複項目標籤

    結果如下圖：

解說

上圖就是一個正規表格,就可以使用「排序」來簡化「獎金」計算公式。

5. 新增【3-2】表

    複製【3-1】表 F4:A24 範圍,貼至【3-2】表 A1 儲存格,結果如下圖:

	A	B	C	D	E	F
1	部門名稱	業務姓名	年薪	業績目標90 加總	- 90年業績 加總	- 毛利
2	業務一課	王玉治	430128	86920000	59329290	25514060
3	業務一課	吳美成	430128	86920000	77134650	33170560
4	業務一課	林鳳春	729240	86920000	70161300	30170840

6. 編輯欄位名稱列、插入欄位,結果如下圖:

	A	B	C	D	E	F	G	H	I
1	部門名稱	業務姓名	年薪	業績目標	90年業績	業績達成率	毛利	毛利達成率	獎金
2	業務一課	王玉治	430128	86920000	59329290		25514060		
3	業務一課	吳美成	430128	86920000	77134650		33170560		
4	業務一課	林鳳春	729240	86920000	70161300		30170840		

7. 在 F2 儲存格輸入運算式,向下填滿

    設定格式:百分比、小數點 2 位,結果如下圖:

    F2　fx　=ROUND(E2/D2,4)

	A	B	C	D	E	F	G	H	I
1	部門名稱	業務姓名	年薪	業績目標	90年業績	業績達成率	毛利	毛利達成率	獎金
2	業務一課	王玉治	430128	86920000	59329290	68.26%	25514060		
3	業務一課	吳美成	430128	86920000	77134650	88.74%	33170560		
4	業務一課	林鳳春	729240	86920000	70161300	80.72%	30170840		

8. 在 H2 儲存格輸入運算式,向下填滿

    設定格式:百分比、小數點 2 位,結果如下圖:

    H2　fx　=ROUND(G2 / D2,4)

	A	B	C	D	E	F	G	H	I
1	部門名稱	業務姓名	年薪	業績目標	90年業績	業績達成率	毛利	毛利達成率	獎金
2	業務一課	王玉治	430128	86920000	59329290	68.26%	25514060	29.35%	
3	業務一課	吳美成	430128	86920000	77134650	88.74%	33170560	38.16%	
4	業務一課	林鳳春	729240	86920000	70161300	80.72%	30170840	34.71%	

9. 選取：F2 儲存格，資料 → 遞增排序，在 I2:I5 範圍輸入 0，結果如下圖：

	A	B	C	D	E	F	G	H	I
1	部門名稱	業務姓名	年薪	業績目標	90年業績	業績達成率	毛利	毛利達成率	獎金
2	業務二課	向大鵬	289224	74930000	27513690	36.72%	11832440	15.79%	0
3	業務一課	陳曉蘭	364620	86920000	41242150	47.45%	17737890	20.41%	0
4	業務三課	張志輝	389340	100000000	49453610	49.45%	21266930	21.27%	0
5	業務三課	林玉堂	315180	100000000	55465540	55.47%	23854150	23.85%	0
6	業務四課	郭曜明	321360	89100000	55400550	62.18%	23826550	26.74%	
7	業務一課	王玉治	430128	86920000	59329290	68.26%	25514060	29.35%	

解說

排序後用目測法即可判別「獎金為 0」的範圍。

（業績達成率 >= 60% 而且 毛利達成率 >= 25%）才發給獎金。

10. 在 I6 儲存格輸入運算式，向下填滿，結果如下圖：

I6 f_x = INT(C6 * 40% * F6)

	A	B	C	D	E	F	G	H	I
1	部門名稱	業務姓名	年薪	業績目標	90年業績	業績達成率	毛利	毛利達成率	獎金
2	業務二課	向大鵬	289224	74930000	27513690	36.72%	11832440	15.79%	0
3	業務一課	陳曉蘭	364620	86920000	41242150	47.45%	17737890	20.41%	0
4	業務三課	張志輝	389340	100000000	49453610	49.45%	21266930	21.27%	0
5	業務三課	林玉堂	315180	100000000	55465540	55.47%	23854150	23.85%	0
6	業務四課	郭曜明	321360	89100000	55400550	62.18%	23826550	26.74%	79928
7	業務一課	王玉治	430128	86920000	59329290	68.26%	25514060	29.35%	117442
8	業務四課	毛渝南	939360	89100000	69012160	77.45%	29679270	33.31%	291013

解說

獎金 = INT(年薪 * 40% * 業績達成率)

特別注意！小數無條件捨去，因此使用 INT( )。

11. 選取：A1 儲存格，資料 → 排序

部門名稱 → 遞增、業務姓名 → 遞增，結果如下圖：

	A	B	C	D	E	F	G	H	I
1	部門名稱	業務姓名	年薪	業績目標	90年業績	業績達成率	毛利	毛利達成率	獎金
2	業務一課	王玉治	430128	86920000	59329290	68.26%	25514060	29.35%	117442
3	業務一課	吳美成	430128	86920000	77134650	88.74%	33170560	38.16%	152678
4	業務一課	林鳳春	729240	86920000	70161300	80.72%	30170840	34.71%	235457
5	業務一課	陳曉蘭	364620	86920000	41242150	47.45%	17737890	20.41%	0
6	業務二課	向大鵬	289224	74930000	27513690	36.72%	11832440	15.79%	0

2-114

12. 在欄位名稱下方插入 1 列空白，在每一個課別間插入 4 列空白

    將每一個部門名稱第一格往上移動，刪除下方 3 個重複項目

    在每一個部方下方輸入「部門加總」，結果如下圖：

	A	B	C	D	E	F	G	H	I	J
1	部門名稱	業務姓名	年薪	業績目標	90年業績	業績達成率	毛利	毛利達成率	獎金	
2	業務一課									
3		王玉治	430128	86920000	59329290	68.26%	25514060	29.35%	117442	
4		吳美成	430128	86920000	77134650	88.74%	33170560	38.16%	152678	
5		林鳳春	729240	86920000	70161300	80.72%	30170840	34.71%	235457	
6		陳曉蘭	364620	86920000	41242150	47.45%	17737890	20.41%	0	
7	部門加總									
8										
9										
10	業務二課									

13. 選取：D7 儲存格，點選：加總鈕，向右拖曳填滿至 I7 儲存格

    刪除：F7、H7 儲存格內容，結果如下圖：

	A	B	C	D	E	F	G	H	I
1	部門名稱	業務姓名	年薪	業績目標	90年業績	業績達成率	毛利	毛利達成率	獎金
2	業務一課								
3		王玉治	430128	86920000	59329290	68.26%	25514060	29.35%	117442
4		吳美成	430128	86920000	77134650	88.74%	33170560	38.16%	152678
5		林鳳春	729240	86920000	70161300	80.72%	30170840	34.71%	235457
6		陳曉蘭	364620	86920000	41242150	47.45%	17737890	20.41%	0
7	部門加總			347680000	247867390		106593350		505577

14. 複製第 7 列，貼至第 15、23、31 列，結果如下圖：

	A	B	C	D	E	F	G	H	I
28		李進祿	309000	89100000	81077210	91.00%	34869930	39.14%	112476
29		林鵬翔	444960	89100000	82954970	93.10%	35674760	40.04%	165703
30		郭曜明	321360	89100000	55400550	62.18%	23826550	26.74%	79928
31	部門加總			356400000	288444890		124050510		649120
32									

關鍵檢查

	A	B	C	D	E	F	G	H	I
1	部門名稱	業務姓名	年薪	業績目標	90年業績	業績達成率	毛利	毛利達成率	獎金
2	業務一課								
7	部門加總			347680000	247867390		106593350		505577
8									
9									775親親我
10	業務二課								
15	部門加總			299720000	219769732		94507620		548577

▶ 附件四

報表類型：統計圖，資料來源：【DATA-2】。

1. 選取【DATA-2】表 A1 儲存格，插入 → 樞紐分析表

    設定樞紐分析表為「古典式」，將新工作表更名為【4-1】表

2. 根據附件四報表要求，依序勾選、拖曳欄位如下圖：

3. 新增【4-2】表

    複製【4-1】表 B4:A8 範圍

    貼至【4-2】表 A1 儲存格

    結果如右圖：

4. 選取：A1 儲存格

    插入 → 插入直條圖或橫條圖

    　　選取：立體群組直條圖

    圖表設計 → 移動圖表

    　　選取：新工作表 Chart1

    圖表設計 → 快速版面配置

    　　選取：版面配置 9

5. 在圖表區空白處按右鍵：字型，設定如下：

    英文：Times New Roman，中文：新細明體，12 pt

6. 輸入標題文字：「90年業務部門各課業績分析圖」

    設定字體：新細明體、24 pt、框線、陰影

7. 刪除：圖例、水平座標軸標題

8. 選取：垂直座標軸標題

    輸入：單位[萬新台幣]，設定：14 pt、文字方向 → 文字由下而上排列

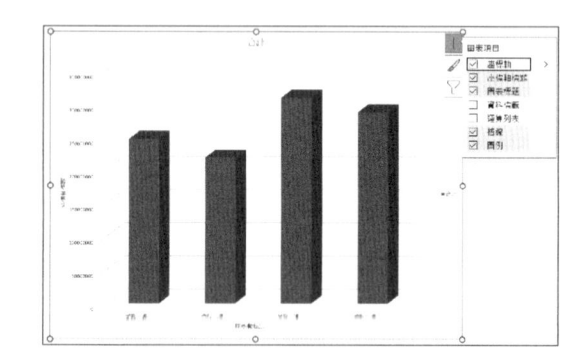

9. 在垂直軸上連點 2 下
   展開：座標軸選項
   最大值：3.0E8
   設定顯示單位：10000
   取消：在圖表上顯示單位標籤
10. 設定背景牆：外框線
    設定底板：填滿（灰色）
    設定圖表區外框線：無框線

11. 點選：＋鈕 → 資料標籤
    連點資料標籤 2 下
    設定數值：小數位數 1 位
    取消：使用千分位
12. 向上拖曳資料標籤位置
    不要與圖形重疊

- 完成結果如右圖：
  （無外框線）

關鍵檢查

- 右圖小數點到著排：
  5207 → 勿餓您妻

▶ 附件五

- 統計圖是附件四統計圖的縮小圖，不須重新繪製。

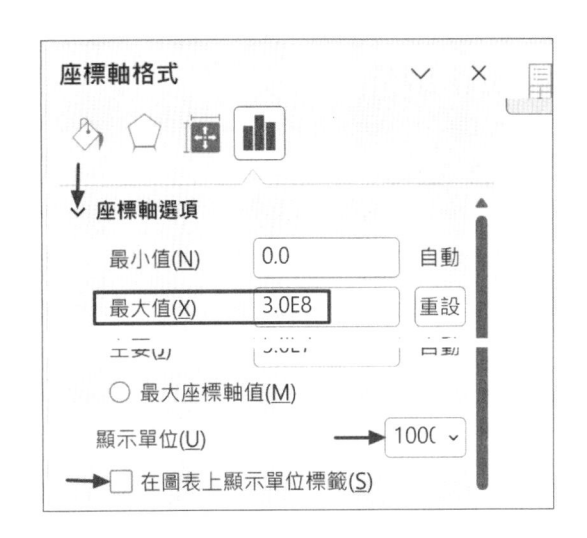

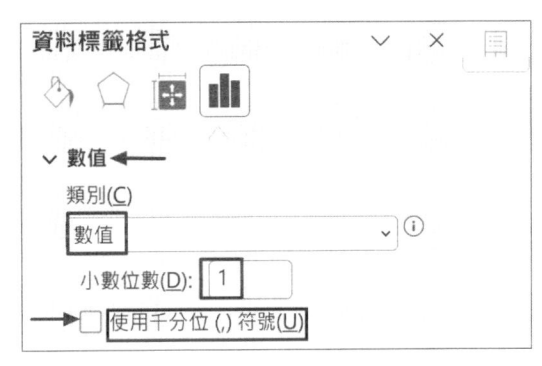

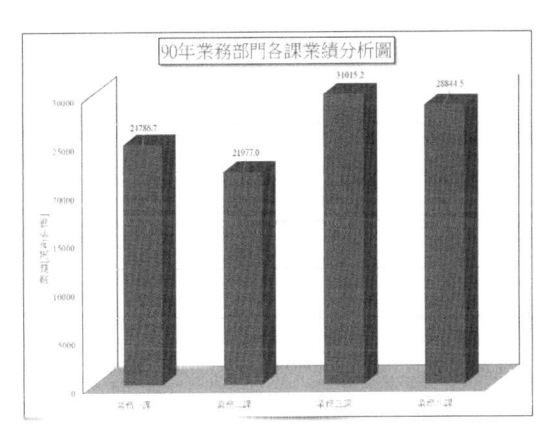

Word 解題

▶ 附件一

1. 複製【DATA-1】表 A101:E108 範圍，貼至〔3-1〕文件，結果如下圖：

2. 按 Ctrl + A：全選，常用 → 字型，設定如下：
   中文字型 → 新細明體、字型 → Times New Roman、字型樣式：標準、12 pt

3. 選取表格，取消：框線，取消：網底
   表格版面配置 → 自動調整 → 自動調整成視窗大小
   設定所有欄位：置中對齊，結果如下圖：

4. 選取：第 1~4 列，按滑鼠右鍵 → 插入 → 插入上方列
   合併第 1 列儲存格，輸入：主標題文字，設定：20 pt、網底
   合併第 3 列儲存格，輸入：副標題文字，設定：16 pt、底線

5. 設定欄位名稱列：下框線 → 2 1/4 pt、單線，結果如下圖：

2-118

▶ 附件二

1. 複製【2-2】表內容，貼至〔3-2〕文件

部門名稱	業務姓名	業績目標	90 年業績	業績達成率	毛利
業務一課	王玉治	86920000	59329290	68.26%	25514060
業務一課	吳美成	86920000	77134650	88.74%	33170560
業務一課	林鳳春	86920000	70161300	80.72%	30170840

2. 按 Ctrl + A：全選，常用 → 字型，設定如下：
   中文字型 → 新細明體、字型 → Times New Roman、字型樣式：標準、12 pt

3. 選取整個表格，取消：框線，取消：網底
   表格版面配置 → 自動調整 → 自動調整成視窗大小
   設定第 2 欄：置中對齊，3~6 欄：靠右對齊，結果如下圖：

部門名稱	業務姓名	業績目標	90 年業績	業績達成率	毛利
業務一課	王玉治	86920000	59329290	68.26%	25514060
業務一課	吳美成	86920000	77134650	88.74%	33170560
業務一課	林鳳春	86920000	70161300	80.72%	30170840

4. 將插入點置於第一列最左邊，按 Enter 鍵（表格上方產生一空白段落）

5. 複製〔3-1〕文件第 1~4 列標題，貼到〔3-3〕文件最上方空白段落上
   刪除標題列下方空白段落

6. 修改副標題文字
   設定欄位名稱列下框線：2 1/4 pt、單線，結果如下圖：

   頂新資訊公司

   90 年業務部門業績匯總報表

部門名稱	業務姓名	業績目標	90 年業績	業績達成率	毛利
業務一課	王玉治	86920000	59329290	68.26%	25514060
業務一課	吳美成	86920000	77134650	88.74%	33170560

7. 設定「總計金額」列：
   上框線：1 1/2 pt、單線，下框線 1 1/2 pt、雙線，網底，結果如下圖：

業務四課	林鵬翔	89100000	82954970	93.10%	35674760
業務四課	郭曜明	89100000	55400550	62.18%	23826550
總計金額			1066234352		458533660

▶ 附件三

1. 複製【3-2】表內容，貼至〔3-3〕文件

部門名稱	業務姓名	年薪	業績目標	90 年業績	業績達成率	毛利	毛利達成率	獎金
業務一課								
	王玉治	430128	86920000	59329290	68.26%	25514060	29.35%	117442
	吳美成	430128	86920000	77134650	88.74%	33170560	38.16%	152678

2. 按 Ctrl + A：全選，常用 → 字型，設定如下：
   中文字型 → 新細明體、字型 → Times New Roman、字型樣式：標準、12 pt

3. 選取整個表格，取消：框線，取消：網底
   表格版面配置 → 自動調整 → 自動調整成視窗大小
   設定文字欄位：靠左對齊、設定數字欄位：靠右對齊，結果如下圖：

部門名稱	業務姓名	年薪	業績目標	90 年業績	業績達成率	毛利	毛利達成率	獎金
業務一課								
	王玉治	430128	86920000	59329290	68.26%	25514060	29.35%	117442
	吳美成	430128	86920000	77134650	88.74%	33170560	38.16%	152678

4. 將插入點置於第一列最左邊，按 Enter 鍵（表格上方產生一空白段落）

5. 複製〔3-1〕文件第 1~4 列標題，貼到〔3-3〕文件最上方空白段落上
   刪除標題列下方空白段落

6. 修改副標題文字
   設定欄位名稱列：上、下框線 → 2 1/4 pt，結果如下圖：

   頂新資訊公司

   90 年業務部門業績獎金報表

部門名稱	業務姓名	年薪	業績目標	90 年業績	業績達成率	毛利	毛利達成率	獎金
業務一課								
	王玉治	430128	86920000	59329290	68.26%	25514060	29.35%	117442

7. 設定 4 個部門加總列：
   上框線 → 1 1/2 pt、單線、下框線 → 1 1/2 pt 雙線、網底，結果如下圖：

業務四課								
	毛渝南	939360	89100000	69012160	77.45%	29679270	33.31%	291013
	李進祿	309000	89100000	81077210	91.00%	34869930	39.14%	112476
	林鵬翔	444960	89100000	82954970	93.10%	35674760	40.04%	165703
	郭曜明	321360	89100000	55400550	62.18%	23826550	26.74%	79928
部門加總			356400000	288444890		124050510		649120

8. 選取表格第 1~5 列，表格版面配置 → 重複標題列
   捲動至第 2 頁檢查，結果如下圖：

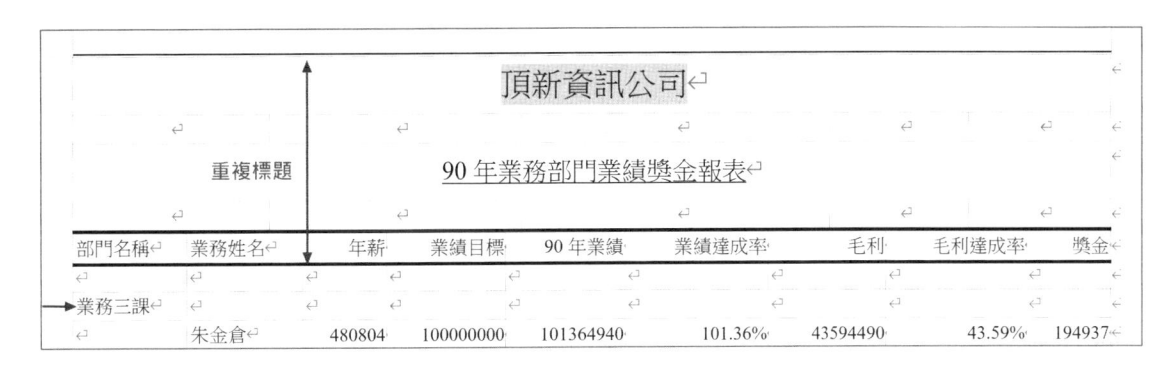

重複標題	頂新資訊公司
	90 年業務部門業績獎金報表

部門名稱	業務姓名	年薪	業績目標	90年業績	業績達成率	毛利	毛利達成率	獎金
業務三課	朱金倉	480804	100000000	101364940	101.36%	43594490	43.59%	194937

▶ 附件四

1. 複製【chart-1】表統計圖
   貼至〔3-4〕文件
2. 向右拖曳圖片右邊線
   → 圖與頁面等寬
   向上拖曳圖片下邊線
   → 圖位於頁面下邊線上方
   結果如右圖：

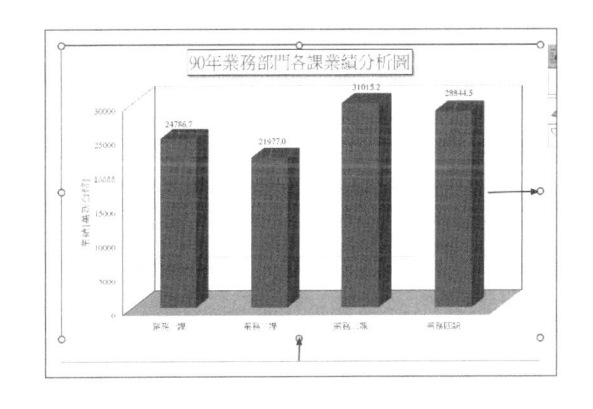

▶ 附件五

- 假設抽到文書檔：YR1.ODT，圖片檔：PIF9.BMP

1. 開啟〔3-5〕文件，匯入 YR1.ODT、刪除多餘段落、內文格式設定
   （請參考：Word 基礎教學）

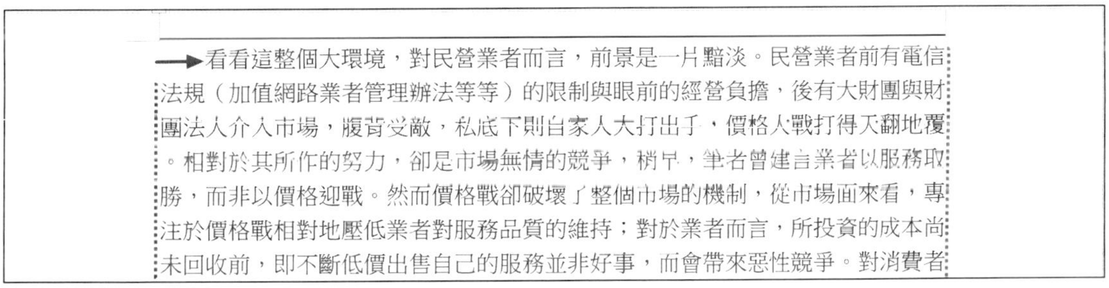

> ➡ 看看這整個大環境，對民營業者而言，前景是一片黯淡。民營業者前有電信法規（加值網路業者管理辦法等等）的限制與眼前的經營負擔，後有大財團與財團法人介入市場，腹背受敵，私底下則自家人大打出手，價格大戰打得天翻地覆。相對於其所作的努力，卻是市場無情的競爭，稍早，筆者曾建言業者以服務取勝，而非以價格迎戰。然而價格戰卻破壞了整個市場的機制，從市場面來看，專注於價格戰相對地壓低業者對服務品質的維持；對於業者而言，所投資的成本尚未回收前，即不斷低價出售自己的服務並非好事，而會帶來惡性競爭。對消費者

2-121

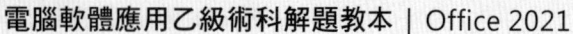

2. 版面配置 → 文字方向 → 垂直
   （文字方向改變，紙張方向也改變）

3. 版面配置 → 方向 → 直向
   結果如右圖：

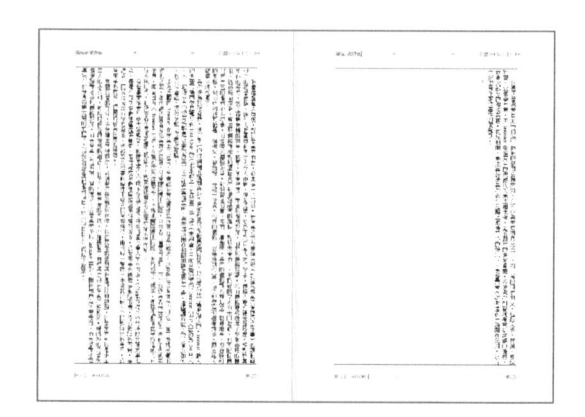

4. 在頁首區域連點 2 下（進入：頁首/頁尾模式）
   插入 → 文字方塊，設定：寬 15cm、高 2cm、無框線、對齊頁面框線正下方
   輸入標題文字，設定：20 pt、斜體、雙底線
   設定字型：中文 → 新細明體、英數 → Times New Roman，結果如下圖：

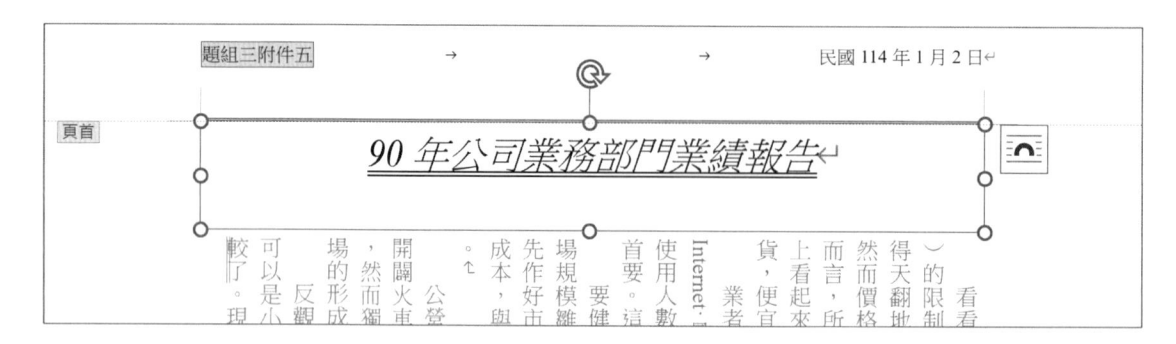

5. 在頁面內任意處連按滑鼠 2 下（回到標準模式）

6. 複製【chart1】表統計圖

   將插入點置於頁面左下方，按滑鼠右鍵 → 貼上選項：圖片

   設定版面配置選項：文繞圖，設定圖片大小：寬 6cm、高 4cm

   調整圖片位置：貼齊頁面右邊界、頁面下邊界

   設定圖片框線：黑色，結果如下圖：

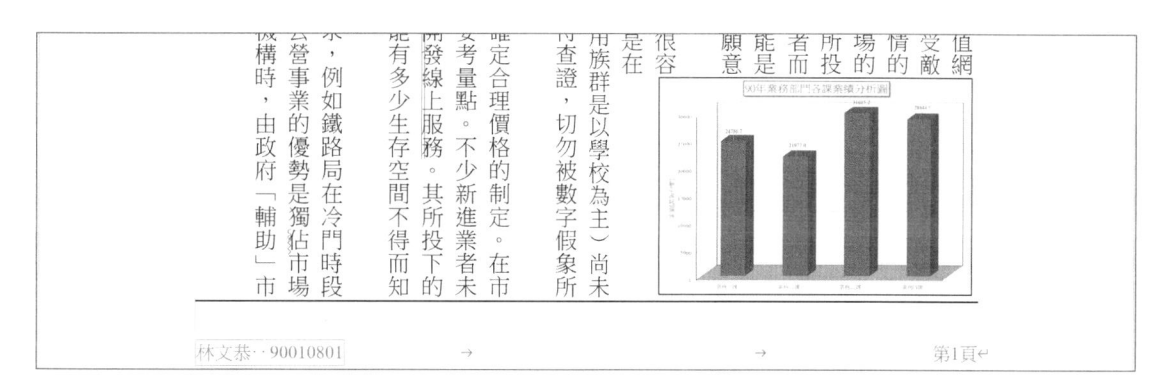

7. 在圖片上按右鍵 → 大小及位置

   文繞圖標籤：

   與上方文字距離：0.5 公分

   與左方文字距離：0.5 公分

   結果如下圖：

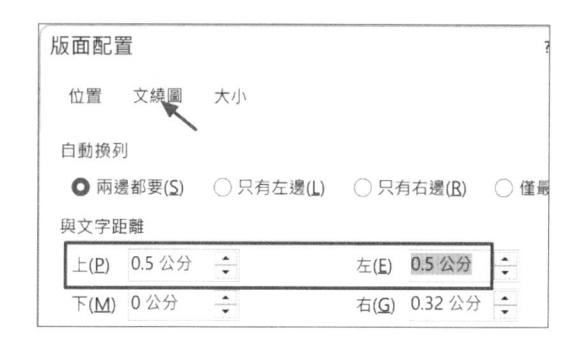

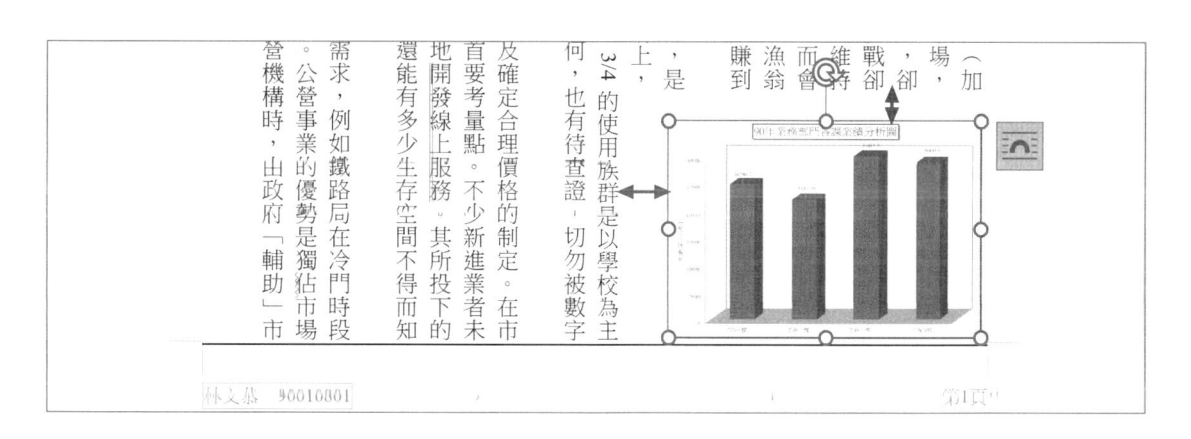

解說

設定圖片與文字距離後，圖片上方明顯與文字產生間距，上方、左方與文字的距離都會 >–0.5cm。

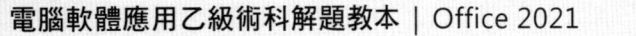

8. 將插入點置於頁面左上方

    插入 → 圖片：C:\...\pif9.bmp

    設定版面配置選項：文繞圖，設定圖片大小：寬 4cm、高 4cm

    調整圖片位置：貼齊頁面左邊界、圖片上緣與段落上緣貼齊

    設定圖片框線：黑色

9. 在圖片上按右鍵 → 大小及位置 → 文繞圖標籤：

    與上方文字距離：0.5 公分、與右方文字距離：0.5 公分，結果如下圖：

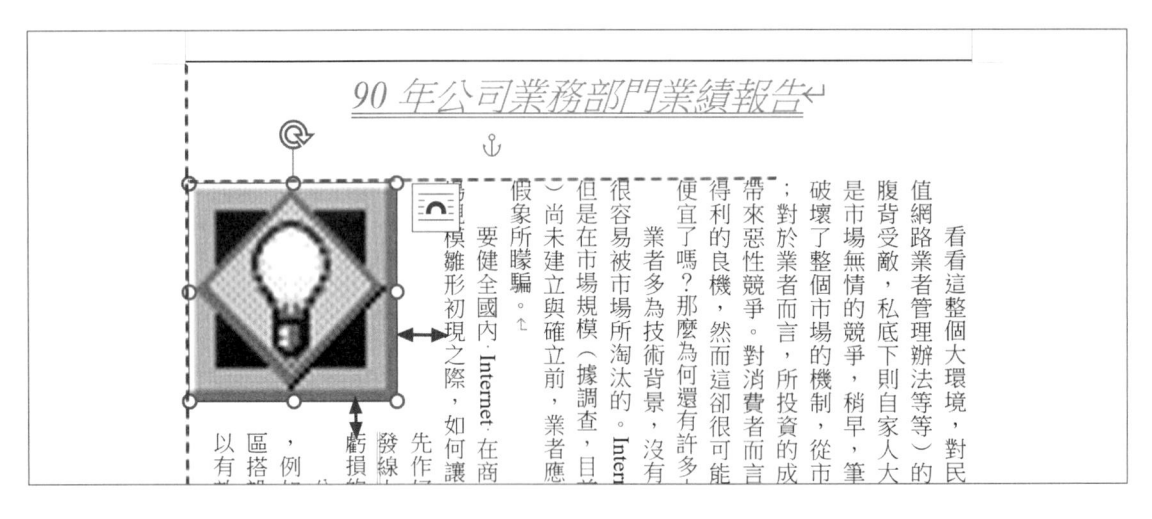

- 完成結果如右圖：

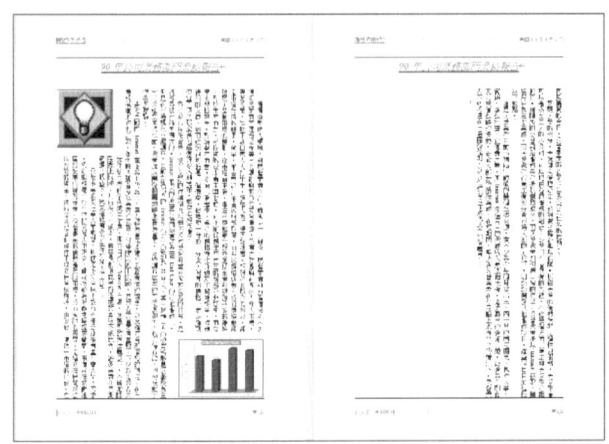

頂新資訊公司

90 年研發經理候選人名單

姓名	現任職稱	部門名稱	年齡	年資
季正杰	資深工程師	維修部	40	13
高鴻烈	程式設計師	資訊部	30	12
施美芳	行政專員	行政部	30	11
張景松	副工程師	研發二課	30	11
陳曉蘭	業務經理	業務一課	40	11
楊銘哲	研發副理	研發三課	30	9
丁組長	助理工程師	維修部	38	8

民國 100 年 05 月 29 日

頂新資訊公司

90 年業務部門業績匯總報表

部門名稱	業務姓名	業績目標	90年業績	業績達成率	達成毛利
業務一課	王玉治	86920000	59329290	68.26%	25514060
業務一課	吳美成	86920000	77134650	88.74%	33170560
業務一課	林鳳春	86920000	70161300	80.72%	30170840
業務一課	陳曉蘭	86920000	41242150	47.45%	17737890
業務二課	向大鵬	74930000	27513690	36.72%	11832440
業務二課	吳國信	74930000	64682552	86.32%	27814650
業務二課	莊國雄	74930000	66217360	88.37%	28476860
業務二課	陳雅賢	74930000	61356130	81.88%	26383670
業務三課	朱金倉	100000000	101364940	101.36%	43594490
業務三課	林玉堂	100000000	55465540	55.47%	23854150
業務三課	張志輝	100000000	49453610	49.45%	21266930
業務三課	謝穎青	100000000	103868250	103.87%	44666610
業務四課	毛渝南	89100000	69012160	77.45%	29679270
業務四課	李進祿	89100000	81077210	91.00%	34869930
業務四課	林鵬翔	89100000	82954970	93.10%	35674760
業務四課	郭曜明	89100000	55400550	62.18%	23826550
總計金額		1403800000	1066234352		458533660

林文恭　90010801

民國 100 年 05 月 29 日

頂新資訊公司

90 年業務部門業績獎金報表

部門名稱	業務姓名	年薪	業績目標	90年業績	業績達成率	達成毛利	毛利達成率	業績獎金
業務一課	王王治	430128	86920000	59329290	68.26%	25514060	29.35%	117442
	吳美成	430128	86920000	77134650	88.74%	33170560	38.16%	152678
	林鳳春	729240	86920000	70161300	80.72%	30170840	34.71%	235457
	陳曉蘭	364620	86920000	41242150	47.45%	17737890	20.41%	0
部門加總			347680000	247867390		106593350		505577
業務二課	向大鵬	289224	74930000	27513690	36.72%	11832440	15.79%	0
	吳國信	457320	74930000	64682552	86.32%	27814650	37.12%	157903
	莊國雄	484512	74930000	66217360	88.37%	28476860	38.00%	171265
	陳雅賢	669912	74930000	61356130	81.88%	26383670	35.21%	219409
部門加總			299720000	219769732		94507620		548577

第 1 頁

林文恭 90010801

民國 100 年 05 月 29 日

頂新資訊公司

90 年業務部門業績獎金報表

部門名稱	業務姓名	年薪	業績目標	90 年業績	業績達成率	達成毛利	毛利達成率	業績獎金
業務三課	朱金倉	480804	100000000	101364940	101.36%	43594490	43.59%	194937
	林玉堂	315180	100000000	55465540	55.47%	23854150	23.85%	0
	張志輝	389340	100000000	49453610	49.45%	21266930	21.27%	0
	謝穎青	302820	100000000	103868250	103.87%	44666610	44.67%	125815
部門加總			400000000	310152340		133382180		320752
業務四課	毛渝南	939360	89100000	69012160	77.45%	29679270	33.31%	291013
	李進祿	309000	89100000	81077210	91.00%	34869930	39.14%	112476
	林鵬翔	444960	89100000	82954970	93.10%	35674760	40.04%	165703
	郭曜明	321360	89100000	55400550	62.18%	23826550	26.74%	79928
部門加總			356400000	288444890		124050510		649120

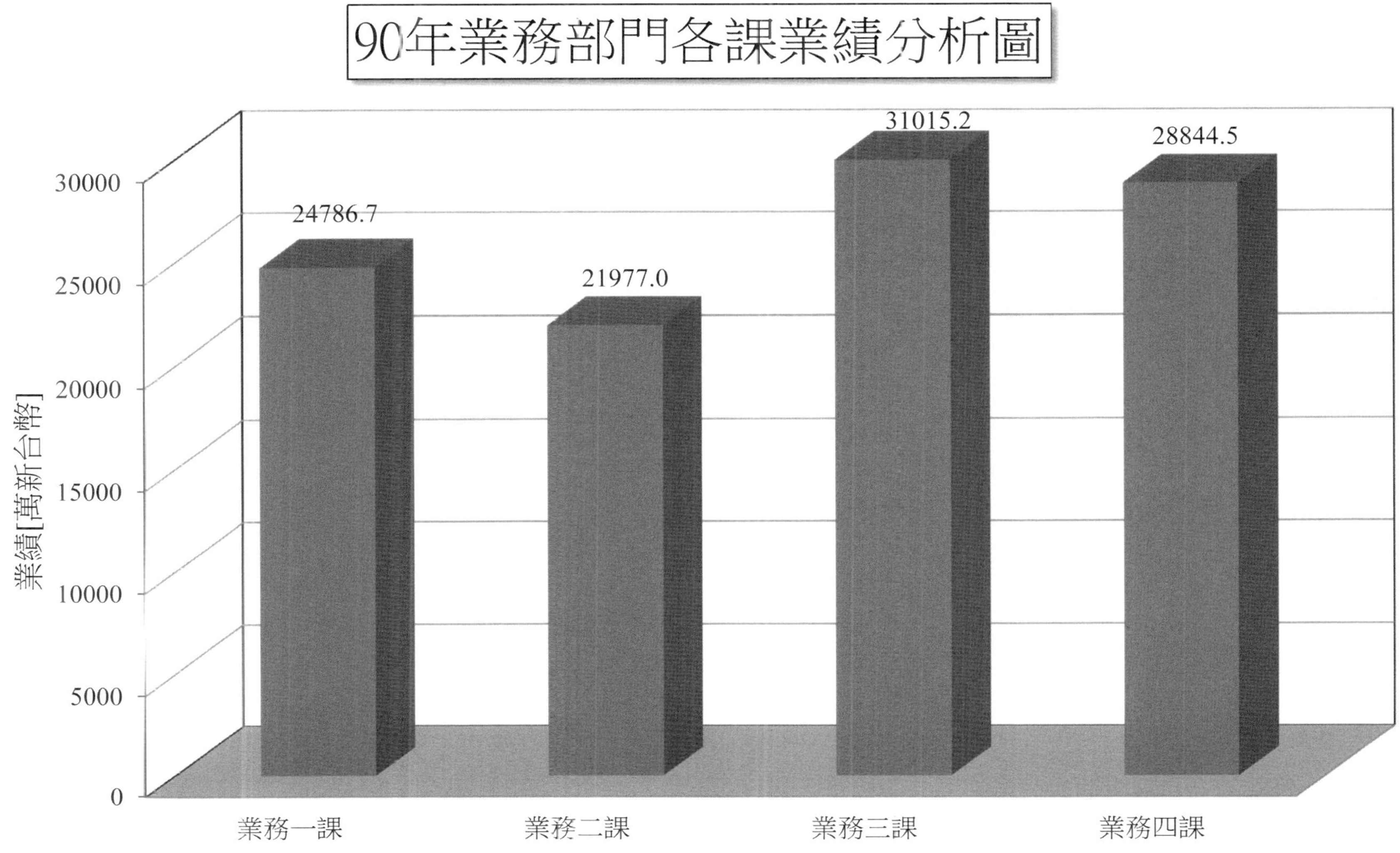

題組三附件四　　　　　　　　　　　　　　　　　　　　　　　　　　民國 100 年 05 月 29 日

90年業務部門各課業績分析圖

業務	業績 [單位:仟元]
業務一課	24786.7
業務二課	21977.0
業務三課	31015.2
業務四課	28844.5

林文恭　90010801　　　　　　　　　　　　　　　　　　　　　　　　　　第 1 頁

90 年公司業務部門業績報告

美國亞利桑納州太陽城西區的一所復健中心，有幾位銀髮族在做韻律操，還有幾位在繞圈子散步或游泳，但是在後面的大房間裡，有三十多位在聽一場有關電腦的演講。這一場演講是由太陽城西區電腦俱樂部主辦的，俱樂部的會員都是退休的銀髮族；六年前剛開始，俱樂部只有兩百名會員，現在已經增加到兩千兩百人。

根據最近的公佈的統計：從一年半以前到現在，美國六十五歲以上的人士購買家用電腦，約佔銀髮族 9%，也就是約六十萬人。這種快速的成長，首次引起了美國個人電腦廠商的注意，認為銀髮族是有潛力的消費群。

退休人士用電腦處理一些什麼工作？為數最多的是處理財務，其次是用好用的文書軟體寫遺囑、研究族譜，以及用 E-mail 跟兒孫們聯絡，少數人還用電腦接收兒孫的相片。此外，當然少不了用電腦做銀髮族彼此之間噓寒問暖的工具。

老人們在選購電腦方面，似乎比較偏愛康柏（Compaq），這可能是因為康柏做了一則電視廣告；兩位老太太在兩家廚房裡通電話找一份菜單，一位說：我把它印給你。另一位回說：你何不用電腦傳給我。而康柏的調查在 1995 年的上半季，買消費型電腦的人士之中，有 11% 是五十五歲以上的人士。台灣的宏碁在美國部門，也注意到銀髮族市場潛力，製作了一些印刷媒體廣告，顯示老人們利用 Internet，享受人際關係樂趣。

其實，美國現在的退休人士，正是第一代使用電腦的人，在他們青壯年代，電腦已經開始進入辦公室，所以，他(她)們對電腦並不陌生，因此，樂於在解甲歸田之後，再嘗試新一代的電腦，也是一種享受人生的好方法。

不過，也不要對銀髮族市場太樂觀，據調查：只有 37% 六十五歲以上的人士表示對電腦和新技術有興趣，這比三十歲到四十九歲的人有 72% 回答有興趣，還是差距蠻大的。此外，男銀髮族又比女銀髮族熱心使用。

分析銀髮族熱愛用電腦的原因可能有：1.Internet 使他們感覺未曾跟外界失去聯絡。2.可以容易渡日。3.左鄰右舍的銀髮族相互鼓勵。4.透過 Internet 可結交更多友人，並可暢所欲言的發表意見。5.幫助記下一些重要的事。6.精神上感到自己退而不休。

這個新掃描器也許並無意於領頭搞什麼無紙化運動，因為辦公室工作者直到今天，仍然

90 年公司業務部門業績報告

習於從電腦上抓出東西來印成文件,但是它至少會對美金 270 億元的掃描器市場造成很大衝擊,也會對影印機形成衝擊(影印機因為有列表機的抗衡,已經走下坡,而以低階用戶為主要對象)。預期在 1997 年,對於這種新掃描器,單是美國就有一百八十萬套的需求;故有些分析家甚至預言,影印機在這個趨勢之下,隨時可能就此消聲匿跡。

惠普一直希望說服有更多人使用它的印表機,它已經在 230 億的印表機市場中,佔據了二分之一的地盤。惠普所以推出新掃描器,主要是看中個人電腦使用者會快速增加,並且隨之而依賴掃描器的比重也將增加。

題組六：試題編號 930206

電腦軟體應用乙級技術士技能檢定術科測試檢定試題

資料檔名稱	檔案名稱	備註
部門主檔	dept.xml	
人事主檔	employee.xml	
銷售主檔一	sales.xml	
銷售主檔二	sales1.xml	
產品主檔	product.xml	
客戶主檔	customer.xml	
文書檔	yr1.odt ~ yr10.odt	第 5 子題用
圖形檔	pif1.bmp ~ pif10.bmp	

【檔案及報表要求】

請利用以上所列之資料庫及檔案，製作 1~5 小題之報表。請依下列要求作答，所有的列印皆設定為：

◎ 文書檔由應檢人員於考試開始前，自 yr1.odt、yr2.odt、yr3.odt、yr4.odt、yr5.odt、yr6.odt、yr7.odt、yr8.odt、yr9.odt、yr10.odt 中抽選一檔案。

◎ 圖形檔由應檢人員於考試開始前，自 pif1.bmp、pif2.bmp、pif3.bmp、pif4.bmp、pif5.bmp、pif6.bmp、pif7.bmp、pif8.bmp、pif9.bmp、pif10.bmp 中抽選一檔案。

△ 紙張設定為 A4 格式，頁面內文之上、下邊界皆為 3 公分，左、右邊界亦為 3 公分。因印表機紙張定位有所不同時，左、右邊界可允許有少許誤差，惟左、右邊界之總和仍為 6 公分。

△ 中文設定為新細明體或細明體字型，英文及數字設定為 Times New Roman 字型，但圖表的標題皆設為新細明體或細明體。

△ 頁首之下與頁尾之上，各以一條 1 點之橫線與本文間相隔，頁首之下的橫線與頁緣距離為 3 公分，頁尾之上的橫線與頁緣距離為 3 公分。並於頁首左邊以 10 點字型加印題組及附件編號，例如「題組六附件一」，且加框線及灰色網底。

◎ 所有列印報表之欄位名稱均須橫列並列印於同一頁、同一列上。

◎ 報表內容，應依試題要求作答，不得自行加入無關的資料。

1、請製作一份「頂新資訊公司近三年業務報表」。

(本題答案所要求的報表格式請參考「題組六附件一」之參考範例)

題組六

- 紙張設定為直式。
- 近三年是指民國 90 年、91 年、92 年。
- 年度「交易」＝產品「單價」× 產品「數量」。
- 相同的業務姓名及客戶寶號，應先加總成一筆資料。
- 資料內容依「業務姓名」、再依「客戶寶號」順序遞增排序。
- 若年度沒有交易，則以「無交易」表示。
- 近三年完全沒有交易之業務員，不需列印。
- 報表最後再計算 90 年交易、91 年交易、及 92 年交易之總計金額。
- ▲ 報表標題「頂新資訊公司近三年業務報表」。
- ▲ 報表欄位「業務姓名、客戶寶號、90 年交易、91 年交易、92 年交易」。
- ※ 每一頁報表均需有標題及欄位名稱，標題為 16 點字型，置中對齊，並加單線橫線。
- ※ 報表欄位，上下均標以一條 2 1/4 點之橫線，且欄位與欄位之間最少以一個空白間隔之。
- ※ 「業務姓名」及「客戶寶號」二欄靠左對齊，「90 年交易」、「91 年交易」及「92 年交易」三欄則靠右對齊。
- ※ 各年度交易金額數字，每三位加一個逗號，例如：9,999,999。
- ※ 報表最後之「總計金額」列，以二列空白與原資料間隔。「總計金額」字樣靠左對齊，「總計金額」之數字則靠右並分別與該年度交易欄位對齊，且在下方加一條 2 1/4 的橫線。
- ※ 在每頁頁首右側以 10 點字型加入測驗當天日期及星期，格式如「民國一○○年十二月三十一日星期六」。
- ※ 在每頁頁尾左側加入您的姓名及准考證號碼，中間以一個空白間隔，右側為「第 x 頁」，如「第 1 頁」，且均為 10 點字型。

2、製作一份「頂新資訊公司優良業務員報表」。
(本題答案所要求的報表格式請參考「題組六附件二」之參考範例)

- 紙張設定為直式。
- 年度「交易」＝產品「單價」× 產品「數量」。
- 資料內容依「業務姓名」順序遞增排序。
- 90-91 年成長 ＝ (91 年交易 － 90 年交易) ÷ 90 年交易。
- 91-92 年成長 ＝ (92 年交易 － 91 年交易) ÷ 91 年交易。
- 年度成長以百分比列出，計算至小數點第二位，並將第三位四捨五入。

題組六

- 列出連續二年成長皆大於 0.00%的資料，有任一年度未交易者，不列入計算。
- ▲ 報表標題「頂新資訊公司優良業務員報表」。
- ▲ 報表欄位「業務姓名、90 年交易、91 年交易、92 年交易、90-91 年成長、91-92 年成長」。
- ※ 每一頁報表均需有標題，標題為 16 點字型，置中對齊，並加單線橫線。
- ※ 報表欄位，上下均標以一條 2 1/4 點之橫線表示，且欄位與欄位之間最少以一個空白間隔之。
- ※ 每個欄位皆以「置中對齊」方式對齊。
- ※ 每一筆資料，以一個空白列間隔。
- ※ 年度交易金額，數字每三位加一個逗號，例如：9,999,999。
- ※ 頁首右側以 10 點字型加入測驗當天日期及星期，格式如「民國一〇〇年十二月三十一日星期六」。
- ※ 頁尾左側加入您的姓名及准考證號碼，中間以一個空白間隔，右側為「第 x 頁」，如「第 1 頁」，且均為 10 點字型。

3、製作一份「頂新資訊公司近三年業績比例圖」。
(本題答案所要求的報表格式請參考「題組六附件三」之參考範例)

- 紙張設定為橫式。
- 圖表格式為「立體圓形圖」。
- 資料順序依「業務一課」「業務二課」「業務三課」「業務四課」順序排列，並計算各課所佔之百分比，計算至小數二位，第三位四捨五入。
- 業績為近三年(民國 90 年、91 年、92 年)之交易總和。
- 年度「交易」 = 產品「單價」 × 產品「數量」。
- ▲ 每一課之資料標籤必須有「課別」及「百分比」二組資料。
- ▲ 圖表標題為「頂新資訊公司近三年業績比例圖」
- ※ 圖表標題為 18 點字型，並加細外框及陰影。
- ※ 將佔比例最多的業務課別，單獨分離。
- ※ 資料標籤格式為 16 點，並置於所屬課別之內。
- ※ 不要顯示圖例。
- ※ 圖表外加一粗框。
- ※ 在每頁頁首右側以 10 點字型加入測驗當天日期及星期，格式如「民國一〇〇年十二月三十一日星期六」。

> 題組六

- ※ 在每頁頁尾左側加入您的姓名及准考證號碼，中間以一個空白間隔。右側為「第 x 頁」，如「第 1 頁」，且均為 10 點字型。

4、製作一份「頂新資訊公司業績統計表」。

(本題答案所要求的報表格式請參考「題組六附件四」之參考範例)

- ● 紙張設定為直式。
- ● 資料內容依「交易年」順序遞增排序。交易年為 88 年、89 年、90 年。
- ● 在交易年下方加一總計列，分別計算各課三年的交易總和及公司全部的總計金額。
- ▲ 報表標題「頂新資訊公司業績統計表」。
- ▲ 報表欄位「交易年、業務一課、業務二課、業務三課、業務四課、總計」。
- ▲ 在交易年最下方加列「總計」二字。
- ※ 每一頁報表均有標題，標題為 18 點字型，置中對齊，並加單線橫線。
- ※ 報表欄位，上下均標以一條 2 1/4 點之橫線，且欄位與欄位之間最少以一個空白間隔。
- ※ 交易金額及總計數字，每三位加一個逗號，例如：9,999,999。
- ※ 報表中各欄位皆以「置中對齊」方式列印。
- ※ 報表最後之「總計」列在上方加一條 2 1/4 的橫線。
- ※ 在每頁頁首右側以 10 點字型加入測驗當天日期及星期，格式如「民國一〇〇年十二月三十一日星期六」。
- ※ 在每頁頁尾左側加入您的姓名及准考證號碼，中間以一個空白間隔。右側為「第 x 頁」，如「第 1 頁」，且均為 10 點字型。

5、製作一份「頂新資訊公司員工進修心得報告」。

(本題答案所要求的報表格式，請參考「題組六附件五」之參考範例)

- ● 紙張設定為直式。
- ● 讀取文書檔，分成三欄，其中欄間距為 0.5 公分，直書排列，文件左右對齊。
- ● 圖形嵌入在第二欄中央，對齊欄高，且左右各有七行資料。
- ▲ 報表標題為「頂新資訊公司員工進修心得報告」。
- ※ 報表標題下方，輸入「報告人：ＸＸＸ」，其中「ＸＸＸ」為您的姓名。
- ※ 報表標題為 18 點字型、斜體字，置中對齊。
- ※ 報表標題下方「報告人：ＸＸＸ」以 12 點斜體字型，靠右對齊。

題組六

※ 報表內文，距文件上方 5 公分。
※ 每段落開始縮排兩個中文字元。
※ 圖形需加細框。
※ 在每頁頁首右側以 10 點字型，加入測驗當天日期及星期，格式如「民國一○○年十二月三十一日星期六」，表示。
※ 在每頁頁尾左側加入您的姓名及准考證號碼，中間以一個空白間隔。右側為「第 x 頁」，如「第 1 頁」，且均為 10 點字型。

題組六附件一   民國一○○年十二月三十一日星期六

頂新資訊公司近三年業務報表

業務姓名	客戶寶號	90年交易	91年交易	92年交易
毛渝南	中友開發建設股份有限公司	無交易	9,120,000	10,640,000
毛渝南	台中精機廠股份有限公司	8,608,000	無交易	無交易
毛渝南	永光壓鑄企業公司	15,416,000	15,600,000	31,200,000
毛渝南	永輝興電機工業股份有限公司	6,750,000	2,640,000	3,520,000
王玉治	洽興金屬工業股份有限公司	8,600,000	16,200,000	17,550,000
王玉治	家鄉事業股份有限公司	無交易	3,296,000	7,004,000
王玉治	雅企科技(股)	1,236,000	3,696,000	1,452,000
王玉治	溪泉電器工廠股份有限公司	21,687,000	5,460,000	1,365,000
向大鵬	太平洋汽門工業股份有限公司	1,092,000	1,306,500	2,340,000
向大鵬	國光血清疫苗製造股份有限公司	20,997,000	6,921,600	4,120,000
向大鵬	垷代農牧股份有限公司	14,415,000	無交易	無交易
向人鵬	諾貝爾生物有限公司	無交易	2,420,000	3,190,000
朱金倉	九和汽車股份有限公司	無交易	23,650,000	27,520,000
朱金倉	大喬機械公司	33,840,000	3,520,000	2,200,000
朱金倉	佳樂電子股份有限公司	5,200,000	1,092,000	1,248,000
朱金倉	國豐電線工廠股份有限公司	7,095,000	4,680,000	2,808,000
吳美成	比力機械工業股份有限公司	7,380,000	31,175,000	45,150,000
吳美成	原帥電機股份有限公司	13,935,000	3,432,000	2,262,000
吳美成	新益機械工廠股份有限公司	2,025,000	5,390,000	6,160,000
吳美成	諾貝爾生物有限公司	936,000	無交易	無交易
吳國信	昆信機械工業股份有限公司	無交易	4,738,000	3,708,000
吳國信	真正精機股份有限公司	3,960,000	6,080,000	30,096,000
吳國信	楓原設計公司	12,300,000	2,808,000	1,404,000
吳國信	漢寶農畜產企業股份有限公司	2,256,000	1,716,000	1,482,000
李進祿	台灣保谷光學股份有限公司	4,030,000	1,760,000	3,300,000
李進祿	菱生精密工業股份有限公司	無交易	7,488,000	7,020,000
李進祿	集上科技股份有限公司	47,006,000	35,770,000	58,400,000
林玉堂	九華營造工程股份有限公司	9,880,000	15,840,000	6,930,000
林玉堂	金泰成粉廠股份有限公司	15,140,000	無交易	無交易
林玉堂	麥柏股份有限公司	無交易	3,960,000	7,920,000
林玉堂	善品精機股份有限公司	31,020,000	1,980,000	2,200,000
林鳳春	羽田機械股份有限公司	17,184,000	無交易	無交易
林鳳春	欣中天然氣股份有限公司	39,480,000	25,550,000	21,900,000
林鳳春	長生營造股份有限公司	無交易	1,404,000	1,404,000
林鵬翔	台灣勝家實業股份有限公司	2,047,500	無交易	無交易

李國強　90010801

題組六附件一   民國一○○年十二月三十一日星期六

頂新資訊公司近三年業務報表

業務姓名	客戶寶號	90年交易	91年交易	92年交易
林鵬翔	長生營造股份有限公司	39,140,000	無交易	無交易
林鵬翔	英業達股份有限公司	14,600,000	無交易	無交易
林鵬翔	強安鋼架工程股份有限公司	無交易	3,850,000	4,812,500
林鵬翔	豐興鋼鐵(股)公司	234,000	29,200,000	62,050,000
張志輝	日南紡織股份有限公司	9,424,000	無交易	無交易
張志輝	亞智股份有限公司	3,344,000	2,884,000	2,884,000
張志輝	東陽實業(股)公司	16,074,000	無交易	無交易
張志輝	東興振業股份有限公司	29,664,000	3,696,000	1,716,000
莊國雄	天源義記機械股份有限公司	1,890,000	4,212,000	8,424,000
莊國雄	四維企業(股)公司	10,944,000	3,217,500	2,772,000
莊國雄	新寶纖維股份有限公司	13,950,000	3,564,000	2,156,000
莊國雄	詮讚興業公司	24,534,000	32,960,000	70,040,000
郭曜明	中衛聯合開發公司	18,128,000	無交易	無交易
郭曜明	正五傑機械股份有限公司	29,610,000	17,050,000	23,250,000
郭曜明	鐶琪塑膠股份有限公司	15,252,000	7,956,000	4,680,000
陳雅賢	台灣航空電子股份有限公司	3,510,000	3,850,000	3,465,000
陳雅賢	台灣釜屋電機股份有限公司	無交易	16,920,000	20,680,000
陳雅賢	台灣製罐工業股份有限公司	842,400	21,500,000	15,050,000
陳雅賢	有萬貿易股份有限公司	無交易	2,760,400	6,592,000
陳雅賢	科隆實業股份有限公司	28,236,000	無交易	無交易
陳曉蘭	百容電子股份有限公司	無交易	12,400,000	13,950,000
陳曉蘭	東陽實業(股)公司	7,800,000	無交易	無交易
陳曉蘭	喬福機械工業股份有限公司	4,532,000	1,980,000	2,420,000
陳曉蘭	詮讚興業公司	2,117,500	無交易	無交易
陳曉蘭	遠東氣體工業股份有限公司	無交易	1,365,000	2,925,000
謝穎青	金興鋼鐵股份有限公司	2,244,000	3,476,000	2,200,000
謝穎青	科隆實業股份有限公司	無交易	10,640,000	13,680,000
謝穎青	惠亞工程股份有限公司	13,846,000	無交易	無交易
謝穎青	達亞汽車股份有限公司	1,840,800	23,650,000	19,350,000
總計金額		645,272,200	455,824,000	598,589,500

李國強　90010801

頂新資訊公司優良業務員報表

業務姓名	90 年交易	91 年交易	92 年交易	90-91 年成長	91-92 年成長
吳美成	24,276,000	39,997,000	53,572,000	64.76%	33.94%
陳雅賢	32,588,400	45,030,400	45,787,000	38.18%	1.68%
陳曉蘭	14,449,500	15,745,000	19,295,000	8.97%	22.55%

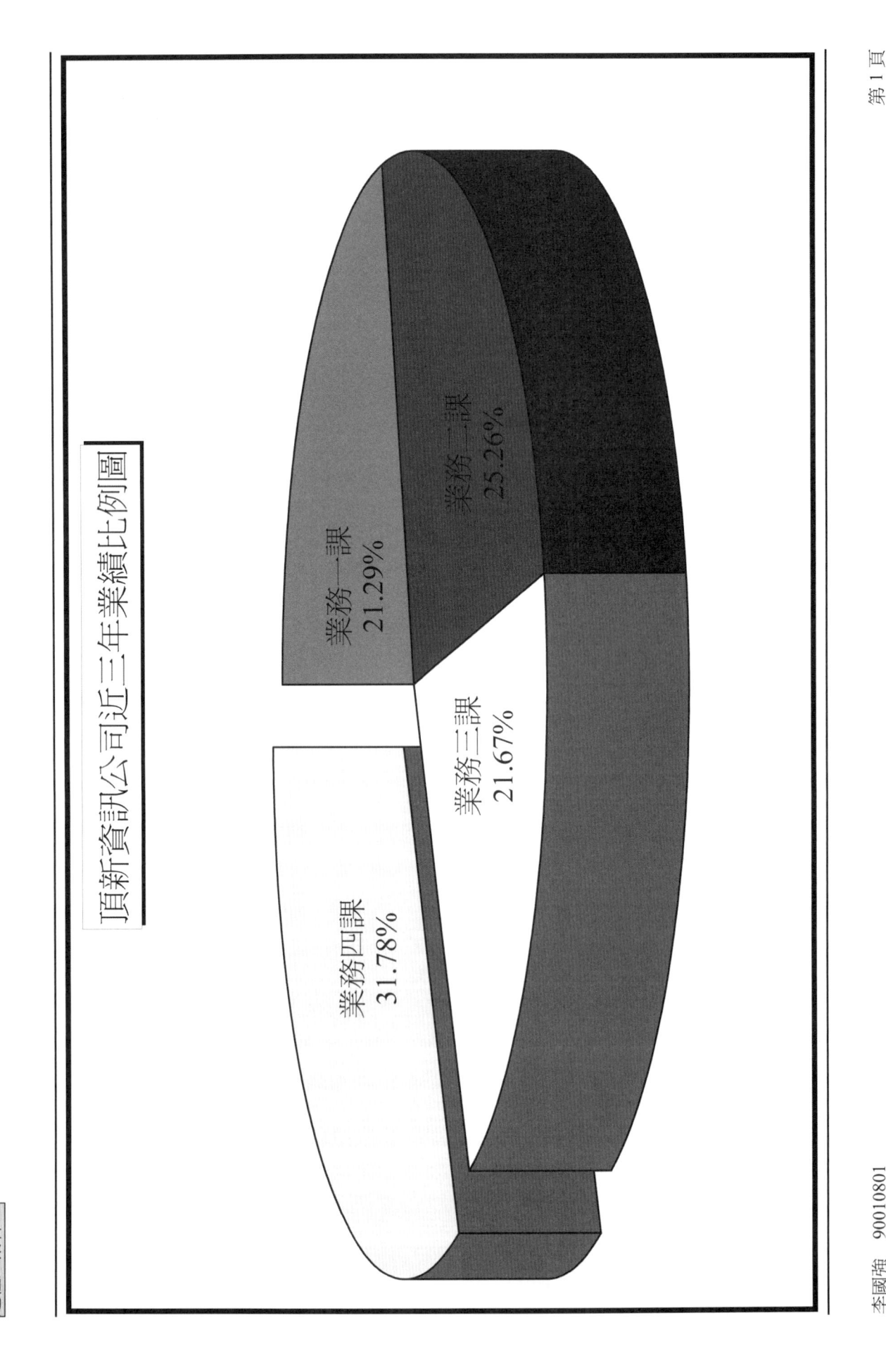

頂新資訊公司近三年業績比例圖

- 業務一課 21.29%
- 業務二課 25.26%
- 業務三課 21.67%
- 業務四課 31.78%

題組六附件四　　　　　　　　　　　　　　　　民國一〇〇年十二月三十一日星期六

頂新資訊公司業績統計表

交易年	業務一課	業務二課	業務三課	業務四課	總計
88	173,872,000	211,870,300	258,957,600	285,445,000	930,144,900
89	235,348,000	158,574,400	195,114,800	254,821,000	843,858,200
90	126,912,500	138,926,400	178,611,800	200,821,500	645,272,200
總計	536,132,500	509,371,100	632,684,200	741,087,500	2,419,275,300

李國強　90010801

頂新資訊公司員工進修心得報告

報告人：李國強

今日網路之所以能如此的普及，網路產品、技術的發展功不可沒；而在產品和技術的發展過程中，路由器即扮演著非常重要的角色。本文便以網路的發展趨勢、技術和市場需求等因素，來探討路由器在網路規劃、應用上的定位和變革。

由於較大型網路的規劃必須考慮到資料傳輸效率的問題，所以在規劃時必須將網路切割成多個子網路，稱為網際網路。橋接器是最早被採用於規劃網際網路的連線設備，也是連接多個區域網路成大型網路最經濟、最簡單的方法。然而在運作上橋接器卻有許多的缺點，如必須記憶大量工作站的 MAC 層位址，且須不斷地更新，易造成所謂的廣播風暴（Broadcast Storm）；不能形成迴路以致不能規劃擁有專屬頻寬傳輸資料的能力，並且能在共用頻寬的模式，它提供二個工作站之間，在安裝成本上也比橋接器和路由器低。

交換式乙太網路的資料傳輸不再是封包的轉送效率卻比橋接器和路由器快，運作完全無關。但是 EtherSwitch 對資料透通（Transparent）的方式，與工作站的接器非常類似，均是採自學（Learning）、

EtherSwitch 建立位址表的方式和橋表以達成工作站與工作站間的連線。據所撥接的電話號碼，交換式乙太網路則是根據資料鏈結層的 MAC 子層位址（Media Access Control Address）來辨識，所以交換式乙太網路設備（以下簡稱 EtherSwitch）必須建立自己的 MAC 位址表以了解所有工作站的位置，再根據位址升。電話交換機建立兩具電話的連線係根，但整體的網路傳輸效能卻能有很大的提線，那麼即使網路的傳輸速率並沒有提的通訊方式，同時建立多對工作站間的連由於交換式乙太網路能建立並行式間內建立多對電話的連接、交談。

對於廣域網路的連線有項功能是很重要的，那就是撥接備援。撥接備援（Dial Back-up）能力。撥接備援可以在當主要幹線中斷時自動撥接備援線路，使網路連線不致中斷。另也可在主要幹線資料流量壅塞時自動撥接備援線路，以分擔資料的傳輸流量。撥接備援的線路可選擇如 ISDN、X.25 或電話線路等。

線路的備援：無法劃分網路層位址，如 IP、IPX 等。在對遠端網路連線時，這些缺點常造成頻寬的浪費。

同一時間內建立起多對工作站之間的連線，各自擁有專屬的頻寬來傳送資料。觀念上就好比電話交換機系統能在同一時間內建立起多對電話交換的連線。

表1為三者的比較表。

李國強　90010801　　　　　　　　　　　　　　　　第1頁

在網際網路的連線上,路由器取代了橋接器而成為主要的連線設備。近年來漸漸的路由器已被規劃於作遠端的連線,或必須作 IP 位址劃分的網路上。圖 2 和圖 3 是目前規劃上最常見的兩種架構。EtherSwitch 的出現,以其安裝成本低、安裝維護容易、傳輸效率高等優點漸漸而取代了路由器在網際網路的地位。

題組六 術科解題

Word 附件製作

- 根據「題組六附件一」樣式建立標準範本：〔6-1〕文件
  完成：版面配置、頁首頁尾、頁面框線設定
- 將〔6-1〕文件另存為：6-2、6-3、6-4、6-5，並逐一修改
  （請參考：Word 基礎教學）

Access 解題

建立資料庫、匯入資料表

1. 建立資料庫 NO6
2. 匯入考題要求 6 張資料表
   結果如右圖：
   （請參考：Access 基礎教學）

更改資料屬性

1. 更改 PRODUCT 資料表
   欄位：單價
   資料類型：數字

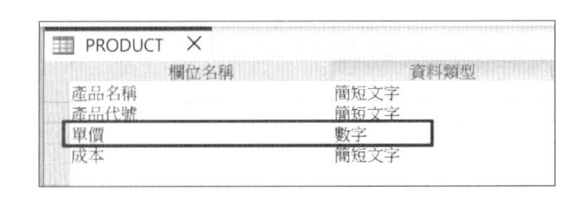

> **解說**
>
> 所有附件均未使用到「成本」欄位。

2. 更改 SALES 資料表
   欄位：數量、交易年
   資料類型：數字

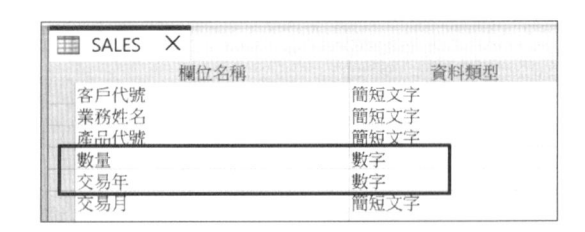

3. 更改 SALES1 資料表
   欄位：數量_91 年、數量_92 年
   資料類型：數字

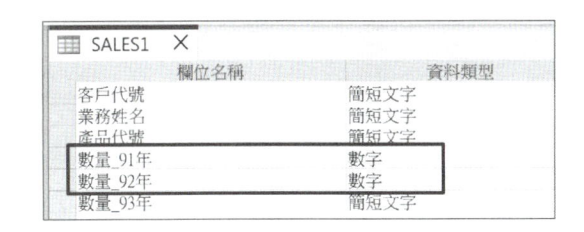

> **解說**
>
> 所有附件均未使用到「數量_93 年」欄位。

解題分析

題組六有 2 個特色：

最簡單： 報表格式單純，計算欄位無特殊要求。

代表性： Sales、Sale1 為 2 份「資料結構」不同的交易主檔，分別儲存不同年份資料，必須進行資料整合成為單一檔案，解題程序才會單純。

建立查詢：DATA-88-90

本查詢只處理 Sales 資料表所儲存的 88、89、90 年資料。

1. 建立 → 查詢設計
   選取檔案：CUSTOMER、DEPT、EMPLOYEE、PRODUCT、SALES
2. 拖曳排列資料表由左至右位置：DESCPQ（本題沒有 Q：業績目標）
3. 由左至右建立資料表關聯，結果如下圖：

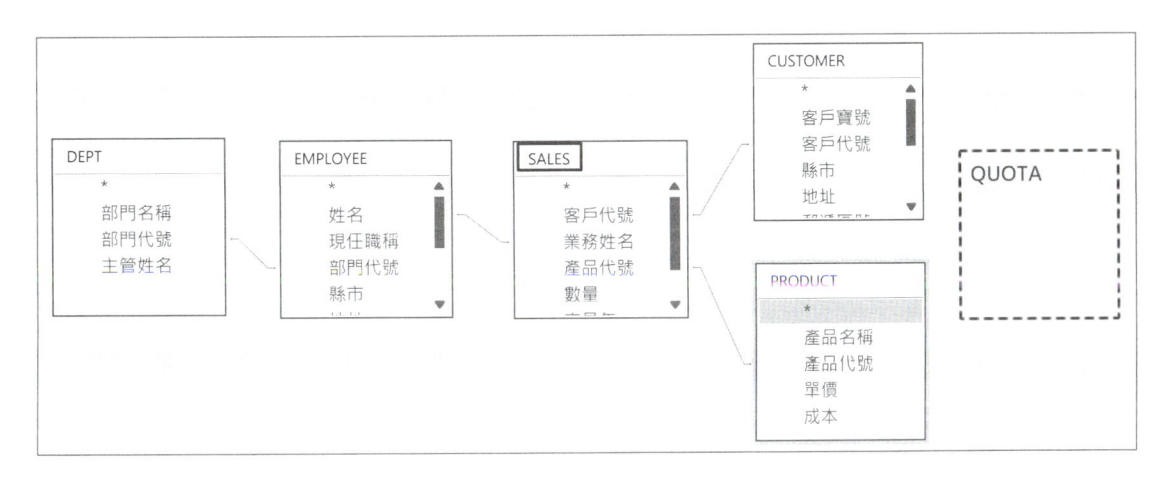

- 附件一報表欄位分析，如下圖：

業務姓名	客戶寶號	90 年交易	91 年交易	92 年交易
欄位	欄位	欄位		
			SALES1	SALES1

解說

91、92 年交易資料儲存於 SALES1 資料表，將在 DATA-91、DATA-92 查詢進行處理。

1. 建立欄位：「業務姓名」、「客戶寶號」、「交易年」
2. 建立運算式：「交易:數量*單價」，結果如下圖：

欄位:	業務姓名	客戶寶號	交易年	交易:[數量]*[單價]		
資料表:	SALES	CUSTOMER	SALES			
排序:						
顯示:	✓	✓	✓	✓	☐	☐
準則:						
或:						

- 附件二報表欄位分析，如下圖：
  （不須新增任何欄位）

業務姓名	90 年交易	91 年交易	92 年交易	90-91 年成長	91-92 年成長
重複	重複	Sales1	Sales1	計算	計算

- 附件三報表為統計圖，如右：
    - 需要的是各「部門」業績

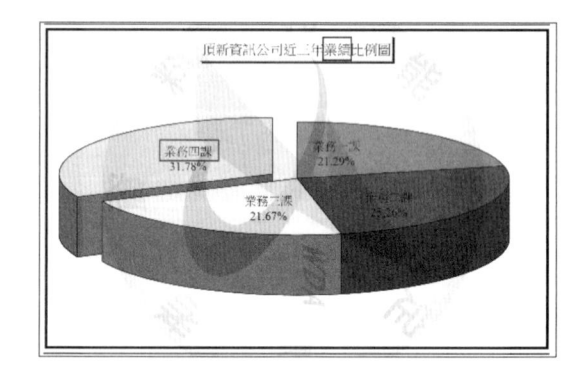

3. 新增欄位：「部門名稱」，如下圖：

欄位:	業務姓名	客戶寶號	交易年	交易:[數量]*[單價]	部門名稱	
資料表:	SALES	CUSTOMER	SALES		DEPT	
排序:						
顯示:	✓	✓	✓	✓	✓	☐
準則:						
或:						

- 附件四報表欄位分析，如下圖：
  （不須增加任何欄位）

交易年	業務一課	業務二課	業務三課	業務四課	總計
重複	重複	重複	重複	重複	計算

4. 按存檔鈕，檔案名稱：DATA-88-90

   常用 → 檢視 → 資料工作表檢視，共得資料 251 筆

業務姓名	客戶寶號	交易年	交易	部門名稱
毛渝南	九和汽車股份有限	90	7732800	業務四課
毛渝南	九和汽車股份有限	89	4180970	業務四課
毛渝南	九和汽車股份有限	90	7732800	業務四課
毛渝南	九和汽車股份有限	90	4180970	業務四課

   記錄：251之1

建立查詢：DATA-91

本查詢只處理 Sales1 資料表所儲存的 91 年交易。

1. 建立 → 查詢設計

   選取檔案：CUSTOMER、DEPT、EMPLOYEE、PRODUCT、SALES1

2. 拖曳排列資料表由左至右位置：DESCPQ（本題沒有 Q：業績目標）

3. 由左至右建立資料表關聯，結果如下圖：

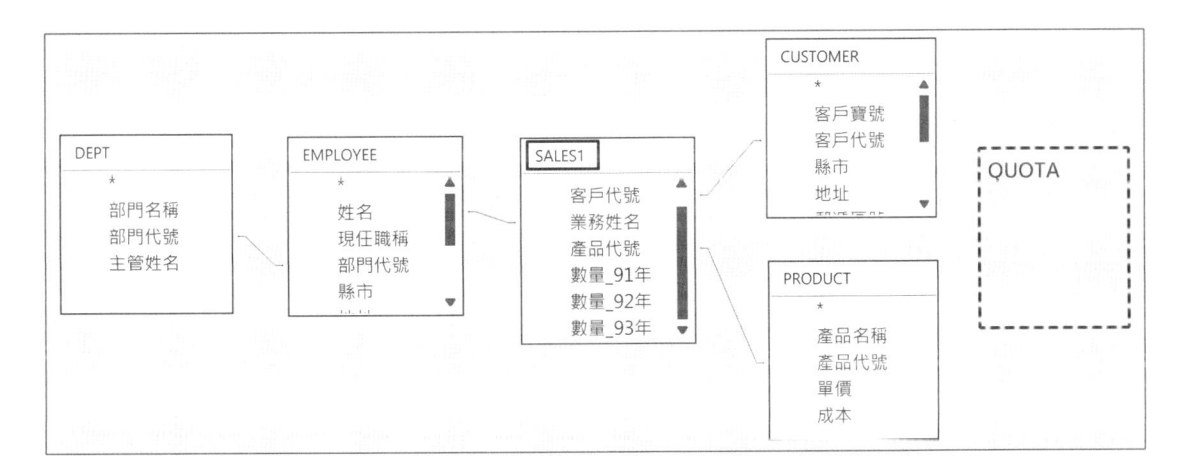

- 本查詢資料要與 DATA-88-90 所產生資料進行整合，因此資料格式必須一致

  DATA-88-90 查詢欄位如下圖：

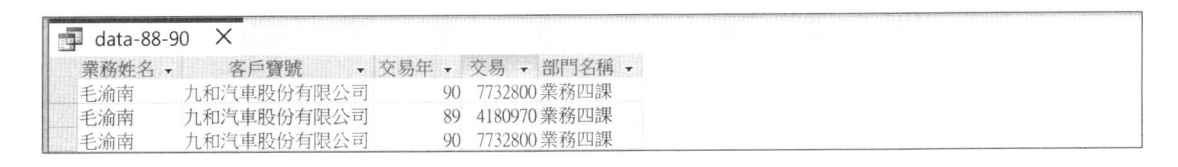

業務姓名	客戶寶號	交易年	交易	部門名稱
毛渝南	九和汽車股份有限公司	90	7732800	業務四課
毛渝南	九和汽車股份有限公司	89	4180970	業務四課
毛渝南	九和汽車股份有限公司	90	7732800	業務四課

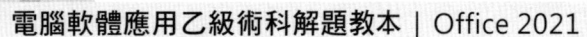

1. 建立欄位：「業務姓名」、「客戶寶號」
2. 建立運算式：「交易年:91」、「交易:數量_91年*單價」
3. 建立欄位「部門名稱」，結果如下圖：

欄位:	業務姓名	客戶寶號	交易年: 91	交易: [數量_91年]*[單價]	部門名稱
資料表:	SALES	CUSTOMER			DEPT
排序:					
顯示:	✓	✓	✓	✓	✓
準則:					
或:					

解說

由於「交易」欄位公式採用的是[數量_91年]，因此「交易年」欄位的值為91。

4. 按存檔鈕，檔案名稱：DATA-91

   常用 → 檢視 → 資料工作表檢視，共得資料 49 筆

解說

DATA-91 資料結構與 DATA-88-90 完全一致。

建立查詢：DATA-92

● 只需針對 DATA-91 查詢進行修改，即可得到 92 年資料，不須重新建立查詢。

建立欄位

1. 在 DATA-91 查詢上按右鍵 → 複製，在查詢下方按右鍵 → 貼上

   更改「DATA-91 的副本」為「DATA-92」

2. 開啟 DATA-92 查詢

3. 編輯欄位：「交易年」，將 91 改為 92

   編輯欄位：「交易」，將「數量_91年」改為「數量_92年」，如下圖：

欄位:	業務姓名	客戶寶號	交易年: 92	交易: [數量_92年]*[單價]	部門名稱
資料表:	SALES1	CUSTOMER			DEPT
排序:					
顯示:	✓	✓	✓	✓	✓
準則:					
或:					

2-148

> **解說**
>
> 由於「交易」欄位公式採用的是[數量_92年]，因此「交易年」欄位的值為92。

4. 按存檔鈕，檔案名稱：DATA-92
   常用 → 檢視 → 資料工作表檢視，共得資料49筆

Excel 解題

將 Access 資料複製到 Excel

1. 更改【工作表1】表為【DATA-1】表
2. 將 DATA-88-90 查詢拖曳
   至【DATA-1】表 A1 儲存格

3. 將 DATA-91 查詢拖曳
   至【DATA-1】表 A253 儲存格
   刪除第 253 列（欄位名稱）

4. 將 DATA-92 查詢拖曳
   至【DATA-1】表 A302 儲存格
   刪除第 302 列（欄位名稱）

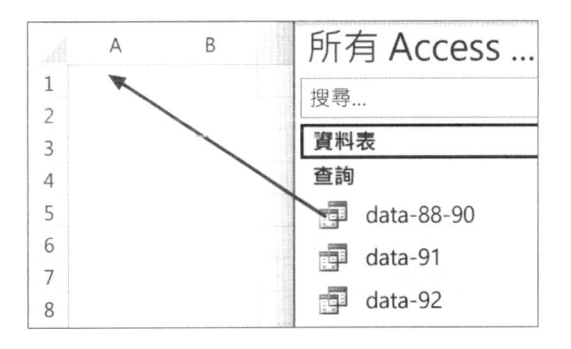

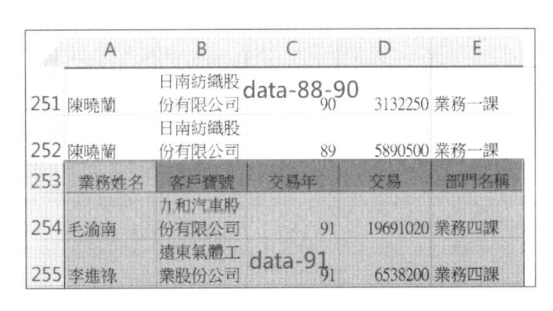

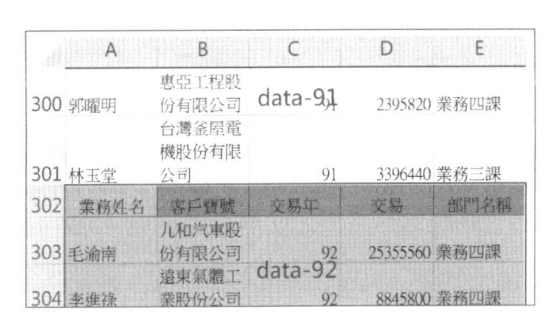

2-149

5. 選取所有儲存格，設定：最適欄寬、最適列高，結果如下圖：

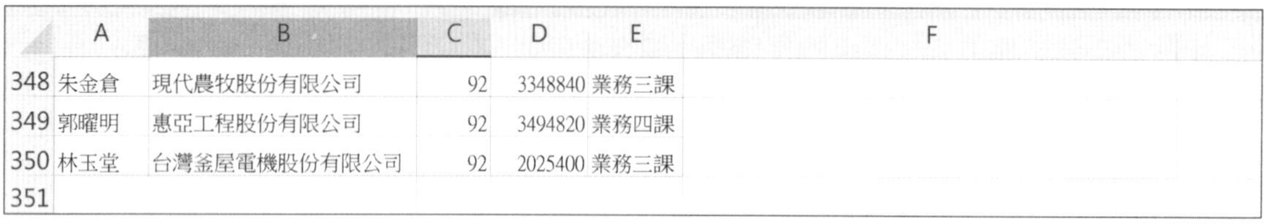

	A	B	C	D	E	F
348	朱金倉	現代農牧股份有限公司	92	3348840	業務三課	
349	郭曜明	惠亞工程股份有限公司	92	3494820	業務四課	
350	林玉堂	台灣釜屋電機股份有限公司	92	2025400	業務三課	
351						

> **解說**
>
> Data-88-90 + DATA-91 + DATA-92 → 251 + 49 + 49 = 349 筆資料。

▶ 附件一

報表類型：樞紐分析，資料來源：【DATA-1】。

1. 選取【DATA-1】表 A1 儲存格，插入 → 樞紐分析表

    設定樞紐分析表為「古典式」，將新工作表更名為【1-1】表

2. 根據附件一報表要求，依序勾選、拖曳欄位如下圖：

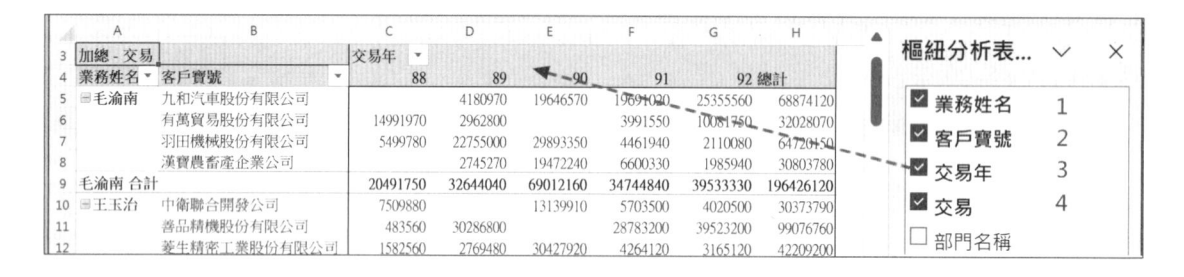

3. 點選「交易年」下拉鈕 → 取消：88、89，結果如下圖：

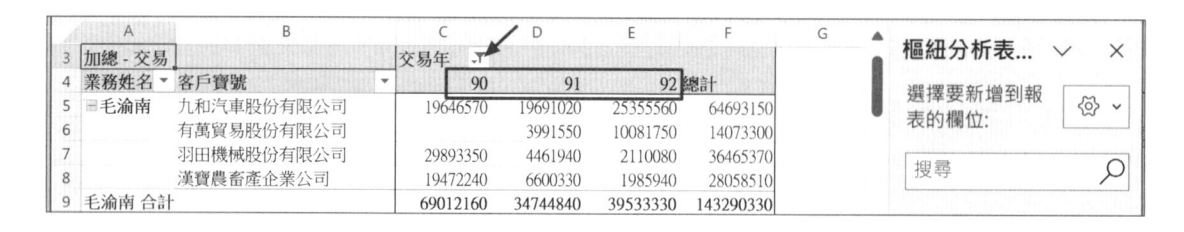

4. 在 A4 儲存格上按右鍵 → 取消："業務姓名"小計

    在 A4 儲存格上按右鍵 → 欄位設定 → 版面配置列印標籤 → 重複項目標籤

    結果如下圖：

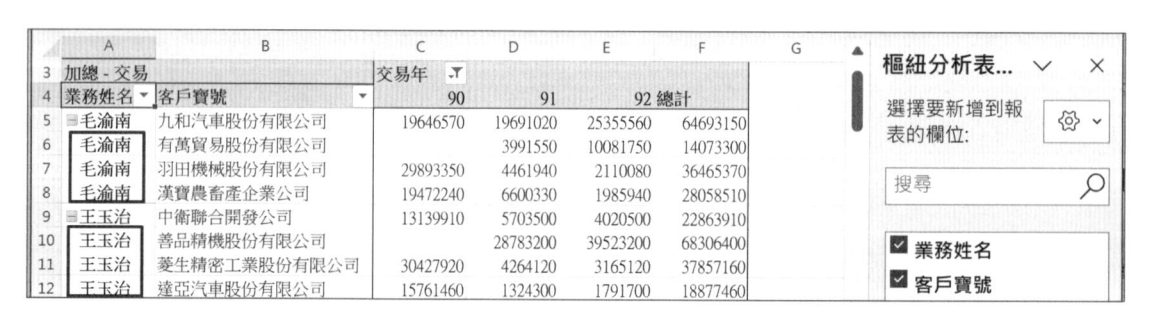

5. 在 A4 儲存格上按右鍵
   選取：樞紐分析表選項
   選取：版面配置與格式標籤
   若為空值顯示：輸入「無交易」
   結果如右圖：

	A	B	C	D	E
3	加總 - 交易		交易年		
4	業務姓名	客戶寶號	90	91	92
5	毛渝南	九和汽車股份有限公司	19646570	19691020	25355560
6	毛渝南	有萬貿易股份有限公司	無交易	3991550	10081750
7	毛渝南	羽田機械股份有限公司	29893350	4461940	2110080
8	毛渝南	漢寶農畜產企業公司	19472240	6600330	1985940
9	王玉治	中衛聯合開發公司	13139910	5703500	4020500
10	王玉治	善品精機股份有限公司	無交易	28783200	39523200
11	王玉治	菱生精密工業股份有限公司	30427920	4264120	3165120
12	王玉治	達亞汽車股份有限公司	15761460	1324300	1791700
13	向大鵬	東興振業股份有限公司	6069150	3209080	5055400

6. 新增【1-2】表，複製【1-1】表 E4:A71 範圍，貼至【1-2】表 A1 儲存格

7. 編輯 C1:E1 範圍內容，設定 C:E 欄格式：千分位、小數 0 位，結果如下圖：

	A	B	C	D	E
1	業務姓名	客戶寶號	90年交易	91年交易	92年交易
2	毛渝南	九和汽車股份有限公司	19,646,570	19,691,020	25,355,560
3	毛渝南	有萬貿易股份有限公司	無交易	3,991,550	10,081,750
4	毛渝南	羽田機械股份有限公司	29,893,350	4,461,940	2,110,080
5	毛渝南	漢寶農畜產企業公司	19,472,240	6,600,330	1,985,940

8. 編輯資料最下方「總計」為「總計金額」
   在上方插入 2 空白列，結果如下圖：

	A	B	C	D	E
66	謝穎青	英業達股份有限公司	13,843,990	26,205,600	21,909,600
67	謝穎青	麥柏股份有限公司	3,236,880	4,692,120	4,999,800
68					
69					
70	總計金額		1,066,234,352	553,161,450	861,905,500
71					

關鍵檢查

	A	B	C	D	E
1	業務姓名	客戶寶號	90年交易	91年交易	92年交易
2	毛渝南	九和汽車股份有限公司	19,646,570	19,691,020	25,355,560
66	謝穎青	英業達股份有限公司	13,843,990	26,205,600	21,909,600
67	謝穎青	麥柏股份有限公司	3,236,880	4,692,120	4,999,800
68					
69					
70	總計金額		1,066,234,352	553,161,450	861,905,500

▶ 附件二

報表類型：樞紐分析，資料來源：【DATA-1】。

1. 選取【DATA-1】表 A1 儲存格，插入 → 樞紐分析表

    設定樞紐分析表為「古典式」，將新工作表更名為【2-1】表

2. 根據附件一報表要求，依序勾選、拖曳欄位如下圖：

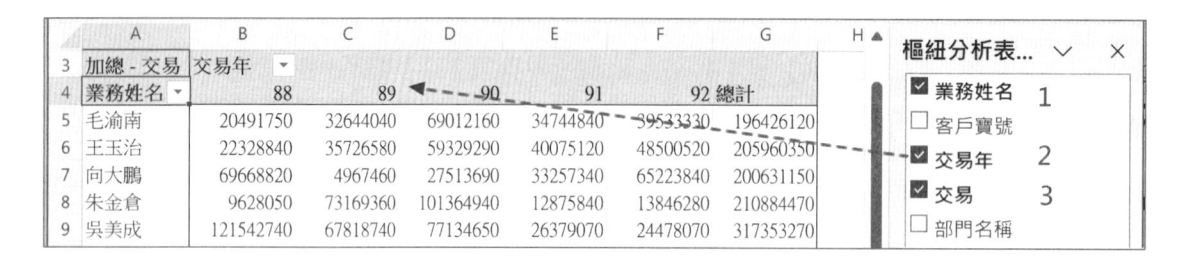

	A	B	C	D	E	F	G
3	加總 - 交易	交易年					
4	業務姓名	88	89	90	91	92	總計
5	毛渝南	20491750	32644040	69012160	34744840	39533330	196426120
6	王玉治	22328840	35726580	59329290	40075120	48500520	205960350
7	向大鵬	69668820	4967460	27513690	33257340	65223840	200631150
8	朱金倉	9628050	73169360	101364940	12875840	13846280	210884470
9	吳美成	121542740	67818740	77134650	26379070	24478070	317353270

樞紐分析表…
- ☑ 業務姓名 1
- ☐ 客戶寶號
- ☑ 交易年   2
- ☑ 交易   3
- ☐ 部門名稱

3. 點選「交易年」下拉鈕 → 取消：88、89，結果如下圖：

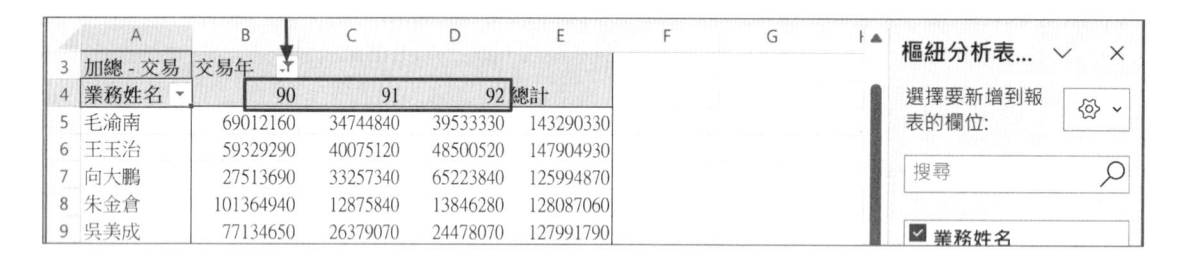

	A	B	C	D	E
3	加總 - 交易	交易年			
4	業務姓名	90	91	92	總計
5	毛渝南	69012160	34744840	39533330	143290330
6	王玉治	59329290	40075120	48500520	147904930
7	向大鵬	27513690	33257340	65223840	125994870
8	朱金倉	101364940	12875840	13846280	128087060
9	吳美成	77134650	26379070	24478070	127991790

4. 新增【2-2】表，複製【2-1】表 D4:A20 範圍，貼至【2-2】表 A1 儲存格

    編輯欄位名稱列，結果如下圖：

	A	B	C	D	E	F
1	業務姓名	90年交易	91年交易	92年交易	90-91年成長	91-92年成長
2	毛渝南	69012160	34744840	39533330		
3	王玉治	59329290	40075120	48500520		
4	向大鵬	27513690	33257340	65223840		

5. 在 E2 儲存格輸入運算式，向右填滿、向下填滿

    設定格式：百分比、小數 2 位，結果如下圖：

E2　fx　=(C2-B2)/B2

	A	B	C	D	E	F
1	業務姓名	90年交易	91年交易	92年交易	90-91年成長	91-92年成長
2	毛渝南	69012160	34744840	39533330	-49.65%	13.78%
3	王玉治	59329290	40075120	48500520	-32.45%	21.02%
4	向大鵬	27513690	33257340	65223840	20.88%	96.12%

6. 設定 B:D 欄格式：千分位、小數 0 位，結果如下圖：

	A	B	C	D	E	F
1	業務姓名	90年交易	91年交易	92年交易	90-91年成長	91-92年成長
2	毛渝南	69,012,160	34,744,840	39,533,330	-49.65%	13.78%
3	王玉治	59,329,290	40,075,120	48,500,520	-32.45%	21.02%
4	向大鵬	27,513,690	33,257,340	65,223,840	20.88%	96.12%

7. 選取：E2 儲存格，資料 → 遞減排序，結果如下圖：

	A	B	C	D	E	F
1	業務姓名	90年交易	91年交易	92年交易	90-91年成長	91-92年成長
2	向大鵬	27,513,690	33,257,340	65,223,840	20.88%	96.12%
3	陳曉蘭	41,242,150	45,911,460	50,830,920	11.32%	10.72%
4	張志輝	49,453,610	53,286,970	120,032,310	7.75%	125.26%
5	吳國信	64,682,552	54,597,290	98,788,510	-15.59%	80.94%
6	王玉治	59,329,290	40,075,120	48,500,520	-32.45%	21.02%

8. 刪除第 4 列以下所有資料

    選取：A2 儲存格，資料 → 遞增排序

    在每一筆資料間插入一空白列，結果如下圖：

	A	B	C	D	E	F
1	業務姓名	90年交易	91年交易	92年交易	90-91年成長	91-92年成長
2	向大鵬	27,513,690	33,257,340	65,223,840	20.88%	96.12%
3						
4	張志輝	49,453,610	53,286,970	120,032,310	7.75%	125.26%
5						
6	陳曉蘭	41,242,150	45,911,460	50,830,920	11.32%	10.72%
7						

1132——商量

解說

請特別注意最後的排序動作，題目要求依「業務姓名」遞增排序。

關鍵檢查

參考上圖。

▶ 附件三

報表類型：樞紐分析 + 統計圖，資料來源：【DATA-1】。

1. 選取【DATA-1】表 A1 儲存格，插入 → 樞紐分析表
   設定樞紐分析表為「古典式」，將新工作表更名為【3-1】表

2. 根據附件三報表要求，依序勾選欄位如下圖：

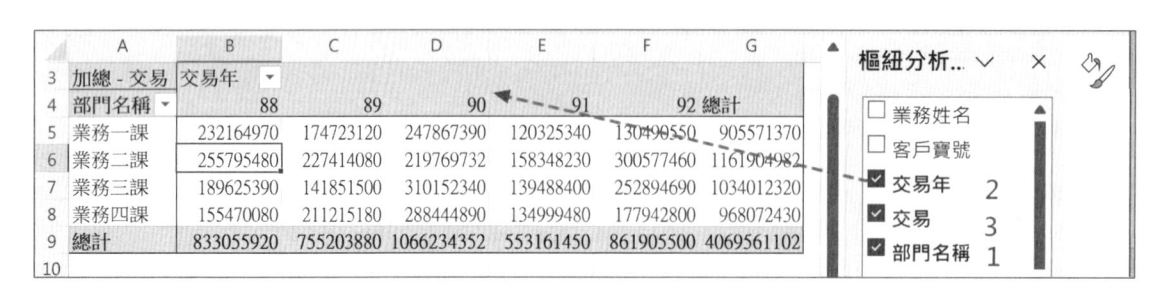

解說

請特別注意！統計圖的標題為「近三年」→ 90、91、92，然而【DATA-1】表包含 5 年資料，因此必須加入「交易年」欄位，才能進行篩選。

3. 點選「交易年」下拉鈕 → 取消：88、89，結果如下圖：

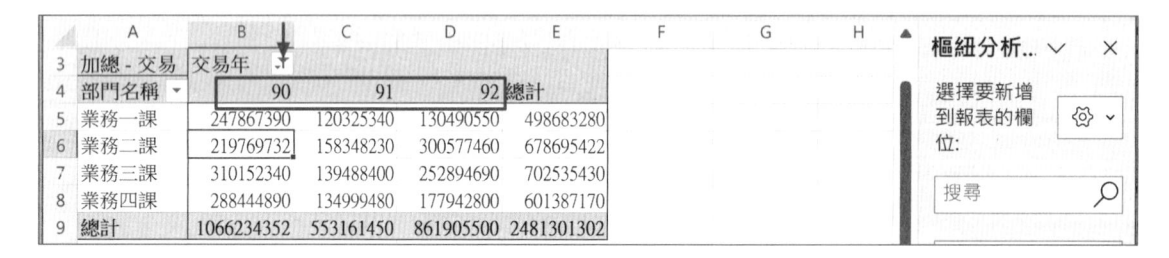

4. 新增【3-2】表
   複製【3-1】表 A8:A4、E8:E4 範圍
   貼至【3-2】表 A1 儲存格

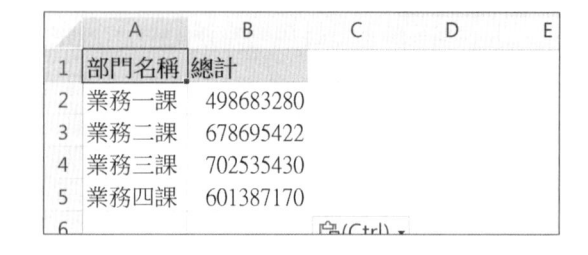

5. 插入 → 圓形圖或環圈圖，選取：立體圓形圖
   圖表設計 → 移動圖表，選取：新工作表 Chart1
   圖表設計 → 快速版面配置，選取：版面配置 1

6. 在圖表區空白處按右鍵：字型，設定如下：
   英文：Times New Roman，中文：新細明體，12 pt

7. 輸入標題文字：「頂新資訊公司近三年業績比例圖」
   設定：新細明體、18 pt、外框、右下陰影

8. 設定資料標籤：大小 → 16 點

9. 在資料標籤上連點 2 下
   展開「數值」
   類別：百分比
   小數位數：2
   設定如右圖：

10. 設定圖表區外框：3 pt（粗框）

11. 點選：「業務三課」（比例最大）
    再一次點選：「業務二課」
    將「業務三課」向外拖曳
    結果如右圖：

關鍵檢查

- 右圖四課：2424 → 餓死餓死

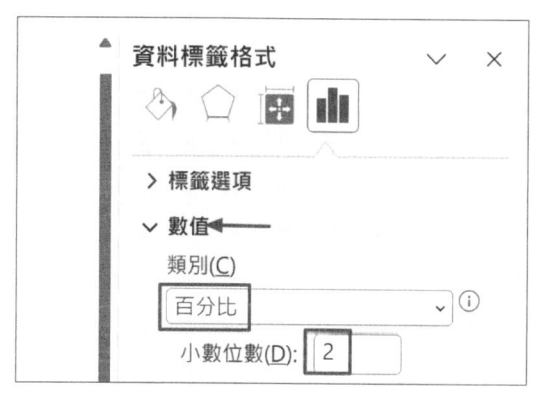

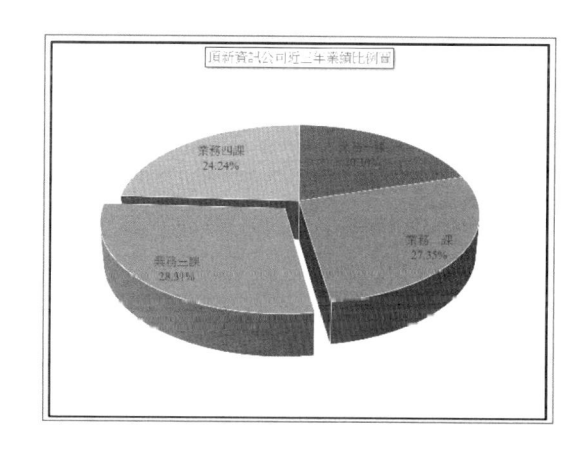

▶ 附件四

報表類型：樞紐分析，資料來源：【DATA-1】。

1. 選取【DATA-1】表 A1 儲存格，插入 → 樞紐分析表
   設定樞紐分析表為「古典式」，將新工作表更名為【4-1】表

2. 根據附件四報表要求，依序勾選、拖曳欄位如下圖：

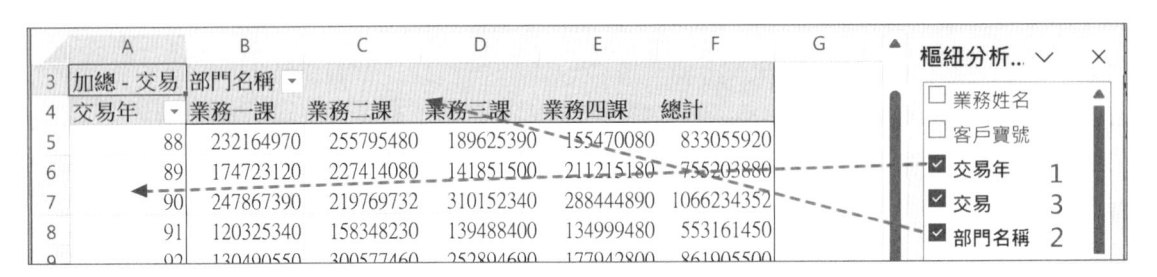

3. 點選「交易年」下拉鈕 → 取消：91、92，結果如下圖：

4. 複製 F4:A8 範圍，貼至 A11 儲存格

5. 選取：B12:F15 範圍，設定格式：千分位、小數 0 位，結果如下圖：

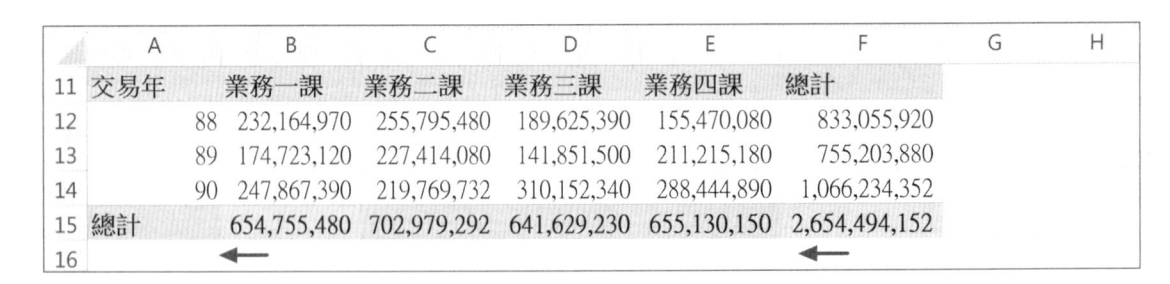

關鍵檢查

參考上圖：456、456。

Word 解題

▶ 附件一

1. 複製【1-2】表內容，貼至〔6-1〕文件

業務姓名	客戶寶號	90 年交易	91 年交易	92 年交易
毛渝南	九和汽車股份有限公司	19,646,570	19,691,020	25,355,560
毛渝南	有萬貿易股份有限公司	無交易	3,991,550	10,081,750
毛渝南	羽田機械股份有限公司	29,893,350	4,461,940	2,110,080
毛渝南	漢寶農畜產企業公司	19,472,240	6,600,330	1,985,940

2. 按 Ctrl + A：全選，常用 → 字型，設定如下：
   中文字型 → 新細明體、字型 → Times New Roman、字型樣式：標準、12 pt

3. 選取表格，取消：框線，取消：網底
   表格版面配置 → 自動調整 → 自動調整成視窗大小
   設定文字欄位：靠左對齊、設定數字欄位：靠右對齊，結果如下圖：

業務姓名	客戶寶號	90 年交易	91 年交易	92 年交易
毛渝南	九和汽車股份有限公司	19,646,570	19,691,020	25,355,560
毛渝南	有萬貿易股份有限公司	無交易	3,991,550	10,081,750
毛渝南	羽田機械股份有限公司	29,893,350	4,461,940	2,110,080

4. 選取：第 1 列，按滑鼠右鍵 → 插入 → 插入上方列
   合併第 1 列儲存格，設定：置中對齊
   輸入主標題文字，設定：16 pt、底線

5. 設定欄位名稱列：上、下框線 2 1/4 pt，結果如下圖：

   頂新資訊公司近三年業務報表

業務姓名	客戶寶號	90 年交易	91 年交易	92 年交易
毛渝南	九和汽車股份有限公司	19,646,570	19,691,020	25,355,560
毛渝南	有萬貿易股份有限公司	無交易	3,991,550	10,081,750

6. 設定總計金額列：下框線：2 1/4 pt，結果如下圖：

謝穎青	英業達股份有限公司	13,843,990	26,205,600	21,909,600
謝穎青	麥柏股份有限公司	3,236,880	4,692,120	4,999,800
總計金額		1,066,234,352	553,161,450	861,905,500

7. 選取表格第 1~2 列,表格版面配置 → 重複標題列

   捲動至第 2 頁檢查,結果如下圖:

   | 林鳳春 | 長生營造股份有限公司 | 3,037,200 | 3,497,750 | 4,197,300 |

   | 林文恭、90010801 | → | → | 第1頁 |

   | 題組六附件 | → | → | 民國一一四年二月十九日星期三 |

   頂新資訊公司近三年業務報表

業務姓名	客戶寶號	90 年交易	91 年交易	92 年交易
林鳳春	國光血清疫苗製造公司	26,000,060	無交易	無交易
林鳳春	集上科技股份有限公司	26,755,300	4,461,940	2,483,740

▶ 附件二

1. 複製【2-2】表內容,貼至〔6-2〕文件

業務姓名	90 年交易	91 年交易	92 年交易	90-91 年成長	91-92 年成長
向大鵬	27,513,690	33,257,340	65,223,840	20.88%	96.12%
張志輝	49,453,610	53,286,970	120,032,310	7.75%	125.26%
陳曉蘭	41,242,150	45,911,460	50,830,920	11.32%	10.72%

2. 按 Ctrl + A:全選,常用 → 字型,設定如下:
   中文字型 → 新細明體、字型 → Times New Roman、字型樣式:標準、12 pt

3. 選取整個表格,取消:框線,取消:網底
   表格版面配置 → 自動調整 → 自動調整成視窗大小
   設定所有欄位:置中對齊,結果如下圖:

業務姓名	90 年交易	91 年交易	92 年交易	90-91 年成長	91-92 年成長
向大鵬	27,513,690	33,257,340	65,223,840	20.88%	96.12%
張志輝	49,453,610	53,286,970	120,032,310	7.75%	125.26%
陳曉蘭	41,242,150	45,911,460	50,830,920	11.32%	10.72%

4. 將插入點置於第一列最左邊,按 Enter 鍵(表格上方產生一空白段落)
5. 複製〔6-1〕文件第 1 列標題,貼到〔6-2〕文件最上方空白段落上
   刪除標題列下方空白段落
6. 修改標題文字
   設定欄位名稱列:下框線 2 1/4 pt,結果如下圖:

業務姓名	90 年交易	91 年交易	92 年交易	90-91 年成長	91-92 年成長
			頂新資訊公司優良業務員報表		
向大鵬	27,513,690	33,257,340	65,223,840	20.88%	96.12%
張志輝	49,453,610	53,286,970	120,032,310	7.75%	125.26%
陳曉蘭	41,242,150	45,911,460	50,830,920	11.32%	10.72%

▶ 附件三

1. 複製【chart-1】表統計圖
   貼至〔6-3〕文件
2. 向右拖曳圖片右邊線
   → 圖與頁面等寬
3. 向上拖曳圖片下邊線
   → 圖位於頁面下邊線上方
   結果如右圖:

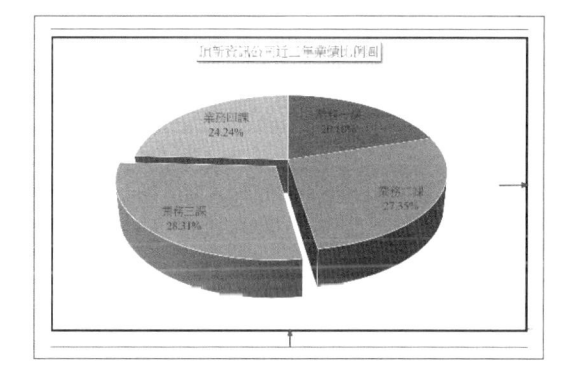

▶ 附件四

1. 複製【4-1】表 A11:F15 範圍,貼至〔6-4〕文件

交易年	業務一課	業務二課	業務三課	業務四課	總計
88	232,164,970	255,795,480	189,625,390	155,470,080	833,055,920
89	174,723,120	227,414,080	141,851,500	211,215,180	755,203,880
90	247,867,390	219,769,732	310,152,340	288,444,890	1,066,234,352
總計	654,755,480	702,979,292	641,629,230	655,130,150	2,654,494,152

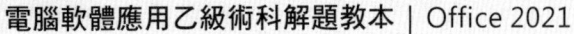

2. 按 Ctrl + A：全選，常用 → 字型，設定如下：
   中文字型 → 新細明體、字型 → Times New Roman、字型樣式：標準、12 pt
3. 選取整個表格，取消：框線，取消：網底
   表格版面配置 → 自動調整 → 自動調整成視窗大小
   設定所有欄位：置中對齊，結果如下圖：

交易年	業務一課	業務二課	業務三課	業務四課	總計
88	232,164,970	255,795,480	189,625,390	155,470,080	833,055,920
89	174,723,120	227,414,080	141,851,500	211,215,180	755,203,880
90	247,867,390	219,769,732	310,152,340	288,444,890	1,066,234,352
總計	654,755,480	702,979,292	641,629,230	655,130,150	2,654,494,152

4. 將插入點置於第一列最左邊，按 Enter 鍵（表格上方產生一空白段落）
5. 複製〔6-1〕文件第 1 列標題，貼到〔6-4〕文件最上方空白段落上
   刪除標題列下方空白段落
6. 修改標題文字、設定標題格式：18 pt（特別注意）
7. 設定欄位名稱列：下框線 2 1/4 pt，總計列上框線：2 1/4 pt，結果如下圖：

頂新資訊公司業績統計表

交易年	業務一課	業務二課	業務三課	業務四課	總計
88	232,164,970	255,795,480	189,625,390	155,470,080	833,055,920
89	174,723,120	227,414,080	141,851,500	211,215,180	755,203,880
90	247,867,390	219,769,732	310,152,340	288,444,890	1,066,234,352
總計	654,755,480	702,979,292	641,629,230	655,130,150	2,654,494,152

▶ 附件五

- 假設抽到文書檔：YR2.ODT，圖片檔：PIF2.BMP

1. 開啟〔6-5〕文件，匯入 YR2.ODT、刪除多餘段落、內文格式設定
   （請參考：Word 基礎教學）

> →市面上的網路管理工具一大堆，包括了管理協定、Agent 和設計等工具，但是這些工具並不能保證在使用網路時得心應手，自己還是得對網路有正確的認知。以下是一些可能使你的網路管理做得足以維護其順利運作的建議：
> →確切知道自己的需求：不管要為網路添購任何東西，一定要花點時間，清楚瞭解自己網路的裡裡外外。很多網路管理者看到螢幕亮麗的圖片和大堆的資訊，

2. 版面配置 → 文字方向 → 垂直
   （文字變直向、版面變橫向）

3. 版面配置 → 方向 → 垂直
   （將版面轉為直向）

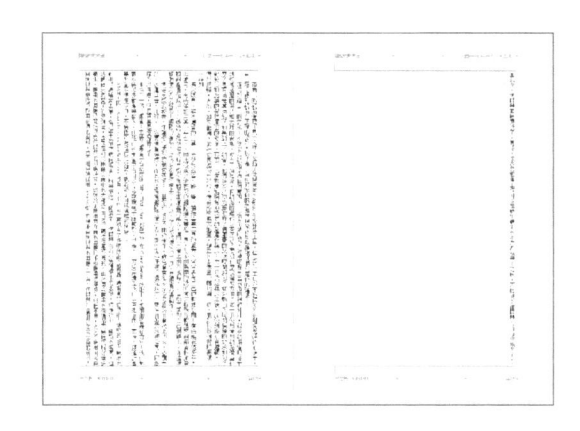

4. 選取所有內容
   （不包括最後一個空白段落符號）

5. 版面配置 → 欄
   選取：三欄
   間距：0.5 公分
   設定結果如右圖：

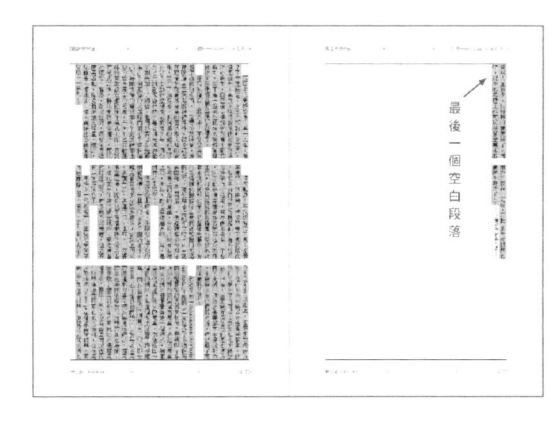

6. 在頁首連點 2 下（切換到「頁首/頁尾」模式）
   插入 → 文字方塊 → 簡單文字方塊
   第 1 段：輸入：「頂新資訊公司員工進修心得報告」，格式：18 pt、斜體
   第 2 段：輸入：「報告人：林文恭」，格式：12 pt、斜體

7. 將文字方塊拖曳到頁首框線正下方
   調整寬度：頁面寬度、設定高度：2 公分，設定框線：無框線，結果如下圖：

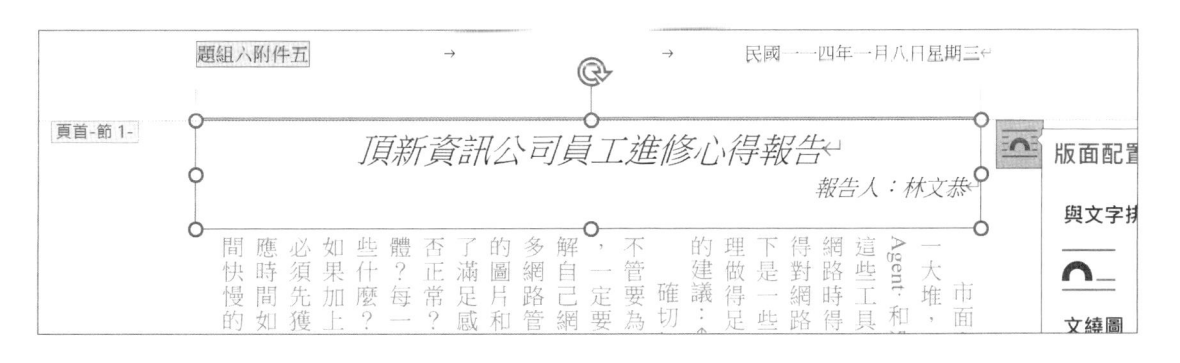

> **解說**

報表第 1 頁上方有 2 公分標題文字，報表第 2 頁上方有 2 公分空白空間。

我們的解題策略：在「頁首/頁尾」模式下建立文字方塊，在 2 頁都產生標題文字，第 2 頁再以無邊框的四方形遮住標題文字。

8. 在頁面內連點 2 下（切換回到頁面模式）

    將插入點置於第 2 欄，插入 → 圖片：C:\...\PIF2.BMP

    設定版面配置：文繞圖 → 矩型

    拖曳圖片高度：與第 2 欄等高、拖曳圖片寬度：左右各 7 列文字

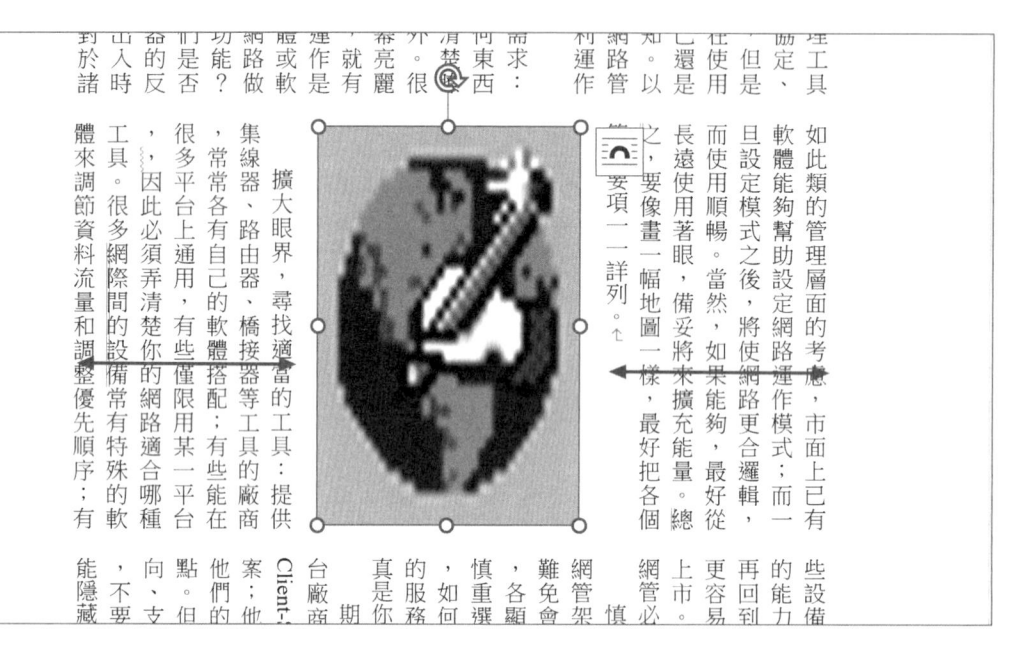

9. 捲動至第 2 頁

    插入 → 圖案 → 矩形

    在頁首下方拖曳一個矩形

    高度：2 公分

    寬度：與頁面同寬

    對齊：上邊界線

    取消：框線，填滿：白色

    結果如右圖：

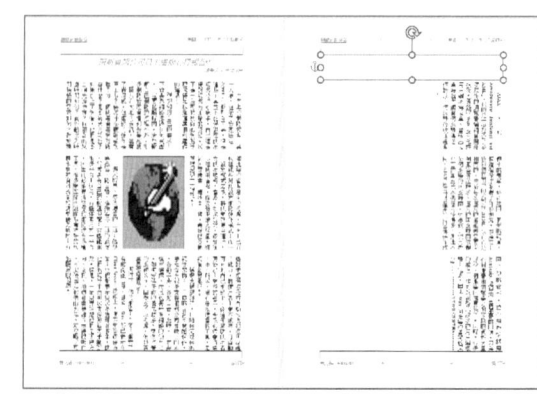

題組六附件一　　　　　　　　　　　　　　　　民國一○○年五月二十四日星期二

頂新資訊公司近三年業務報表

業務姓名	客戶寶號	90年交易	91年交易	92年交易
毛渝南	九和汽車股份有限公司	19,646,570	19,691,020	25,355,560
毛渝南	有萬貿易股份有限公司	無交易	3,991,550	10,081,750
毛渝南	羽田機械股份有限公司	29,893,350	4,461,940	2,110,080
毛渝南	漢寶農畜產企業公司	19,472,240	6,600,330	1,985,940
王玉治	中衛聯合開發公司	13,139,910	5,703,500	4,020,500
王玉治	善品精機股份有限公司	無交易	28,783,200	39,523,200
王玉治	菱生精密工業股份有限公司	30,427,920	4,264,120	3,165,120
王玉治	達亞汽車股份有限公司	15,761,460	1,324,300	1,791,700
向大鵬	東興振業股份有限公司	6,069,150	3,209,080	5,055,400
向大鵬	洽興金屬工業股份公司	13,711,590	18,962,480	44,678,720
向大鵬	新寶纖維股份有限公司	7,732,950	無交易	無交易
向大鵬	詮讚興業公司	無交易	11,085,780	15,489,720
朱金倉	周家合板股份有限公司	38,605,820	8,353,450	5,925,600
朱金倉	科隆實業股份有限公司	1,758,400	2,945,320	4,571,840
朱金倉	現代農牧股份有限公司	40,001,230	1,577,070	3,348,840
朱金倉	楓原設計公司	20,999,490	無交易	無交易
吳美成	大喬機械公司	51,987,850	2,395,820	3,165,120
吳美成	百容電子股份有限公司	8,831,840	19,186,600	9,939,450
吳美成	喬福機械工業股份有限公司	16,314,960	無交易	無交易
吳美成	溪泉電器工廠股份公司	無交易	4,796,650	11,373,500
吳國信	天源義記機械股份公司	57,249,272	43,395,730	83,874,100
吳國信	四維企業(股)公司	無交易	9,069,500	10,144,750
吳國信	欣中天然氣股份有限公司	7,433,280	2,132,060	4,769,660
李進祿	台灣保谷光學股份有限公司	29,740,410	37,804,800	65,084,400
李進祿	東陽實業(股)公司	31,675,170	4,144,280	3,240,640
李進祿	科隆實業股份有限公司	1,683,000	無交易	無交易
李進祿	雅企科技(股)	16,225,320	無交易	無交易
李進祿	遠東氣體工業股份有限公司	1,753,310	6,538,200	8,845,800
林玉堂	台灣釜屋電機股份有限公司	17,043,100	3,396,440	2,025,400
林玉堂	正五傑機械股份有限公司	3,560,400	7,441,140	43,280,100
林玉堂	永輝興電機工業股份公司	32,983,740	5,719,850	5,349,500
林玉堂	強安鋼架工程股份有限公司	1,878,300	2,063,820	2,122,230
林鳳春	太平洋汽門工業股份公司	14,368,740	無交易	無交易
林鳳春	長生營造股份有限公司	3,037,200	3,497,750	4,197,300

林文恭　90010801　　　　　　　　　　　　　　　　　　　　　　　　第1頁

題組六附件一   民國一〇〇年五月二十四日星期二

頂新資訊公司近三年業務報表

業務姓名	客戶寶號	90年交易	91年交易	92年交易
林鳳春	國光血清疫苗製造公司	26,000,060	無交易	無交易
林鳳春	集上科技股份有限公司	26,755,300	4,461,940	2,483,740
林鵬翔	九華營造工程股份有限公司	63,578,650	30,996,950	31,361,620
林鵬翔	金興鋼鐵股份有限公司	15,481,320	無交易	無交易
林鵬翔	國豐電線工廠股份有限公司	2,648,600	無交易	無交易
林鵬翔	鐶琪塑膠股份有限公司	1,246,400	1,698,220	2,025,400
張志輝	金泰成粉廠股份有限公司	12,388,800	4,308,080	3,121,160
張志輝	真正精機股份有限公司	9,870,900	3,956,000	3,956,000
張志輝	諾貝爾生物有限公司	5,218,190	5,095,750	12,108,250
張志輝	豐興鋼鐵(股)公司	21,975,720	39,927,140	100,846,900
莊國雄	比力機械工業股份公司	194,700	35,372,990	89,344,150
莊國雄	台灣製罐工業股份有限公司	14,830,040	無交易	無交易
莊國雄	家鄉事業股份有限公司	3,076,800	4,692,120	6,884,340
莊國雄	國豐電線工廠股份有限公司	13,128,120	無交易	無交易
莊國雄	鐶琪塑膠股份有限公司	34,987,700	無交易	無交易
郭曜明	太平洋汽門工業股份公司	7,013,520	無交易	無交易
郭曜明	亞智股份有限公司	18,207,450	15,021,420	20,131,800
郭曜明	佳樂電子股份有限公司	3,153,720	1,654,950	4,224,990
郭曜明	惠亞工程股份有限公司	25,141,320	2,395,820	3,494,820
郭曜明	豐興鋼鐵(股)公司	1,884,540	無交易	無交易
陳雅賢	中友開發建設股份有限公司	13,763,120	9,677,250	6,732,000
陳雅賢	原帥電機股份有限公司	20,968,580	無交易	無交易
陳雅賢	新益機械工廠股份有限公司	26,624,430	20,751,240	33,604,620
陳曉蘭	日南紡織股份有限公司	12,395,710	無交易	無交易
陳曉蘭	台中精機廠股份有限公司	27,194,960	4,220,160	3,165,120
陳曉蘭	台灣航空電子股份公司	無交易	12,908,100	19,741,800
陳曉蘭	昆信機械工業股份有限公司	1,651,480	28,783,200	27,924,000
謝穎青	台灣航空電子股份公司	42,808,480	無交易	無交易
謝穎青	台灣勝家實業股份有限公司	43,978,900	20,473,470	29,864,970
謝穎青	永光壓鑄企業公司	無交易	3,333,150	9,464,500
謝穎青	英業達股份有限公司	13,843,990	26,205,600	21,909,600
謝穎青	麥柏股份有限公司	3,236,880	4,692,120	4,999,800

林文恭　90010801

| 題組六附件一 | 民國一〇〇年五月二十四日星期二 |

頂新資訊公司近三年業務報表

業務姓名 客戶寶號	90年交易	91年交易	92年交易
總計金額	1,066,234,352	553,161,450	861,905,500

頂新資訊公司優良業務員報表

業務姓名	90年交易	91年交易	92年交易	90-91年成長	91-92年成長
向大鵬	27,513,690	33,257,340	65,223,840	20.88%	96.12%
張志輝	49,453,610	53,286,970	120,032,310	7.75%	125.26%
陳曉蘭	41,242,150	45,911,460	50,830,920	11.32%	10.72%

題組六附件三

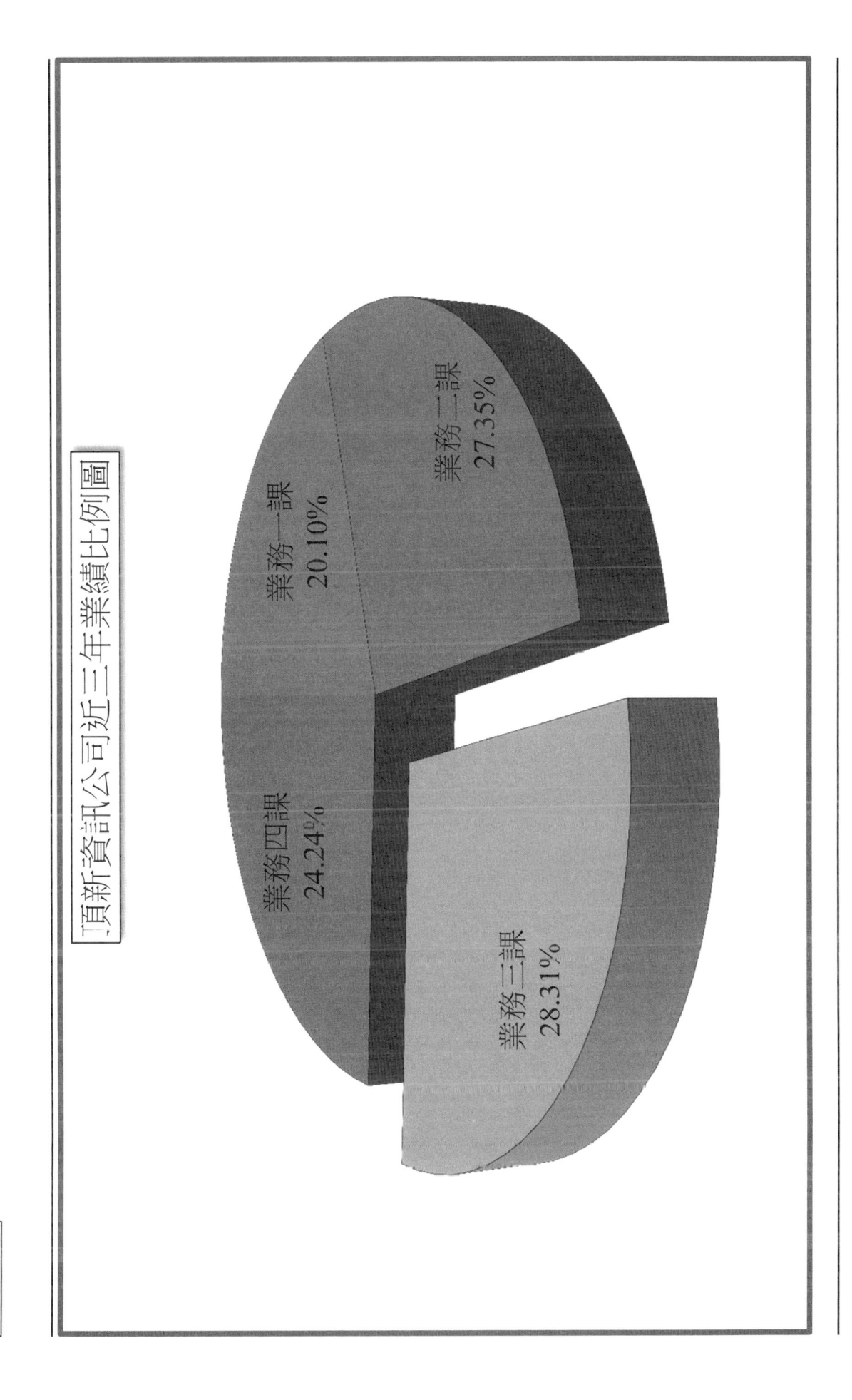

民國一○○年五月二十四日星期二

頂新資訊公司近三年業績比例圖

- 業務一課 20.10%
- 業務二課 27.35%
- 業務三課 28.31%
- 業務四課 24.24%

題組六附件四　　　　　　　　　　　　　　　民國一〇〇年五月二十四日星期二

頂新資訊公司業績統計表

交易年	業務一課	業務二課	業務三課	業務四課	總計
88	232,164,970	255,795,480	189,625,390	155,470,080	833,055,920
89	174,723,120	227,414,080	141,851,500	211,215,180	755,203,880
90	247,867,390	219,769,732	310,152,340	288,444,890	1,066,234,352
總計	654,755,480	702,979,292	641,629,230	655,130,150	2,654,494,152

林文恭　90010801

頂新資訊公司員工進修心得報告

報告人：林文恭

看看這整個大環境，對民營業者而言，前景是一片黯淡。民營業者前有電信法規（加值網路業者管理辦法等等）的限制與眼前的經營負擔，後有大財團與財團法人介入市場，腹背受敵，私底下則自家人大打出手，價格大戰打得天翻地覆。相對於其所作的努力，卻是市場無情的競爭，稍早，筆者曾建言業者以服務取勝，而非以價格迎戰。然而價格戰卻破壞了整個市場的機制，從市場面來看，專注於價格戰相對地壓低業者對服務品質的維持；對於業者而言，所投資的成本尚未回收前，即不斷低價出售自己的服務並非好事。對消費者而言，表面上看起來，業者的價格戰也許就造就了鷸蚌相爭，漁翁得利的良機，然而這卻很可能是一個假象，俗話說一分錢一分貨，便宜的價格一定是賺到便宜了嗎？那麼為何還有許多人願意花大錢穿名牌衣服？

業者多為技術背景，沒有良好的行銷制度規劃與公司營運計畫來做較長遠的服務，付費使用線上服務，是業者的首要打算，是很容易被市場所淘汰的。Internet最大的消費市場固然是建立在 End User 與成本估算，即盲目投入 Internet 市場，在強烈的淘汰競爭下，不斷地開發線上服務。其所投下的成本，與惡性削價競爭所造成的回收不成比例，許多業者在長期虧損的狀態下，究竟還能有多少生存空間不得而知。

公營事業須受社會大眾監督。即使是不符合成本效益的部分亦須考量社會大眾的需求，例如鐵路局在冷門時段開闢火車班次、郵局在較為偏僻地區提供郵寄、電信局在偏僻地區搭設電信線路等等。公營事業的優勢是獨佔市場，然而獨佔的需要，是建立在民間無法以有效的資金、技術及其他客觀條件下成立民營機構時，由政府「輔助」市場的形成。在民風漸開的今日，公營事業的民營化已儼然成為世界的趨勢。

要健全國內 Internet 在商業上的應用，筆者認為首先要建立服務有價的觀念，以及確定合理價格的制定。在市場規模雛形初現之際，如何讓消費者肯定業者的服務，付費使用線上服務，是業者的首要考量點。不少新進業者未先作好市場評估

的存取服務上，但是在市場規模（據調查，目前台灣地區的 Internet 使用人數約為30萬人，其中超過 3/4 的使用族群是以學校為主）尚未建立與確立前，業者以開發相關網路服務為首要。這些調查數字的可信度如何，也有待查證，切勿被數字假象所矇騙。

林文恭　90010801　　　　第 1 頁

反觀民營的部分,若無健全管理辦法,則消費者權益難以保障。以往民營的優勢無非是彈性與服務,民營業者可以是小至三人的小公司,可以提供各種服務的組合;公營因有著既有的包袱,在這幾個方面就無法與民營業者相較了。現階段的公營網路服務業者多以價格取勝,而民營業者則仰賴口碑的建立;公營業者多以Internet存取、撥接用戶為主要業務,而民營業者在無法有效分食市場大餅的前提下,則紛紛開發其他服務項目,這些項目目前包括以下數點。

這是民營業者目前「補貼」虧損的幾個生機來源,有不少業者每個月支出三、四十萬的固定開支,包括人事、管銷、專線租費、宣傳費用等,與Internet撥接用戶的業務收入無法相比擬,造成嚴重的營運負擔。公營業者則藉現有電信線路的優勢,吞食大部分的撥接業務。在短期間,無法與公營業者在立足點上取得平等的情況下,民營業者不妨考慮在市場開發先期,以良性結盟合作取代惡性削價競爭。

題組二：試題編號 930202

電腦軟體應用乙級技術士技能檢定術科測試檢定試題

資料檔名稱	檔案名稱	備註
部門主檔	dept.xml	
人事主檔	employee.xml	
請假主檔	leave.xml	
加班主檔	overtime.xml	
產品主檔	product.xml	
銷售主檔	sales.xml	
文書檔	yr1.odt ~ yr10.odt	第 5 子題用
圖形檔	pif1.bmp ~ pif10.bmp	

【檔案及報表要求】

請利用以上所列之資料庫及檔案，在年終結算公司營業成果時，製作 1~5 小題之報表。請依下列要求作答，所有的列印皆設定為：

◎ 文書檔由應檢人員於考試開始前，自 yr1.odt、yr2.odt、yr3.odt、yr4.odt、yr5.odt、yr6.odt、yr7.odt、yr8.odt、yr9.odt、yr10.odt 中抽選一檔案。

◎ 圖形檔由應檢人員於考試開始前，自 pif1.bmp、pif2.bmp、pif3.bmp、pif4.bmp、pif5.bmp、pif6.bmp、pif7.bmp、pif8.bmp、pif9.bmp、pif10.bmp 中抽選一檔案。

△ 紙張設定為 A4 格式，頁面內文之上、下邊界皆為 3 公分，左、右邊界亦為 3 公分。因印表機紙張定位有所不同時，左、右邊界可允許有少許誤差，惟左、右邊界之總和仍為 6 公分。

△ 中文設定為新細明體或細明體字型，英文及數字設定為 Times New Roman 字型，但圖表的標題皆設為新細明體或細明體。

△ 頁首之下與頁尾之上，各以一條 1 點之橫線與本文間相隔，頁首之下的橫線與頁緣距離為 3 公分，頁尾之上的橫線與頁緣距離為 3 公分。並於頁首左邊以 10 點字型加印題組及附件編號，例如「題組二附件一」，且加框線及灰色網底。

◎ 所有列印報表之欄位名稱均須橫列並列印於同一頁、同一列上。

◎ 報表內容，應依試題要求作答，不得自行加入無關的資料。

1. 為感謝同仁於民國八十九年度中，犧牲休假辛勤工作，預計於年底結算所有同仁之請假資料，以發放未休假獎金。製作一份「業務部門」年度未休假獎金統計報表，報表的內容應包括：

題組二

(本題答案所要求之報表格式請參考「題組二附件一」之參考範例)

- 紙張設定為直式。
- 未休假天數＝（年假天數 － 已休假天數）。其中已休假天數為各種假別之總和，而未休假天數最少為 0 天。
- 未休假獎金＝（月薪÷28）× 未休假天數。金額以整數計算，小數四捨五入。未休假獎金為 0 者，不須列印。
- 部門加總為該課未休假獎金之總和。
- 未休假獎金總計金額為整個業務部門未休假獎金之總和。
- 以課別遞增排序方式分別製表，並於每一課開始列加入課別名稱。
- 每一課別內列出該課所有應發放未休假獎金之員工相關資料，依月薪遞減排序方式列出，其中月薪相同者，以姓名筆劃遞增排序。

▲ 備註欄中將已休假天數為 0 者，標記「未休」。
▲ 報表標題：「頂新資訊公司民國八十九年業務部門員工未休假獎金統計報表」。
▲ 報表含「員工姓名、職稱、月薪、年假天數、未休天數、未休假獎金、備註」等欄位。

※ 報表標題為 15 點字型，置中對齊，並加單線底線。
※ 在標題的下一行靠右加入測驗當天的日期，其格式為民國Ｘ年Ｘ月Ｘ日、12 點字型（Ｘ以中文數字表示）。
※ 欄位的名稱為 12 點字型，每個欄位以一個（含）以上的空白予以間隔，且上下均標以一條 2 1/4 點之橫線。每頁重覆顯示欄位名稱及橫線。
※ 課別名稱與員工姓名欄對齊。
※ 報表中的所有數值均應標示千分位符號，且靠右對齊。
※ 於員工資料列印完畢後，列印「部門加總」。「部門加總」字樣與員工姓名欄對齊。「部門加總」列之上方標以一條 1 1/2 點之橫線，下方標以一條 1 1/2 點之雙橫線。「部門加總」列需加上網底。
※ 所有課別列印完畢後，列印「未休假獎金總計金額」。「未休假獎金總計金額」字樣靠左對齊，未休假獎金之總和靠右與未休假獎金對齊。「未休假獎金總計金額」列與所列印最後一個部門資料間至少以一空白列予以間隔，並且整列套用網底。
※ 在每頁頁面左下方以 10 點字型加入您的准考證號碼，右下方以 10 點字型加入您的姓名，頁面下方中間以 10 點字型加上頁碼。

題組二

2.製作一份民國八十九年研發部門員工的加班及加班費支領統計報表,內容必須包含:

(本題答案所要求之報表格式請參考「題組二附件二」之參考範例)

● 紙張設定為直式。
● 以部門名稱遞增排序方式分別製表,並於每個部門開始列加入部門名稱。
● 每一部門內列出該部門所有應發加班費之員工相關資料,依月薪遞減排序方式列出,其中月薪相同者以姓名筆劃遞增排序。
● 加班費=(月薪 ÷224) ×1.5× 全年總加班時數,金額以整數計算,小數四捨五入。無加班費者,不須列印資料。
● 佔月薪比例=(加班費 ÷ 薪水)之百分比,以「%」表示,計算到小數點第二位,並將第三位四捨五入。
● 部門加總為該部門加班費之總和。
● 加班費總計金額為整個研發部門加班費之總和。
● 附表為加班時數摘要,各部門依職稱分別計算其加班時數,並加上小計。
● 附表以部門名稱遞增排序,職稱由左至右,分別依筆劃遞增順序排列。
▲ 報表標題:「頂新資訊公司民國八十九年研發部門員工加班費支領統計清冊」。
▲ 報表含「員工姓名、職稱、月薪、加班時數、加班費、佔月薪比例」等欄位。
※ 附表置於加班費總計金額下方,附表名稱為「附表:加班時數摘要」
※ 報表標題為15點字型,置中對齊,並加框及陰影。每頁重覆顯示報表標題。
※ 在標題的下一行靠右加入測驗當天的日期,其格式為民國X年X月X日、12點字型(X以中文數字表示)。且每頁重覆顯示日期。
※ 欄位的名稱以 12 點字型表現,每個欄位以一個(含)以上的空白予以間隔,且上下均標以一條2 1/4點之橫線。每頁重覆顯示欄位名稱及橫線。
※ 部門名稱與員工姓名欄對齊。
※ 報表中的所有數值均應標示千分位符號,且靠右對齊。
※ 於員工資料列印完畢後,列印「部門加總」。「部門加總」字樣與員工姓名欄對齊。「部門加總」列之上方標以一條1 1/2點之橫線,下方標以一條1 1/2點之雙橫線。「部門加總」列需加上網底。
※ 所有部門列印完畢後,列印「加班費總計金額」。「加班費總計金額」字樣靠左對齊,加班費總金額應靠右與加班費欄位對齊。「加班費總計金額」列與所列印最後一個部門不需間隔。
※ 附表中所有欄位均置中對齊。欄位名稱上下均標以一條2 1/4點之橫線,最後一列之小計上方標以一條1 1/2點之橫線,下方標以一條1 1/2點之雙橫線。

題組二

※ 在每頁頁面左下方以 10 點字型加入您的准考證號碼，右下方以 10 點字型加入您的姓名，頁面下方中間以 10 點字型加上頁碼。

3. 製作一份民國八十九年業務部門每位員工對公司的貢獻程度與公司對該員工的付出之業務部門績效評比報表，內容必須包含：

(本題答案所要求之報表格式請參考「題組二附件三」之參考範例)

- 報表為橫式列印。
- 以部門遞增排序方式分別製表，並於每個部門開始列加入部門名稱。
- 每一部門內列出該部門所有員工相關資料，依年薪資遞減排序方式列出，其中年薪資相同者以姓名筆劃遞增排序。
- 未休假獎金＝（月薪 ÷28）×（年假天數-已休假天數），金額以整數計算，小數四捨五入。
- 加班費＝（月薪 ÷224）×1.5× 全年總加班時數，金額以整數計算，小數四捨五入。
- 年終獎金以 4.5 個月薪資計算，年薪資＝（月薪 × 16.5），金額以整數計算，小數四捨五入。
- 業績總額 ＝(該業務員所售出之所有產品數量)×(各產品之單價)之總和，金額以整數計算，小數四捨五入。
- 計算比例指業績總額與支領總額之比例，其中：

    支領總額 ＝（未休假獎金 ＋ 加班費 ＋ 年薪資）

    比例 ＝（業績總額 ÷ 支領總額）：1，計算到小數點第二位，並將第三位四捨五入。
- 部門加總要分別計算該部門未休假獎金、加班費、年薪資、業績總額的加總。
- ▲ 報表標題：「頂新資訊公司民國八十九年業務部門績效評比報表」。
- ▲ 報表含「員工姓名、職稱、未休假獎金、加班費、年薪資、業績總額、比例」等欄位。

※ 報表標題為 20 點字型，置中對齊，並設定粗體。

※ 在標題的下一行靠右加入測驗當天的日期，其格式為民國 X 年 X 月 X 日、12 點字型（X 以中文數字表示）。

※ 日期列之後，以一空白列與其他資料間隔。

※ 欄位的名稱為 12 點字型，每個欄位以一個（含）以上的空白予以間隔，且上下均標以一條 2 1/4 點之橫線。

※ 每一頁報表皆有標題、日期及欄位名稱(含上下橫線)。

題組二

※ 部門名稱與員工姓名欄對齊，且部門與部門之間，以一個空白列間隔。

※ 報表中的所有數值均應標示千分位符號，且靠右對齊。

※ 於員工資料列印完畢後，列印「部門加總」。「部門加總」字樣與員工姓名欄對齊。部門加總金額需靠右，並分別與各欄對齊，「部門加總」列需整列套用網底。「部門加總」列之上方標以一條 1 1/2 點之橫線，下方標以一條 1 1/2 點之雙橫線。

※ 在每頁頁面左下方以 10 點字型加入您的准考證號碼，右下方以 10 點字型加入您的姓名，頁面下方中間以 10 點字型加上頁碼。

4. 製作一份民國八十九年人事支出分析圖（平面式長條圖及折線圖的複合圖），詳列各單位的人事支出。本圖表內容必須包含：

(本題答案所要求之報表格式請參考「題組二附件四」之參考範例)

● 紙張設定為橫式。

● 折線圖必須顯示數值標籤。

● 所有金額均以整數計算，小數四捨五入。

● 圖表所示之人事成本包括：

  (1) 部門的每月平均薪資（部門內所有員工每個月薪資之平均）

  (2) 部門的平均未休假獎金（部門內所有員工未休假獎金之平均，其中未休假獎金以第 1 子題之計算方式為準）

  (3) 部門的平均加班費（部門內所有員工加班費之平均，其中加班費以第 2 子題之計算方式為準）

▲ 圖表標題：「頂新資訊公司各部門人事支出分析圖」。

※ 圖表不加外框。

※ 圖表標題為 24 點字型，標題文字不加框線，設定為偏右下方之陰影。圖表標題右側對齊副座標軸。

※ 圖表的主縱軸座標標題「薪資、獎金」（直列），字體為 14 點字型。主縱軸使用長條圖表示部門的每月平均薪資及部門的平均未休假獎金，範圍為 0 到 200000（每一長度單位為 40000），表內需有單位水平格線，字體為 12 點字型。

※ 圖表的副縱軸座標標題「加班費」直列，字體為 14 點字型。副縱軸使用折線圖表示部門的平均加班費，範圍為 0 到 3000（每一長度單位為 500），字體為 12 點字型。

※ 折線圖之轉折點符號設定為方塊，並顯示數值標籤，字體為 10 點字型。

※ 橫軸座標標題「部門名稱」（四字橫列），字體為 14 點字型。橫軸依「部門名稱」筆劃遞增由左到右排列，每一部門名稱均直列為一行，置於橫軸的下端，字體

題組二

為 12 點字型。

※ 圖例（Legend）之說明置於圖表左上方，在圖表標題的左側，字體為 10 點字型。

※ 在每頁面右上方加入測驗當天的日期，其格式為民國Ｘ年Ｘ月Ｘ日、10 點字型（Ｘ以中文數字表示）。

※ 在每頁頁面左下方以 10 點字型加入您的准考證號碼，右下方以 10 點字型加入「製作人：」字樣及您的姓名，頁面下方中間以 10 點字型加上頁碼。

5.編製一份書面報告，並將該圖形檔之圖形嵌入文書檔中，再列印。

(本題答案所要求之格式請參考「題組二附件五」之參考範例)

● 紙張設定為直式。

● 讀取文書檔，以二欄（欄間距為 1 公分）、左右對齊方式編排，圖形嵌入第一頁的右上方及左下方。插入的圖形與文字相鄰為八列，每列六個中文字元。

● 文件的中央位置，插入浮水印(色彩淡化)，每頁重覆顯示浮水印圖案。

▲ 報告的標題為「民國八十九年公司業務狀況及部門業績報告」。

※ 每個段落開始縮排兩個中文字元。

※ 首頁標題為 20 點斜體字型，置中對齊，每頁必須重覆顯示標題。

※ 在標題的下一行靠右加入測驗當天的日期，其格式為民國Ｘ年Ｘ月Ｘ日、12 點字型（Ｘ以中文數字表示）。日期與文書資料之間加上一條雙橫線。每頁重覆顯示標題。

※ 文書資料之文字內容為 12 點字型。

※ 插入的圖形需加上外框，右上方之圖形具偏右上方之陰影，左下方之圖形具偏左下方之陰影。

※ 浮水印需加上外框，高為八列，寬為橫跨左右兩欄各四個中文字。

※ 在每頁頁面左下方以 10 點字型加入您的准考證號碼，右下方以 10 點字型加入您的姓名，頁面下方中間以 10 點字型加上頁碼。

題組二附件一

頂新資訊公司民國八十九年業務部門員工未休假獎金統計報表

民國一○○年十二月三十一日

員工姓名	職稱	月薪	年假天數	未休天數	未休假獎金	備註
業務一課						
林鳳春	業務專員	59,000	14	11	23,179	
王玉治	業務副理	34,800	14	14	17,400	未休
陳曉蘭	業務經理	29,500	7	7	7,375	未休
葉秀珠	業務助理	24,800	7	7	6,200	未休
部門加總					54,154	
業務二課						
陳雅賢	業務經理	54,200	14	14	27,100	未休
莊國雄	業務副理	39,200	7	5	7,000	
吳國信	資深專員	37,000	7	7	9,250	未休
陳詔芳	業務助理	27,800	7	7	6,950	未休
向大鵬	業務專員	23,400	7	6	5,014	
部門加總					55,314	
業務三課						
張世興	業務助理	70,000	14	13	32,500	
朱金倉	業務經理	38,900	14	13	18,061	
張志輝	業務副理	31,500	7	7	7,875	未休
林玉堂	業務專員	25,500	7	7	6,375	未休
謝穎青	資深專員	24,500	7	1	875	
部門加總					65,686	
業務四課						
毛渝南	業務副理	76,000	7	7	19,000	未休
林鵬翔	業務經理	36,000	7	6	7,714	
郭曜明	業務專員	26,000	7	5	4,643	
李進祿	業務專員	25,000	7	4	3,571	
陳惠娟	業務助理	23,000	14	14	11,500	未休
部門加總					46,428	

未休假獎金總計金額	221,582

90010801　　　　　　　　　　　　　　李國強

題組二附件二

頂新資訊公司民國八十九年研發部門員工加班費支領統計清冊

民國一○○年十二月三十一日

員工姓名	職稱	月薪	加班時數	加班費	佔月薪比例
研發一課					
張藍方	研發經理	67,400	5	2,257	3.35%
黃志文	研發副理	66,200	7	3,103	4.69%
林森和	助理工程師	38,000	1	254	0.67%
王德惠	研發工程師	37,000	6	1,487	4.02%
徐煥坤	資深工程師	36,000	4	964	2.68%
部門加總				8,065	
研發二課					
江正維	研發工程師	61,000	18	7,353	12.05%
李垂文	研發副理	34,500	10	2,310	6.70%
莊清媚	研發工程師	33,000	7	1,547	4.69%
盧大爲	研發經理	33,000	9	1,989	6.03%
張景松	副工程師	31,500	6	1,266	4.02%
部門加總				14,465	
研發三課					
易君揚	助理工程師	75,200	2	1,007	1.34%
王演銓	研發經理	38,200	1	256	0.67%
方鎮深	副工程師	32,000	8	1,714	5.36%
鍾智慧	研發工程師	29,500	4	790	2.68%
楊銘哲	研發副理	27,200	5	911	3.35%
部門加總				4,678	
加班費總計金額				27,208	

附表：加班時數摘要

部門名稱	助理工程師	研發工程師	研發副理	研發經理	副工程師	資深工程師	小計
研發一課	1	6	7	5	0	4	23
研發二課	0	25	10	9	6	0	50
研發三課	2	4	5	1	8	0	20
小計	3	35	22	15	14	4	93

90010801　　　　李國強

題組二附件三

頂新資訊公司民國八十九年業務部門績效評比報表

民國一〇〇年十二月三十一日

員工姓名	職稱	未休假獎金	加班費	年薪資	業績總額	比例
業務一課						
林鳳春	業務專員	23,179	1,185	973,500	30,275,000	30.34:1
王玉治	業務副理	17,400	0	574,200	36,394,000	61.52:1
吳美成	資深專員	0	466	574,200	109,409,000	190.39:1
陳曉蘭	業務經理	7,375	790	486,750	59,270,000	119.76:1
葉秀珠	業務助理	6,200	332	409,200	0	0.00:1
部門加總		54,154	2,773	3,017,850	235,348,000	
業務二課						
陳雅賢	業務經理	27,100	726	394,300	19,798,000	21.47:1
莊國雄	業務副理	7,000	263	646,800	35,534,000	54.33:1
吳國信	資深專員	9,250	496	610,500	21,107,500	34.03:1
陳詔芳	業務助理	6,950	1,117	458,700	0	0.00:1
向大鵬	業務專員	5,014	0	386,100	82,134,900	210.00:1
部門加總		55,314	2,602	2,996,400	158,574,400	

李國強

90010801

頂新資訊公司民國八十九年業務部門績效評比報表

民國一○○年十二月三十一日

員工姓名	職稱	未休假獎金	加班費	年薪資	業績總額	比例
業務三課						
張世興	業務助理	32,500	0	1,155,000	0	0.00:1
朱金倉	業務經理	18,061	0	641,850	40,020,000	60.64:1
張志輝	業務副理	7,875	1,266	519,750	24,624,000	46.56:1
林玉堂	業務專員	6,375	342	420,750	75,762,000	177.23:1
謝穎青	資深專員	875	0	404,250	54,708,800	135.04:1
部門加總		65,686	1,608	3,141,600	195,114,800	
業務四課						
毛渝南	業務副理	19,000	1,018	1,254,000	5,608,000	4.40:1
林鵬翔	業務經理	7,714	964	594,000	188,765,000	313.21:1
郭隆明	業務專員	4,643	348	429,000	54,586,000	125.78:1
李進祿	業務專員	3,571	335	412,500	5,862,000	14.08:1
陳惠娟	業務助理	11,500	616	379,500	0	0.00:1
部門加總		46,428	3,281	3,069,000	254,821,000	

題組二附件四

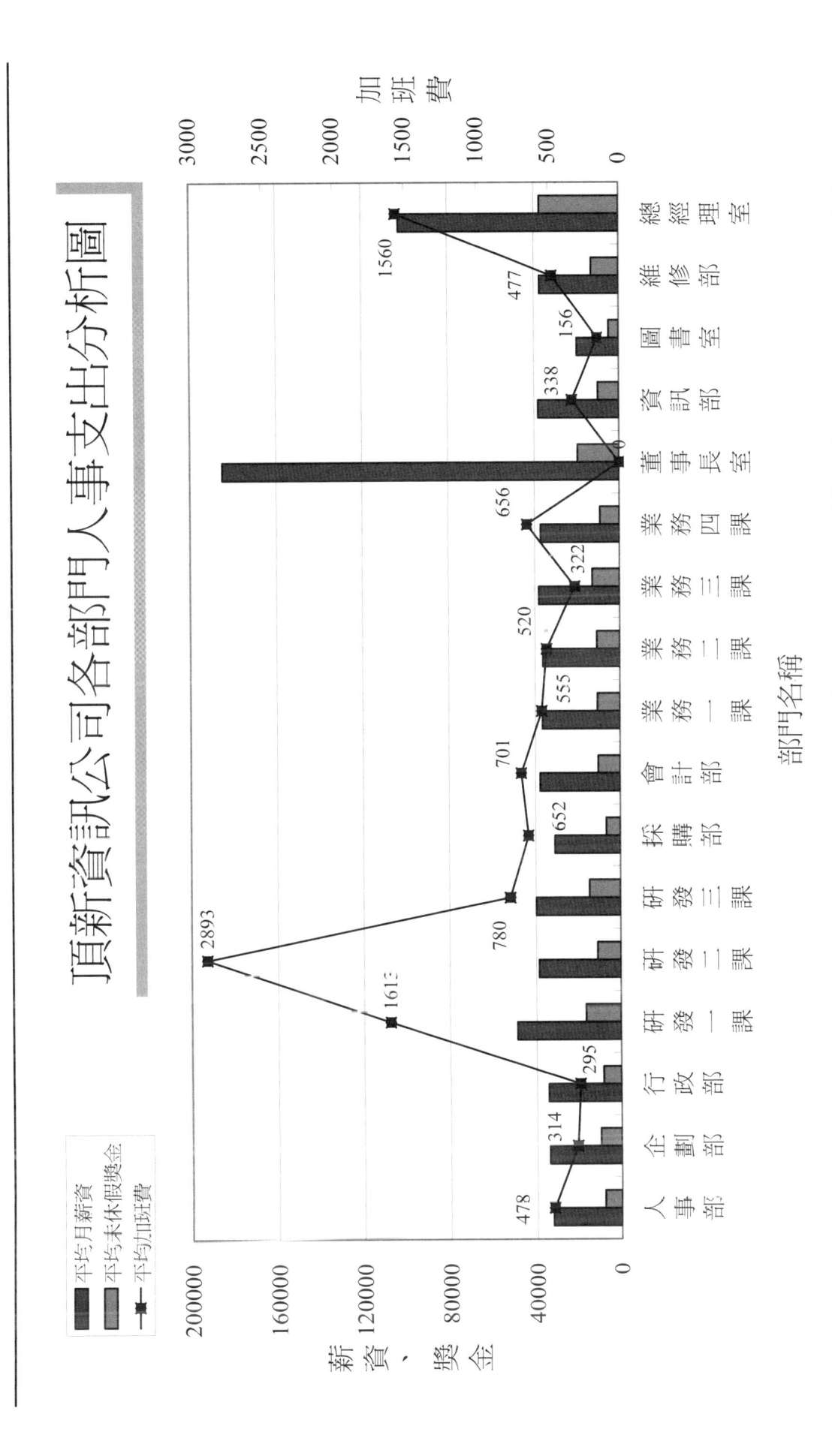

民國一〇〇年十二月三十一日

頂新資訊公司各部門人事支出分析圖

圖例：
- 平均月薪資
- 平均未休假獎金
- 平均加班費

薪資、獎金（左軸，0–200000）／加班費（右軸，0–3000）

各部門數據（平均加班費）：
- 人事部：478
- 企劃部：314
- 行政部：295
- 研發一課：1612
- 研發二課：2893
- 研發三課：780
- 採購部：652
- 會計部：701
- 業務一課：555
- 業務二課：520
- 業務三課：322
- 業務四課：656
- 董事長室：0
- 資訊部：338
- 圖書室：156
- 維修部：477
- 總經理室：1560

部門名稱

製作人：李國強

90010801

題組二附件五

民國八十九年公司業務狀況及部門業績報告
民國一○○年十二月三十一日

今日網路之所以能如此的普及，網路產品、技術的發展功不可沒；而在產品和技術的發展過程中，路由器即扮演著非常重要的角色。本文便以網路的發展趨勢、技術和市場需求等因素，來探討路由器在網路規劃、應用上的定位和變革。

由於較大型網路的規劃必須考慮到資料傳輸效率的問題，所以在規劃時必須將網路切割成多個子網路，稱為網際網路。橋接器是最早被採用於規劃網際網路的連線設備，也是連接多個區域網路成大型網路最經濟、最簡單的方法。然而在運作上橋接器卻有許多的缺點，如必須記憶大量工作站的 MAC 層位址，且須不斷地更新，易造成所謂的廣播風暴（Broadcast Storm）；不能形成迴路以致不能規劃線路的備援；無法劃分網路層位址，如 IP、IPX 等。在對遠端網路連線時，這些缺點常造成頻寬的浪費。

對於廣域網路的連線有項功能是很重要的，那就是撥接備援（Dial Back-up）能力。撥接備援可以在當主要幹線中斷時自動撥接備援線路，使網路連線不致中斷。另也可在主要幹線資料流量壅塞時自動撥接備援線路，以分擔資料的傳輸流量。撥接備援的線路可選擇如 ISDN、X.25 或電話線路等。

交換式乙太網路的資料傳輸不再是共用頻寬的模式，它提供二個工作站之間擁有專屬頻寬傳輸資料的能力，並且能在同一時間內建立起多對工作站之間的連線，各自擁有專屬的頻寬來傳送資料。觀念上就好比電話交換機系統能在同一時間內建立起多對電話的連接、交談。

由於交換式乙太網路能建立並行式的通訊方式，同時建立多對工作站間的連線，那麼即使網路的傳輸速率並沒有提高，但整體的網路傳輸效能卻能有很大的提升。電話交換機建立兩具電話的連線係根據所撥接的電話號碼，交換式乙太網路則是根據資料鏈結層的 MAC 子層位址（Media Access Control Address）來辨識，所以交換式乙太網路設備（以下簡稱 EtherSwitch）必須建立自己的 MAC 位址表以了解所有工作站的位置，再根據位址表以達成工作站與工作站間的連線。

EtherSwitch 建立位址表的方式和橋接器非常類似，均是採自學（Learning）、透通（Transparent）的方式，與工作站的運作完全無關。但是

90010801　　　　　　　　　　　李國強

民國八十九年公司業務狀況及部門業績報告

民國一〇〇年十二月三十一日

EtherSwitch 對資料封包的轉送效率卻比橋接器和路由器快，在安裝成本上也比橋接器和路由器低。表 1 為三者的比較表。

在網際網路的連線上，路由器取代了橋接器而成為主要的連線設備。近年來 EtherSwitch 的出現，以其安裝成本低、安裝維護容易、傳輸效率高等優點漸而取代了路由器在網際網路的地位。漸漸的路由器已被規劃於作遠端的連線，或必須作 IP 位址劃分的網路上。圖 2 和圖 3 是目前規劃上最常見的兩種架構。

題組二　術科解題

Word 附件製作

- 根據「題組二附件一」樣式建立標準範本：〔2-1〕文件
  完成：版面配置、頁首頁尾、頁面框線設定
- 將〔2-1〕文件另存為：2-2、2-3、2-4、2-5，並逐一修改
  （請參考：Word 基礎教學）

Access 解題

建立資料庫、匯入資料表

1. 建立資料庫 NO2
2. 匯入考題要求 6 張資料表
   結果如右圖：
   （請參考：Access 基礎教學）

更改資料屬性

1. 更改 EMPLOYEE 資料表
   欄位：目前月薪資、年假天數
   資料類型：數字

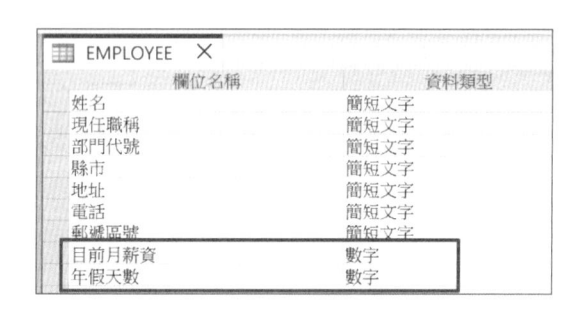

2. 更改 LEAVE 資料表
   欄位：年、天數
   資料類型：數字

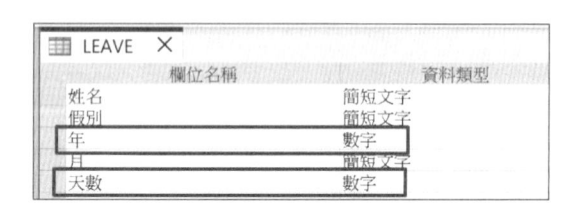

3. 更改 OVERTIME 資料表
   欄位：年、加班時數
   資料類型：數字

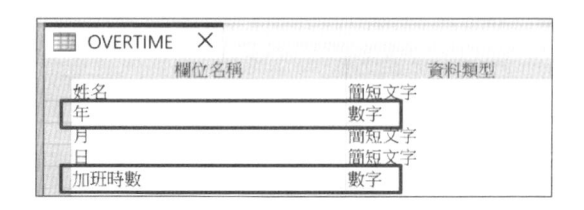

4. 更改 PRODUCT 資料表
   欄位：單價
   資料類型：數字

5. 更改 SALES 資料表
   欄位：數量、交易年
   資料類型：數字

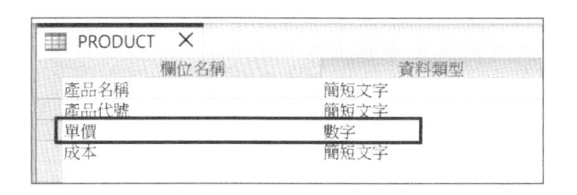

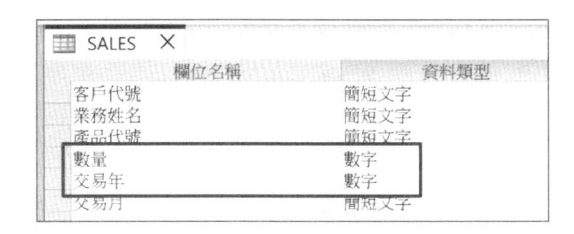

解題分析

題組二共有 3 個統計主題：請假天數、加班時數、業績總額，各附件應對的部門不斷更迭：業務部門、研發部門、所有部門，因此我們就針對所有員工進行上述 3 項統計，所以我們需要一份完整的員工資料＋3 份統計值，而這 4 份資料的整合工作交由 Excel 來處理。

建立查詢：DATA-1（員工資料）

1. 建立 ➤ 查詢設計
   新增資料表
   選取：DEPT、EMPLOYEE
2. 建立資料表關聯，如右圖：

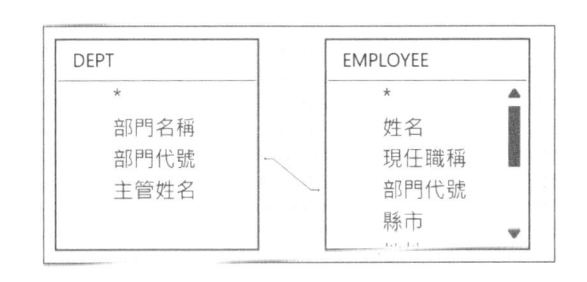

- 附件一報表欄位如下圖：

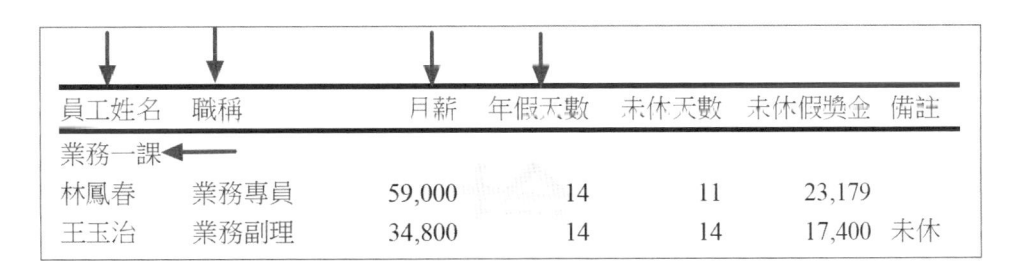

3. 建立欄位：「部門名稱」、「姓名」、「現任職稱」、「目前月薪資」、「年假天數」
   結果如下圖：

> **解說**
>
> 檢視附件二、三、四、五，不需增加欄位。

4. 常用 → 檢視 → 資料工作表檢視
   共得資料 97 筆
5. 按存檔鈕，命名為：DATA-1

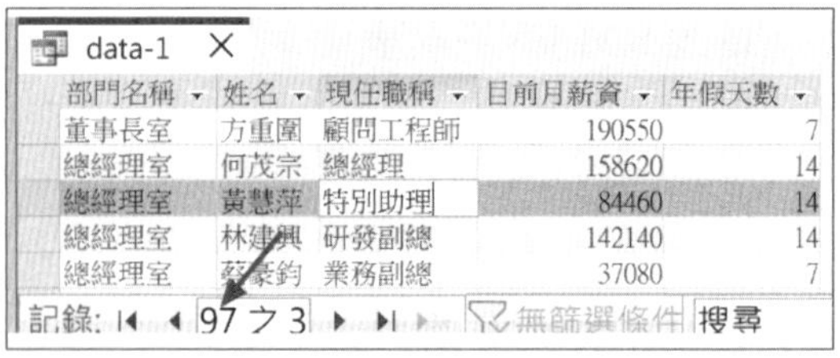

建立查詢：DATA-2（請假天數）

1. 建立 → 查詢設計
   新增資料表：LEAVE
2. 不須建立關聯，如右圖：
   （只有一個資料表）

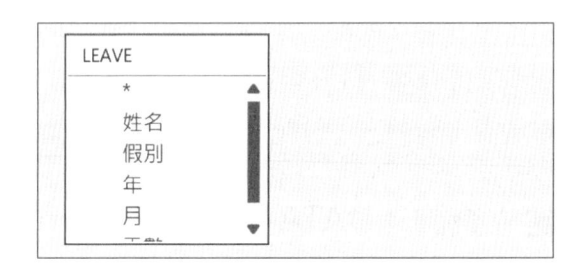

> **解說**
>
> 只須找出 89 年請假紀錄。

3. 建立欄位：「姓名」、「年」、「天數」
   如右圖：

4. 常用 → 檢視 → 資料工作表檢視
   共得資料 91 筆
5. 按存檔鈕，命名為：DATA-2

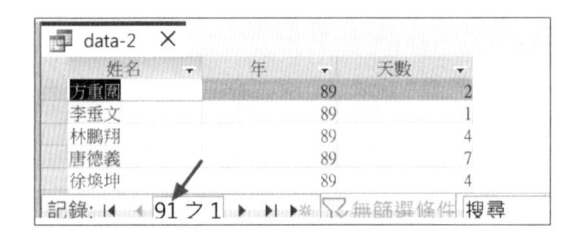

資料篩選

- 題組共同的資料篩選準則：民國 89 年

1. 常用 → 檢視 → 設計檢視
2. 設定「年」欄位：
   取消：顯示、準則：89，如右圖：

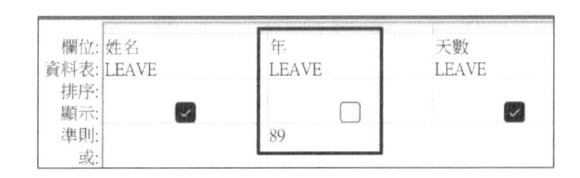

2-186

3. 常用 → 檢視 → 資料工作表檢視
   共得資料 91 筆

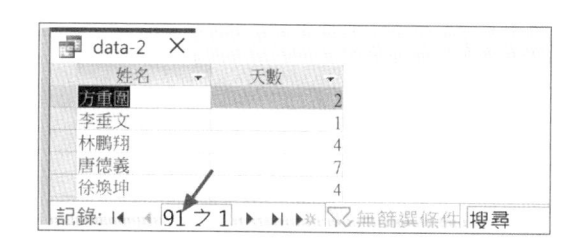

> **解說**
>
> 所有請假紀錄都是 89 年，因此筆數沒有減少。

建立查詢：DATA-3（加班時數）

1. 建立 → 查詢設計
   新增資料表：OVERTIME

2. 不須建立關聯，如右圖：
   （只有一個資料表）

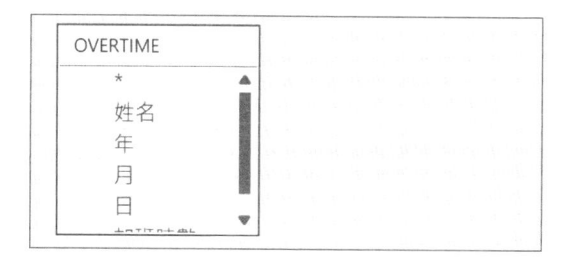

> **解說**
>
> 只須找出 89 年加班紀錄。

3. 建立欄位：
   「姓名」、「年」、「加班時數」
   如右圖：

4. 常用 → 檢視 → 資料工作表檢視
   共得資料 110 筆

5. 按存檔鈕，命名為：DATA-3

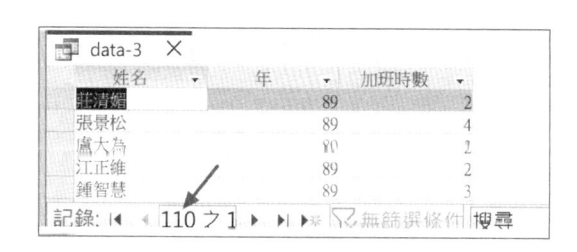

資料篩選

- 題組共同的資料篩選準則：民國 89 年
1. 常用 → 檢視 → 設計檢視
2. 設定「年」欄位：
   取消：顯示、準則：89，如右圖：
3. 常用 → 檢視 → 資料工作表檢視
   共得資料 110 筆

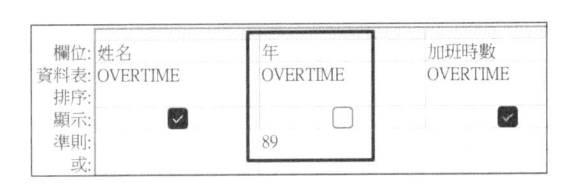

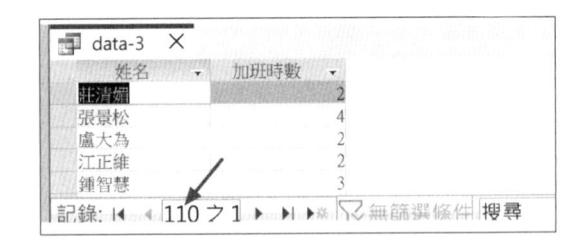

> **解說**
> 所有加班紀錄都是 89 年，因此筆數沒有減少。

建立查詢：DATA-4（業績總額）

1. 建立 → 查詢設計
   新增資料表
   選取：PRODUCT、SALES
2. 建立資料表關聯，如右圖：
3. 建立欄位：「業姓名」、「交易年」
   建立計算式：
   「業績總額:數量 * 單價」，如右圖：
4. 常用 → 檢視 → 資料工作表檢視
   共得資料 251 筆
5. 按存檔鈕，命名為：DATA-4

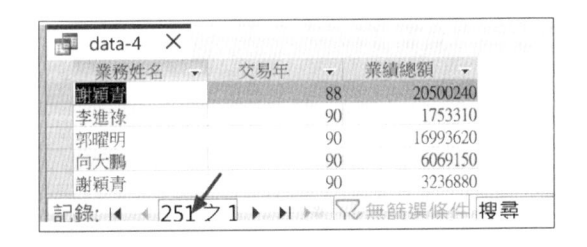

> **解說**
> 交易紀錄包含 88、89、90 年資料。

2-188

資料篩選

- 題組共同的資料篩選準則：民國 89 年

1. 常用 → 檢視 → 設計檢視
2. 設定「交易年」欄位：
   取消：顯示、準則：89，如右圖：

3. 常用 → 檢視 → 資料工作表檢視
   共得資料 66 筆

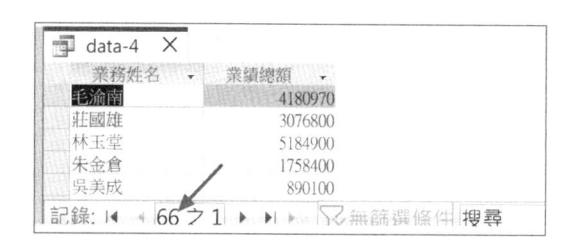

> **解說**
>
> 特別注意！筆數產生變化了。

Excel 解題

將 Access 資料複製到 Excel

1. 將 DATA-1 查詢拖曳至【工作表 1】表 A1 儲存格

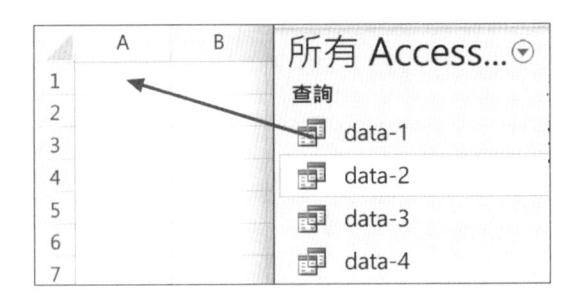

2. 更改【工作表 1】表為【DATA-1】表，結果如右圖：

3. 新增【DATA-2】表

   將 DATA-2 查詢拖曳至【DATA-2】表 A1 儲存格

   將 DATA-3 查詢拖曳至【DATA-2】表 D1 儲存格

   將 DATA-4 查詢拖曳至【DATA-2】表 G1 儲存格，結果如下圖：

資料整合

- 將【DATA-1】表製作成附件一、二、三、四、五公用資料的大表。
- 為了提高運算式的正確性，本單元採用「表格」解法。

1. 根據附件一報表，編輯欄位名稱、新增欄位，結果如下圖：

2. 根據附件二報表，新增欄位，結果如下圖：

	B	C	D	E	G	H	I	J	K	L
1	員工姓名	職稱	月薪	年假天數	請休天數	未休假獎金	備註	加班時數	加班費	佔月薪比例
2	方重圜	顧問工程師	190550	7						
3	何茂宗	總經理	158620	14						
4	黃慧萍	特別助理	84460	14						

3. 根據附件三報表，新增欄位，結果如下圖：

	A	B	C	D	K	L	M	N	O	P
1	部門名稱	員工姓名	職稱	月薪	加班費	佔月薪比例	年薪資	業績總額	比例	
2	董事長室	方重圜	顧問工程師	190550						
3	總經理室	何茂宗	總經理	158620						
4	總經理室	黃慧萍	特別助理	84460						

解說

檢視附件四、五，不須新增欄位。

4. 插入 → 表格（我的資料有標題），結果如下圖：

	A	B	C	D	E	K	L	M	N	O	P
1	部門名稱▼	員工姓名▼	職稱▼	月薪▼	年假天數▼	請假▼	加班費▼	佔月薪比▼	年薪資▼	業績總▼	比例▼
2	董事長室	方重圜	顧問工程師	190550	7						
3	總經理室	何茂宗	總經理	158620	14						
4	總經理室	黃慧萍	特別助理	84460	14						

命名 3 份統計資料

1. 編輯【DATA-2】表第 1 列欄位名稱，結果如下圖：

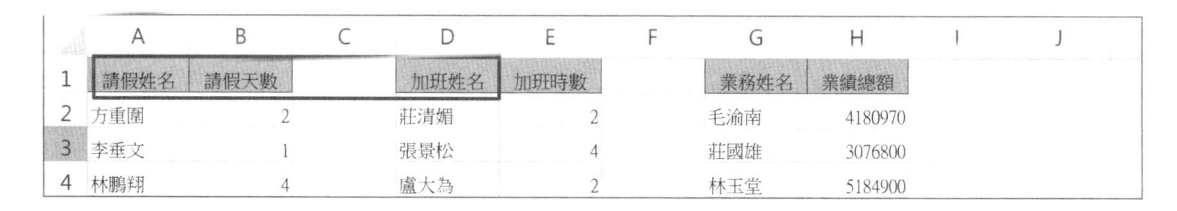

	A	B	C	D	E	F	G	H	I	J
1	請假姓名	請假天數		加班姓名	加班時數		業務姓名	業績總額		
2	方重圜	2		莊清媚	2		毛渝南	4180970		
3	李垂文	1		張景松	4		莊國雄	3076800		
4	林鵬翔	4		盧大為	2		林玉堂	5184900		

解說

讓每一個欄位名稱產生差異，更容易識別。

2. 選取 A:H 欄位

   公式 → 從選取範圍建立 → 頂端列

3. 按 F3 鍵查看建立名稱如右圖：

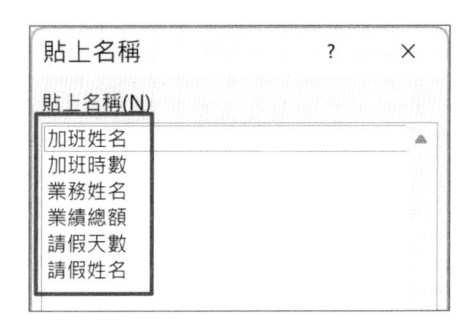

將統計資料帶入大表

1. 選取【DATA-1】表，選取 F2 儲存格，輸入：=SUMIF(　,　,　)

   將插入點置於第 1 個參數位置，按 F3 鍵，選取：「請假姓名」

   將插入點置於第 2 個參數位置，點選：B2 儲存格（自動帶出欄位名稱）

   將插入點置於第 3 個參數位置，按 F3 鍵，選取：「請假天數」

   按 Enter 鍵後，自動向下填滿，結果如下圖：

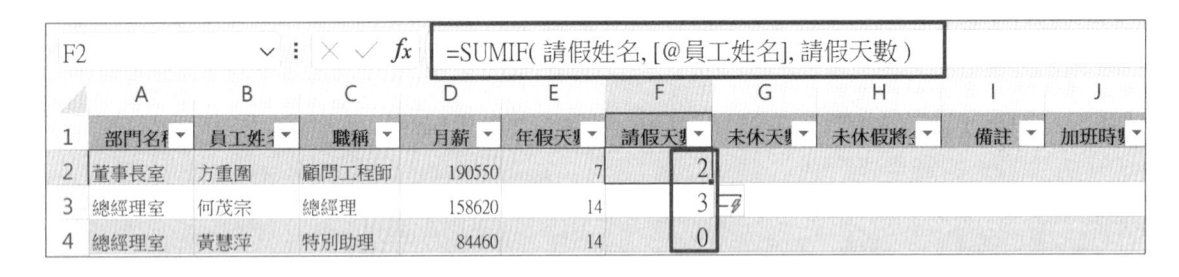

2. 複製 F2 儲存格運算式，貼至 J2 儲存格

   編輯運算式，結果如下圖：

3. 複製 F2 儲存格運算式，貼至 N2 儲存格

   編輯運算式，結果如下圖：

> **解說**
>
> 上方資料都為 0 是正確的，因為只有業務部門員工才有業績。

依考題要求計算欄位

1. 選取：G2 儲存格，輸入：=IF(, ,) 運算式，向下填滿，如下圖：

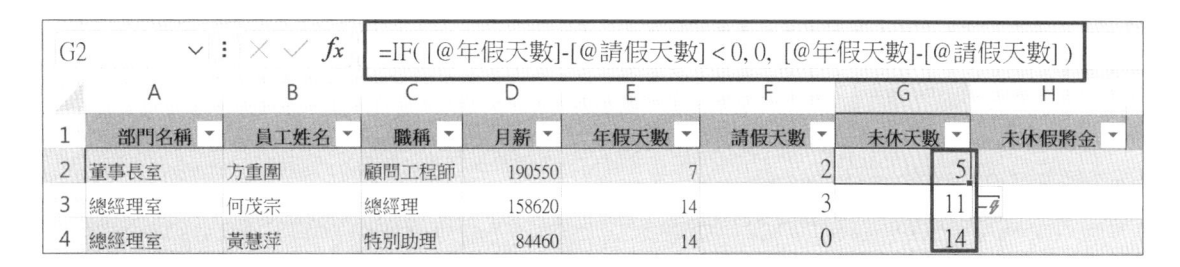

G2		fx	=IF([@年假天數]-[@請假天數] < 0, 0, [@年假天數]-[@請假天數])				
	A	B	C	D	E	F	G	H
1	部門名稱	員工姓名	職稱	月薪	年假天數	請假天數	未休天數	未休假獎金
2	董事長室	方重圍	顧問工程師	190550	7	2	5	
3	總經理室	何茂宗	總經理	158620	14	3	11	
4	總經理室	黃慧萍	特別助理	84460	14	0	14	

> **解說**
>
> 在「表格」中，點選儲存格便會自動轉換為欄位名稱：E2 → [@年假天數]。
>
> 未休天數 = 年假 – 已休天數 → = D2- E2 = [@年假天數] - [@請假天數]
>
> 但題目規定：「未休假天數最少為 0 天」，因此必須加上 IF(, ,)函數。

2. 選取：H2 儲存格，輸入運算式，結果如下圖：

H2		fx	=ROUND([@月薪]/28*[@未休天數], 0)				
	A	B	D	E	F	G	H	I
1	部門名稱	員工姓名	月薪	年假天數	請假天數	未休天數	未休假獎金	備註
2	董事長室	方重圍	190550	7	2	5	34027	
3	總經理室	何茂宗	158620	14	3	11	62315	
4	總經理室	黃慧萍	84460	14	0	14	42230	

> **解說**
>
> 未休假獎金 = 月薪 / 28 x 未休天數。
>
> 金額以整數計算，小數點四捨五入。

3. 選取：I2 儲存格，輸入運算式，如下圖：

I2				fx	=IF([@請假天數]=0, "未休","")				
	A	B		D	E	F	G	H	I
1	部門名稱	員工姓名		月薪	年假天數	請假天數	未休天數	未休假獎金	備註
2	董事長室	方重圍		190550	7	2	5	34027	
3	總經理室	何茂宗		158620	14	3	11	62315	
4	總經理室	黃慧萍		84460	14	0	14	42230	未休

解說

已休天數為 0 者標示「未休」。

4. 選取：K2 儲存格，輸入運算式，如下圖：

K2				fx	=ROUND([@月薪]/224*1.5*[@加班時數], 0)				
	A	B		D	E	F	I	J	K
1	部門名稱	員工姓名		月薪	年假天數	請假天數	備註	加班時數	加班費
2	董事長室	方重圍		190550	7	2		0	0
3	總經理室	何茂宗		158620	14	3		0	0
4	總經理室	黃慧萍		84460	14	0	未休	11	6221

解說

加班費 = 月薪 / 224 x 1.5 x 加班時數。

金額以整數計算，小數點四捨五入。

5. 選取：L2 儲存格，輸入運算式，如下圖：

L2				fx	=ROUND([@加班費]/[@月薪], 4)				
	A	B		D	E	I	J	K	L
1	部門名稱	員工姓名		月薪	年假天數	備註	加班時數	加班費	佔月薪比例
2	董事長室	方重圍		190550	7		0	0	0
3	總經理室	何茂宗		158620	14		0	0	0
4	總經理室	黃慧萍		84460	14	未休	11	6221	0.0737

解說

佔月薪比例 = 加班費 / 月薪。

百分比、小數 2 位，因此以 ROUND( ) 四捨五入取小數 4 位。

6. 選取：L2 儲存格，輸入運算式，如下圖：

M2			fx	=ROUND([@月薪]*16.5, 0)			
	A	B	D	E	L	M	N	O
1	部門名稱	員工姓名	月薪	年假天數	佔月薪比例	年薪資	業績總額	比例
2	董事長室	方重圍	190550	7	0	3144075	0	
3	總經理室	何茂宗	158620	14	0	2617230	0	
4	總經理室	黃慧萍	84460	14	0.0737	1393590	0	

解說

年薪 = 月薪 x 16.5。

金額以整數計算，小數點四捨五入。

7. 選取：O2 儲存格，輸入運算式，如下圖：

O2			fx	=ROUND([@業績總額] / ([@未休假獎金]+[@加班費]+[@年薪資]),2)			
	A	B	H	K	M	N	O	P
1	部門名稱	員工姓名	未休假獎金	加班費	年薪資	業績總額	比例	
2	董事長室	方重圍	34027	0	3144075	0	0	
3	總經理室	何茂宗	62315	0	2617230	0	0	
4	總經理室	黃慧萍	42230	6221	1393590	0	0	

解說

比例 = 業績總額 /（未休假獎金 + 加班費 + 年薪資）。

小數點四捨五入取 2 位。

產生共同資料

1. 新增【DATA-3】表

   複製【DATA-1】表所有資料，貼至【DATA-3】表 A1 儲存格（貼上選項：123）

	A	B	C	D	E	F	G	H	I	J	K	L	M	N	O
1	部門名稱	員工姓名	職稱	月薪	年假天數	請假天數	未休天數	未休假獎金	備註	加班時數	加班費	佔月薪比例	年薪資	業績總額	比例
2	董事長室	方重圍	顧問工程師	190550	7	2	5	34027		0	0	0	3144075	0	0
3	總經理室	何茂宗	總經理	158620	14	3	11	62315		0	0	0	2617230	0	0
4	總經理室	黃慧萍	特別助理	84460	14	0	14	42230	未休	11	6221	0.0737	1393590	0	0
5	總經理室	林建興	研發副總	142140	14	0	14	71070	未休	4	3807	0.0268	2345310	0	0

2-195

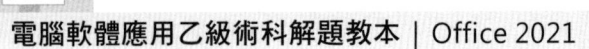

2. 設定：B、H、K、M、N欄，千分位、小數0位

   設定：L欄，百分比、小數2位

   設定：O欄，小數2位，結果如下圖：

3. 資料 → 排序

   第1階：部門 → 遞增、第2階：月薪 → 遞減、第3階：姓名 → 遞增，如下圖：

   > **解說**
   >
   > 所有附件資料排序都是一致的，因此在總表上先行排序。

4. 按住【DATA-3】表標籤，拖曳複製產生4份工作表

   分別命名為：【1-1】表、【2-1】表、【3-1】表、【4-1】表，結果如下圖：

附件一

1. 選取【1-1】表

2. 根據附件一報表，刪除多餘欄位，結果如下圖：

	A	B	C	D	E	F	G	H	I	J
1	部門名稱	員工姓名	職稱	月薪	年假天數	未休天數	未休假獎金	備註		
2	人事部	陳舜庭	人事專員	52,530	7	7	13,133	未休		
3	人事部	張財全	人事助理	31,930	7	7	7,983	未休		
4	人事部	楊習仁	人事經理	29,767	7	7	7,442	未休		

> **解說**
>
> 務必刪除「請假天數」欄位。

3. 刪除非「業務部門」所有資料列，結果如下圖：

	A	B	C	D	E	F	G	H	I	J
1	部門名稱	員工姓名	職稱	月薪	年假天數	未休天數	未休假獎金	備註		
2	業務一課	林鳳春	業務專員	60,770	14	5	10,852			
3	業務一課	王玉治	業務副理	35,844	14	14	17,922	未休		
20	業務四課	李進祿	業務專員	25,750	7	5	4,598			
21	業務四課	陳惠娟	業務助理	23,690	14	14	11,845	未休		
22										

4. 在「業務一課」上方插入 1 列空白

   在「業務二課」、「業務二課」...上方插入 2 列空白

   將每一個單位的第一個部門名稱拖曳至右上方儲存格，刪除 A 欄所有內容

   在 B8 儲存格輸入：「部門加總」，在 G8 儲存格按「加總」鈕，結果如下圖：

	A	B	C	D	E	F	G	H	I	J
1		員工姓名	職稱	月薪	年假天數	未休天數	未休假獎金	備註		
2		業務一課								
3		林鳳春	業務專員	60,770	14	5	10,852			
4		王玉治	業務副理	35,844	14	14	17,922	未休		
5		吳美成	資深專員	35,844	7	2	2,560			
6		陳曉蘭	業務經理	30,385	7	7	7,596	未休		
7		葉秀珠	業務助理	25,544	7	4	3,649			
8		部門加總					42,579			
9		業務二課								

> **解說**
>
> 由於每一個單位都是 5 筆資料，因此「部門加總」列可以直接複製。

5. 複製第 8 列，貼至 15、22、29 列

   合併 B32:C32 範圍，設定：靠左對齊，輸入：「未休假獎金總計金額」

   在 G32 輸入運算式：= G8 + G15 + G22 + G29，結果如下圖：

	A	B	C	D	E	F	G	H	I	J
16		業務三課								
28		陳惠娟	業務助理	23,690	14	14	11,845	未休		
29		部門加總					34,468			
30										
31										
32		未休假獎金總計金額					172,047			

關鍵檢查

	A	B	C	D	E	F	G	H	I	J
1		員工姓名	職稱	月薪	年假天數	未休天數	未休假獎金	備註		
2		業務一課								
3		林鳳春	業務專員	60,770	14	5	10,852			
4		王玉治	業務副理	35,844	14	14	17,922	未休		

852爸我餓

28		陳惠娟	業務助理	23,690	14	14	11,845	未休
29		部門加總					34,468	
30								
31								
32		未休假獎金總計金額					172,047	

740氣死你

▶ 附件二

- 報表下方還有一份「附表」，根據主表進行樞紐分析即可取得。
- 進行「主表」編輯前必須先複製一份留給「附表」用。

1. 選取【2-1】表

   根據附件二報表，刪除多餘欄位，結果如下圖：

	A	B	C	D	E	F	G	H	I
1	部門名稱	員工姓名	職稱	月薪	加班時數	加班費	佔月薪比例		
2	人事部	陳舜庭	人事專員	52,530	0	0	0.00%		
3	人事部	張財全	人事助理	31,930	5	1,069	3.35%		
4	人事部	楊習仁	人事經理	29,767	0	0	0.00%		

2. 刪除非「研發部門」所有資料列，結果如下圖：

	A	B	C	D	E	F	G	H	I
1	部門名稱	員工姓名	職稱	月薪	加班時數	加班費	佔月薪比例		
2	研發一課	張藍方	研發經理	69,422	10	4,649	6.70%		
3	研發一課	黃志文	研發副理	68,186	9	4,109	6.03%		
16	研發三課	鍾智慧	研發工程師	30,385	6	1,221	4.02%		
17	研發三課	楊銘哲	研發副理	28,016	5	938	3.35%		
18									

3. 刪除第 14 列資料，參考下圖：

	A	B	C	D	E	F	G	H	I
13	研發三課	王演銓	研發經理	39,346	3	790	2.01%		
14	研發三課	鄭秀家	研發工程師	37,595	0	0	0.00%	← 刪除	
15	研發三課	方鎮深	副工程師	32,960	5	1,104	3.35%		
16	研發三課	鍾智慧	研發工程師	30,385	6	1,221	4.02%		
17	研發三課	楊銘哲	研發副理	28,016	5	938	3.35%		
18									

解說

題目規定：「加班費為 0 者不須列印」。（扣 50）

4. 複製【2-1】表，產生【2-2】表

15	研發三課	鍾智慧	研發工程師	30,385	6	1,221	4.02%
16	研發三課	楊銘哲	研發副理	28,016	5	938	3.35%
17							

data-1　data-2　data-3　1-1　2-1　**2-2**　3-1　4-1　+

5. 選取【2-1】表

在「研發一課」上方插入 1 列空白

在「研發二課」、「研發二課」、「研發三課」上方插入 2 列空白

將每一個單位的第一個部門名稱拖曳至右上方儲存格，刪除 A 欄所有內容

在 B8 儲存格輸入：「部門加總」，在 F8 儲存格按「加總」鈕，結果如下圖：

	A	B	C	D	E	F	G	H	I
1		員工姓名	職稱	月薪	加班時數	加班費	佔月薪比例		
2		研發　　課							
3		張藍方	研發經理	69,422	10	4,649	6.70%		
4		黃志文	研發副理	68,186	9	4,109	6.03%		
5		林森和	助理工程師	39,140	2	524	1.34%		
6		王德惠	研發工程師	38,110	4	1,021	2.68%		
7		徐煥坤	資深工程師	37,080	11	2,731	7.37%		
8		部門加總				13,034			
9		研發二課							

2-199

6. 複製第 8 列，貼至 15、22 列

   合併 B23:C23 範圍，設定：靠左對齊，輸入：「加班費總計金額」

   在 F23 輸入運算式：= F8 + F15 + F22，結果如下圖：

	A	B	C	D	E	F	G	H	I
20		鍾智慧	研發工程師	30,385	6	1,221	4.02%		
21		楊銘哲	研發副理	28,016	5	938	3.35%		
22		部門加總				6,128			
23		加班費總計金額				32,264			
24									

關鍵檢查

	A	B	C	D	E	F	G	H	I
1		員工姓名	職稱	月薪	加班時數	加班費	佔月薪比例		
2		研發一課							
3		張藍方	研發經理	69,422	10	4,649	6.70%	670 = 335 x 2	
4		黃志文	研發副理	68,186	9	4,109	6.03%	加倍思念	
5		林森和	助理工程	39,140	2	524	1.34%		
19		方鎮深	副工程師	32,960	5	1,104	3.35%		
20		鍾智慧	研發工程	30,385	6	1,221	4.02%		
21		楊銘哲	研發副理	28,016	5	938	3.35%	335想想我	
22		部門加總				6,128			
23		加班費總計金額				32,264			

7. 選取【2-2】表 A1 儲存格，插入 → 樞紐分析表

   設定樞紐分析表為「古典式」，將新工作表更名為【2-3】表

8. 根據附件二報表要求，依序勾選、拖曳欄位如下圖：

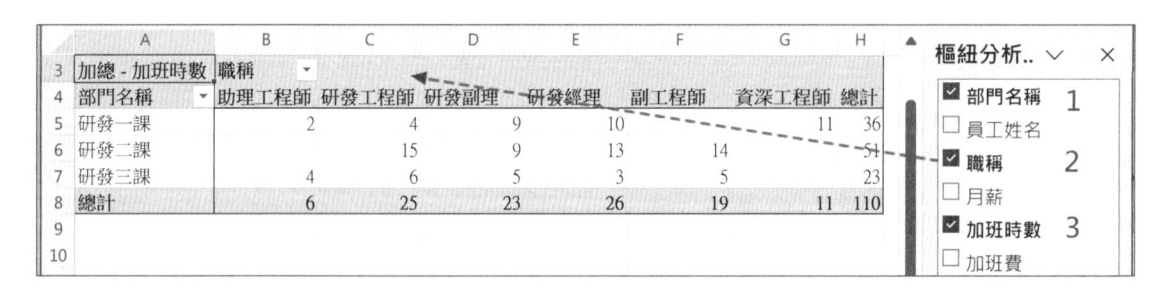

	A	B	C	D	E	F	G	H
3	加總 - 加班時數	職稱						
4	部門名稱	助理工程師	研發工程師	研發副理	研發經理	副工程師	資深工程師	總計
5	研發一課	2	4	9	10		11	36
6	研發二課		15	9	13	14		51
7	研發三課	4	6	5	3	5		23
8	總計	6	25	23	26	19	11	110

   樞紐分析..
   ☑ 部門名稱　1
   ☐ 員工姓名
   ☑ 職稱　　　2
   ☐ 月薪
   ☑ 加班時數　3
   ☐ 加班費

9. 在 B6 儲存格上按右鍵 → 樞紐分析表選項：

   若為空值顯示：0，結果如下圖：

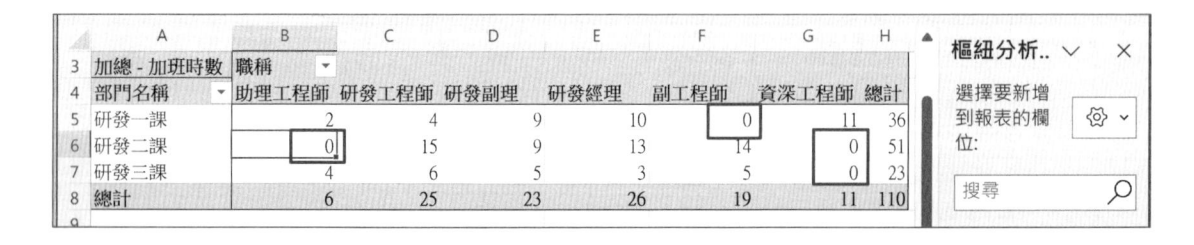

	A	B	C	D	E	F	G	H
3	加總 - 加班時數	職稱						
4	部門名稱	助理工程師	研發工程師	研發副理	研發經理	副工程師	資深工程師	總計
5	研發一課	2	4	9	10	0	11	36
6	研發二課	0	15	9	13	14	0	51
7	研發三課	4	6	5	3	5	0	23
8	總計	6	25	23	26	19	11	110

10. 複製 H8:A4 範圍，貼至 A11 儲存格

    將 A15、H11 儲存格的「總計」更改為「小計」

    選取：B11 儲存格，將插入點置於「助理」右邊，按 Alt + Enter 鍵

    選取：C11 儲存格，將插入點置於「研發」右邊，按 Alt + Enter 鍵...類推

    結果如下圖：

	A	B	C	D	E	F	G	H
11	部門名稱	助理 工程師	研發 工程師	研發 副理	研發 經理	副 工程師	資深 工程師	小計
12	研發一課	2	4	9	10	0	11	36
13	研發二課	0	15	9	13	14	0	51
14	研發三課	4	6	5	3	5	0	23
15	小計	6	25	23	26	19	11	110

關鍵檢查

上圖右下角 110 → 報警電話。(主表：想想我 → 加倍思念 → 發瘋了報警)。

▶ 附件三

1. 選取【3-1】表

   根據附件三報表，刪除多餘欄位，結果如下圖：

	A	B	C	D	E	F	G	H
1	部門名稱	員工姓名	職稱	未休假獎金	加班費	年薪資	業績總額	比例
2	人事部	陳舜庭	人事專員	13,133	0	866,745	0	0.00
3	人事部	張財全	人事助理	7,983	1,069	526,845	0	0.00
4	人事部	楊習仁	人事經理	7,442	0	491,156	0	0.00

2. 刪除非「業務部門」所有資料列，結果如下圖：

	A	B	C	D	E	F	G	H
1	部門名稱	員工姓名	職稱	未休假獎金	加班費	年薪資	業績總額	比例
2	業務一課	林鳳春	業務專員	10,852	1,221	1,002,705	22,019,700	21.70
3	業務一課	王玉治	業務副理	17,922	0	591,426	35,726,580	58.63
20	業務四課	李進祿	業務專員	4,598	690	424,875	98,060,610	227.96
21	業務四課	陳惠娟	業務助理	11,845	793	390,885	0	0.00

2-201

3. 設定 H 欄資料格式：自訂 → 「0.00":1"」，結果如下圖：

	A	B	C	D	E	F	G	H	I
1	部門名稱	員工姓名	職稱	未休假將金	加班費	年薪資	業績總額	比例	
2	業務一課	林鳳春	業務專員	10,852	1,221	1,002,705	22,019,700	21.70:1	
3	業務一課	王玉治	業務副理	17,922	0	591,426	35,726,580	58.63:1	
4	業務一課	吳美成	資深專員	2,560	480	591,426	67,818,740	114.08:1	

> **解說**
>
> 0.00：數值小數 2 位，":1"：附加文字「:1」。

4. 在「業務一課」上方插入 1 列空白
   「業務二課」、「業務三課」、「業務四課」上方插入 3 列空白
   將每一個單位的第一個部門名稱拖曳至右上方儲存格，刪除 A 欄所有內容
   在 B8 輸入：「部門加總」，選取 D8:G8 範圍，按「加總」鈕，結果如下圖：

	A	B	C	D	E	F	G	H	I
1		員工姓名	職稱	未休假將金	加班費	年薪資	業績總額	比例	
2		業務一課							
3		林鳳春	業務專員	10,852	1,221	1,002,705	22,019,700	21.70:1	
4		王玉治	業務副理	17,922	0	591,426	35,726,580	58.63:1	
5		吳美成	資深專員	2,560	480	591,426	67,818,740	114.08:1	
6		陳曉蘭	業務經理	7,596	814	501,353	49,158,100	96.43:1	
7		葉秀珠	業務助理	3,649	342	421,476	0	0.00:1	
8		部門加總		42,579	2,857	3,108,386	174,723,120		
9									
10		業務二課							

5. 複製第 8 列，貼至 16、24、32 列，結果如下圖：

	A	B	C	D	E	F	G	H	I
25									
26		業務四課							
27		毛渝南	業務副理	11,183	2,097	1,291,620	32,644,040	25.02:1	
28		林鵬翔	業務經理	3,973	1,738	611,820	27,404,860	44.38:1	
29		郭曜明	業務專員	2,869	359	441,870	53,105,670	119.31:1	
30		李進祿	業務專員	4,598	690	424,875	98,060,610	227.96:1	
31		陳惠娟	業務助理	11,845	793	390,885	0	0.00:1	
32		部門加總		34,468	5,677	3,161,070	211,215,180		
33									

關鍵檢查

● 「加班費」：第1課、第4課加總尾數都是7，2170 → 兩個一樣都是7。

	A	B	C	D	E	F	G	H	I
1		員工姓名	職稱	未休假將金	加班費	年薪資	業績總額	比例	
2		業務一課							
3		林鳳春	業務專員	10,852	1,221	1,002,705	22,019,700	21.70:1	
4		王玉治	業務副理	17,922	0	591,426	35,726,580	58.63:1	
5		吳美成	資深專員	2,560	480	591,426	67,818,740	114.08:1	
6		陳曉蘭	業務經理	7,596	814	501,353	49,158,100	96.43:1	
7		葉秀珠	業務助理	3,649	342	421,476	0	0.00:1	
8		部門加總		42,579	2,857	3,108,386	174,723,120		
26		業務四課							
27		毛渝南	業務副理	11,183	2,097	1,291,620	32,644,040	25.02:1	
28		林鵬翔	業務經理	3,973	1,738	611,820	27,404,860	44.38:1	
29		郭曜明	業務專員	2,869	359	441,870	53,105,670	119.31:1	
30		李進祿	業務專員	4,598	690	424,875	98,060,610	227.96:1	
31		陳惠娟	業務助理	11,845	793	390,885	0	0.00:1	
32		部門加總		34,468	5,677	3,161,070	211,215,180		
33									

▶ 附件四

報表類型：樞紐分析 + 統計圖，資料來源：【4-1】。

1. 選取【4-1】表 A1 儲存格，插入 → 樞紐分析表
   設定樞紐分析表為「古典式」，將新工作表更名為【4-2】表
2. 根據附件四報表要求，依序勾選欄位如下圖：

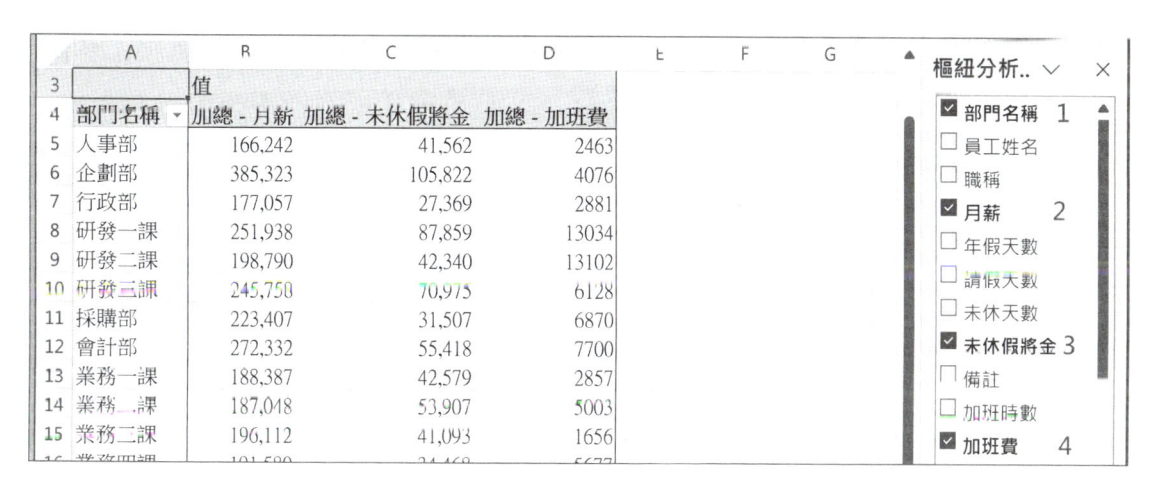

	A	B	C	D	E	F	G
3		值					
4	部門名稱	加總 - 月薪	加總 - 未休假將金	加總 - 加班費			
5	人事部	166,242	41,562	2463			
6	企劃部	385,323	105,822	4076			
7	行政部	177,057	27,369	2881			
8	研發一課	251,938	87,859	13034			
9	研發二課	198,790	42,340	13102			
10	研發三課	245,750	70,975	6128			
11	採購部	223,407	31,507	6870			
12	會計部	272,332	55,418	7700			
13	業務一課	188,387	42,579	2857			
14	業務二課	187,048	53,907	5003			
15	業務三課	196,112	41,093	1656			

樞紐分析欄位：
☑ 部門名稱 1
☐ 員工姓名
☐ 職稱
☑ 月薪 2
☐ 年假天數
☐ 請假天數
☐ 未休天數
☑ 未休假將金 3
☐ 備註
☐ 加班時數
☑ 加班費 4

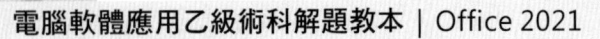

3. 在 B4 儲存格上按右鍵 → 摘要值方式 → 平均值

   在 C4 儲存格上按右鍵 → 摘要值方式 → 平均值

   在 D4 儲存格上按右鍵 → 摘要值方式 → 平均值，結果如下圖：

A	B	C	D
3	值		
4 部門名稱	平均值 - 月薪	平均值 - 未休假獎金	平均值 - 加班費
5 人事部	33,248	8,312	492.6
6 企劃部	35,029	9,620	370.5454545
7 行政部	35,411	5,474	576.2
8 研發一課	50,388	17,572	2606.8

4. 複製 D4:A21 範圍，貼至 F4 儲存格

   編輯 G4:I4 範圍內容，設定 G5:I21 範圍格式：小數點 0 位，結果如下圖：

A	B	C	D	E	F	G	H	I
3	值							
4 部門名稱	平均值 - 月薪	平均值 - 未休假獎金	平均值 - 加班費		部門名稱	平均月薪資	平均未休假獎金	平均加班費
5 人事部	33,248	8,312	492.6		人事部	33,248	8,312	493
6 企劃部	35,029	9,620	370.5454545		企劃部	35,029	9,620	371
7 行政部	35,411	5,474	576.2		行政部	35,411	5,474	576
8 研發一課	50,388	17,572	2606.8		研發一課	50,388	17,572	2,607

5. 選取 F1 儲存格

   插入 → 組合圖

   選取：群體直條圖-折線圖

   圖表設計 → 移動圖表

   選取：新工作表 Chart1

   圖表設計 → 快速版面配置

   選取：版面配置 9

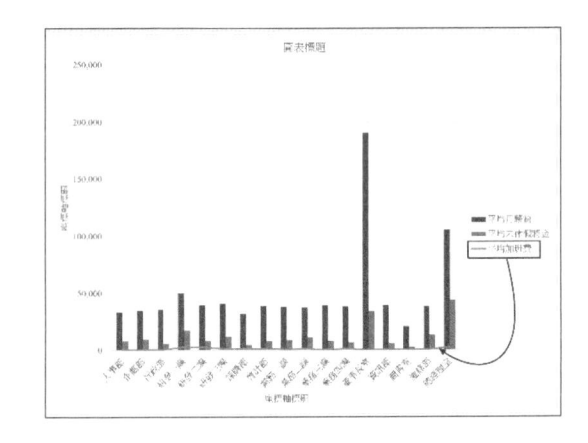

6. 在圖表區空白處按右鍵：字型，設定如下：

   英文：Times New Roman，中文：新細明體，12 pt

   > **解說**
   >
   > 請注意看上圖的「折線」幾乎趴在底下，我們要改變的就是這條線。

7. 在「折線」上連點 2 下，選取：副座標軸，結果如下圖：

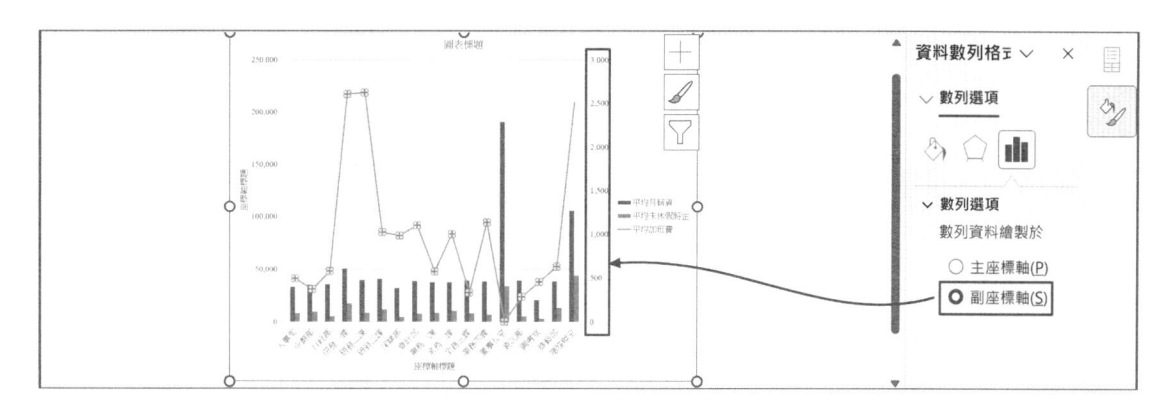

解說

上圖的「折線」呈現劇烈起伏，統計圖右側出現副座標軸。

8. 點選：新增圖表項目鈕 → 座標軸標題 → 副垂直
9. 輸入圖表標題文字：「頂新資訊公司各部門人事支出分析圖」
   設定：新細明體、18 pt
10. 向下拖曳繪圖區上邊線
    將圖例拖曳至統計圖左上方
    向右拖曳繪圖區右邊線
    結果如右圖：

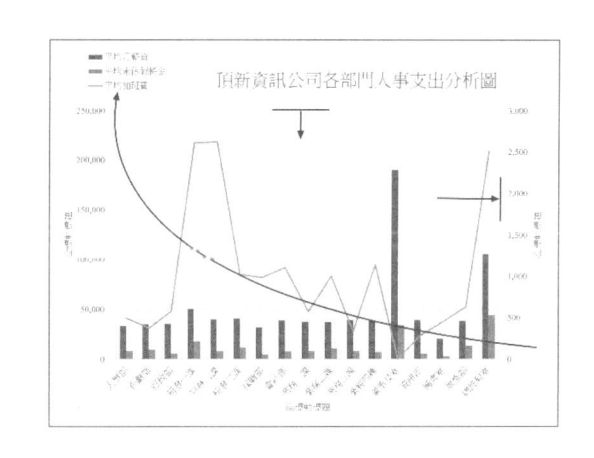

11. 設定繪圖區外框線：黑色
12. 設定圖表標題：無框線、右下陰影，右邊線對齊繪圖區右邊線

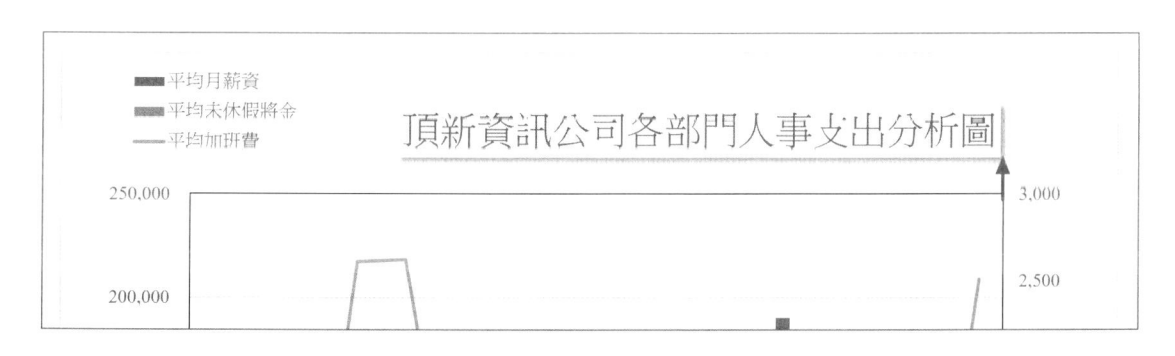

13. 輸入主垂直軸標題：「薪資、獎金」，設定：14 pt、文字方向 → 垂直
    輸入副垂直軸標題：「加班費」，設定：14 pt、文字方向 → 垂直
    輸入主水平軸標題：「部門名稱」，設定：14 pt

14. 設定水平(類別)軸 → 文字方向：垂直
    向上拖曳繪圖區下邊線（避免：水平軸標題與項目文字重疊）

15. 設定圖例：外框線、10 pt

16. 點選「折線」
    點選：新增圖表項目鈕 → 資料標籤

17. 設定資料標籤：10 pt

18. 在資料標籤上連點 2 下
    類別：數值
    小數位數：0
    取消：千分位，設定如右圖：

19. 設定副垂直座標軸：無千分位
    設定主垂直座標軸：無千分位
    設定主垂直座標軸：
        最大值：200000.0
        主要：40000.0

20. 在折線上連點 2 下
    選取：填滿與線條
    選取：標記
    標記選項：內建 → 方形
    設定如右圖：

21. 設定圖表區外框線：無
    結果如右圖：

關鍵檢查

- 折線圖最上方凸起處
    2627、2620 前 2 碼
    2626 → 2266 → 離離落落

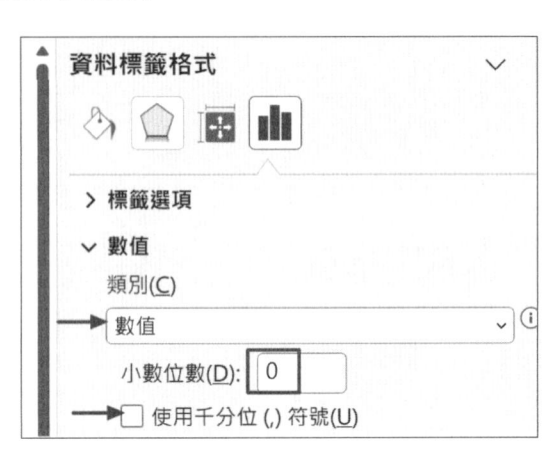

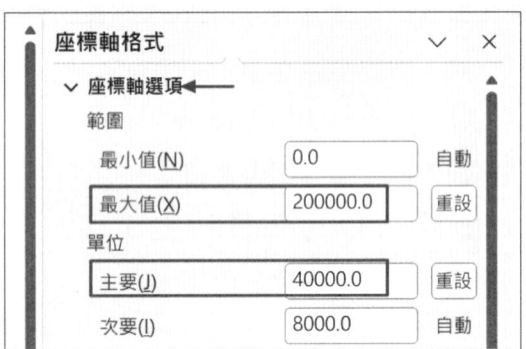

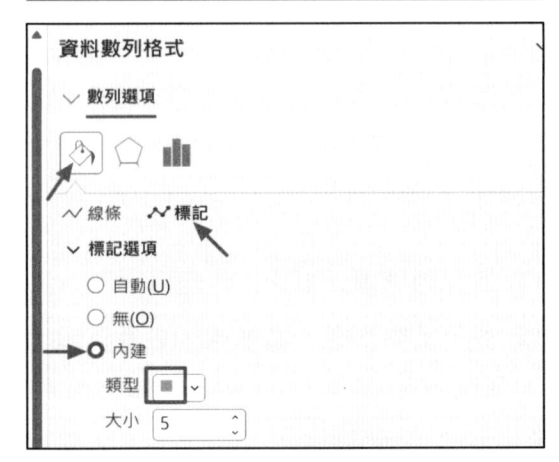

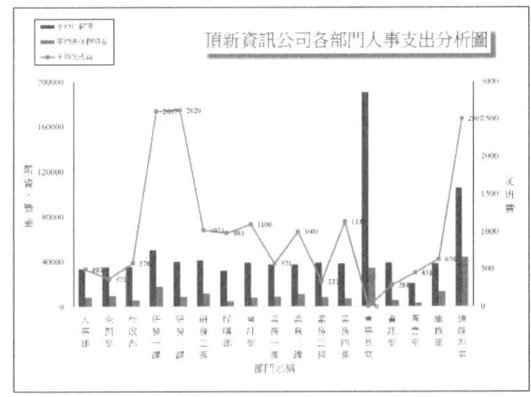

Word 解題

▶ 附件一

1. 複製【1-1】表內容，貼至〔2-1〕文件

員工姓名	職稱	月薪	年假天數	未休天數	未休假獎金	備註
業務一課						
林鳳春	業務專員	60,770	14	5	10,852	
王玉治	業務副理	35,844	14	14	17,922	未休

2. 按 Ctrl + A：全選，常用 → 字型，設定如下：
   中文字型 → 新細明體、字型 → Times New Roman、字型樣式：標準、12 pt

3. 選取表格，取消：框線，取消：網底
   表格版面配置 → 自動調整 → 自動調整成視窗大小
   設定 1~2 欄：靠左對齊、設定 3~6 欄：靠右對齊
   設定 7 欄：置中對齊，結果如下圖：

員工姓名	職稱	月薪	年假天數	未休天數	未休假獎金	備註
業務一課						
林鳳春	業務專員	60,770	14	5	10,852	
王玉治	業務副理	35,844	14	14	17,922	未休

4. 選取：第 1~2 列，按滑鼠右鍵 → 插入 → 插入上方列
   合併第 1 列儲存格，設定置中對齊，輸入標題文字
   合併第 2 列儲存格，設定靠右對齊，輸入考試當天日期
   設定「標題」列：15 pt、底線，結果如下圖：

   頂新資訊公司民國八十九年業務部門員工未休假獎金統計報表

   民國一一四年一月十三日

員工姓名	職稱	月薪	年假天數	未休天數	未休假獎金	備註
業務一課						

5. 設定「欄位名稱」列：上、下線：2 1/4 pt、單線

   設定 4 個「部門加總」列：上線 1 1/2 pt、單線，下線 1 1/2 pt、雙線，網底

員工姓名	職稱	月薪	年假天數	未休天數	未休假將金	備註
					民國一一四年一月十三日	
業務一課						
林鳳春	業務專員	60,770	14	5	10,852	
王玉治	業務副理	35,844	14	14	17,922	未休
吳美成	資深專員	35,844	7	2	2,560	
陳曉蘭	業務經理	30,385	7	7	7,596	未休
葉秀珠	業務助理	25,544	7	4	3,649	
部門加總					42,579	
業務二課						

6. 設定「未休假總計金額」列：網底，結果如下圖：

陳惠娟	業務助理	23,690	14	14	11,845	未休
部門加總					34,468	
未休假獎金總計金額					172,047	

▶ 附件二

1. 複製【2-1】表內容，貼至〔2-2〕文件

員工姓名	職稱	月薪	加班時數	加班費	佔月薪比例
研發一課					
張藍方	研發經理	69,422	10	4,649	6.70%
黃志文	研發副理	68,186	9	4,109	6.03%

2. 按 Ctrl + A：全選，常用 → 字型，設定如下：

   中文字型 → 新細明體、字型 → Times New Roman、字型樣式：標準、12 pt

3. 選取整個表格，取消：框線，取消：網底

   表格版面配置 → 自動調整 → 自動調整成視窗大小

   設定文字欄位：靠左對齊、設定數字欄位：靠右對齊，結果如下圖：

員工姓名	職稱	月薪	加班時數	加班費	佔月薪比例
研發一課					
張藍方	研發經理	69,422	10	4,649	6.70%
黃志文	研發副理	68,186	9	4,109	6.03%

4. 將插入點置於第一列最左邊，按 Enter 鍵（表格上方產生一空白段落）
5. 複製〔2-1〕文件第 1~2 列標題，貼到〔2-2〕文件最上方空白段落上
   刪除標題列下方空白段落
6. 修改標題文字
   修改「標題」格式：無底線、框線陰影 → 套用在文字上，結果如下圖：

7. 設定「欄位名稱」列：上、下線：2 1/4 pt、單線
   設定 3 個「部門加總」列：上線 1 1/2 pt、單線，下線 1 1/2 pt、雙線，網底

8. 複製【2-3】表 A11:H15 範圍內容，貼至〔2-2〕文件下方

解說

題目並未規定附表與主標間隔幾列。

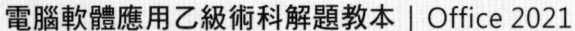

9. 選取：下方表格，常用 → 字型，設定如下：
   中文字型 → 新細明體、字型 → Times New Roman、字型樣式：標準、12 pt
10. 選取整個表格，取消：框線，取消：網底
    表格版面配置 → 自動調整 → 自動調整成視窗大小
    設定所有欄位：置中對齊
    輸入表格上方文字
11. 設定「欄位名稱」列：上、下線：2 1/4 pt、單線
    設定「小計」列：上線 1 1/2 pt、單線，下線 1 1/2 pt、雙線，如下圖：

附表：加班時數摘要							
部門名稱	助理工程師	研發工程師	研發副理	研發經理	副工程師	資深工程師	小計
研發一課	2	4	9	10	0	11	36
研發二課	0	15	9	13	14	0	51
研發三課	4	6	5	3	5	0	23
小計	6	25	23	26	19	11	110

▶ 附件三

1. 複製【3-1】表內容，貼至〔2-3〕文件

員工姓名	職稱	未休假將金	加班費	年薪資	業績總額	比例
業務一課						
林鳳春	業務專員	10,852	1,221	1,002,705	22,019,700	21.70:1
王玉治	業務副理	17,922	0	591,426	35,726,580	58.63:1

2. 按 Ctrl + A：全選，常用 → 字型，設定如下：
   中文字型 → 新細明體、字型 → Times New Roman、字型樣式：標準、12 pt
3. 選取整個表格，取消：框線，取消：網底
   表格版面配置 → 自動調整 → 自動調整成視窗大小
   設定文字欄位：靠左對齊、設定數字欄位：靠右對齊，結果如下圖：

員工姓名	職稱	未休假將金	加班費	年薪資	業績總額	比例
業務一課						
林鳳春	業務專員	10,852	1,221	1,002,705	22,019,700	21.70:1
王玉治	業務副理	17,922	0	591,426	35,726,580	58.63:1

4. 將插入點置於第一列最左邊，按 Enter 鍵（表格上方產生一空白段落）
5. 複製〔2-1〕文件第 1~2 列標題，貼到〔2-3〕文件最上方空白段落上
   刪除標題列下方空白段落

6. 修改標題文字、修改標題格式：粗體、20 pt、無底線

　　設定「欄位名稱」列下框線 2 1/4 pt

　　將插入點置於日期右側，案 Enter 鍵（產生空白段落），結果如下圖：

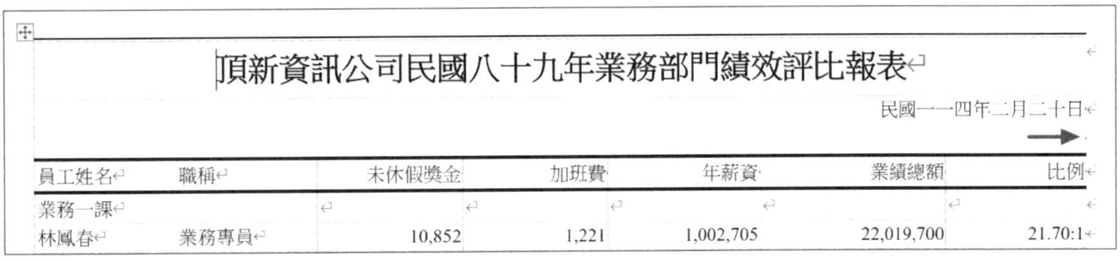

頂新資訊公司民國八十九年業務部門績效評比報表						
						民國一一四年二月二十日
員工姓名	職稱	未休假獎金	加班費	年薪資	業績總額	比例
業務一課						
林鳳春	業務專員	10,852	1,221	1,002,705	22,019,700	21.70:1

7. 設定 4 個「部門加總」列：上框線 1 1/2 pt 單線、下框線 1 1/2 pt 雙線、網底

　　結果如下圖：

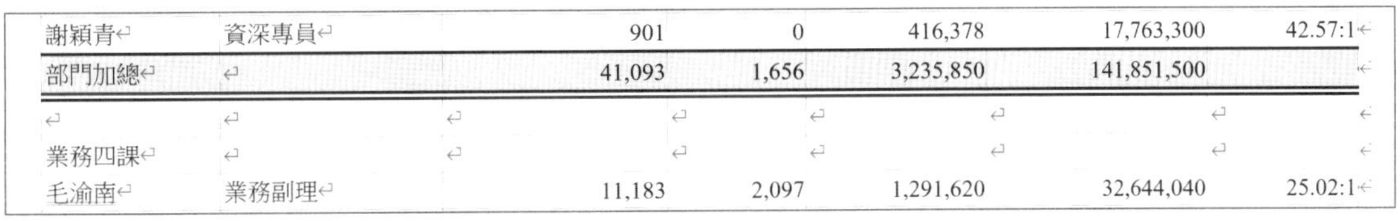

謝穎青	資深專員	901	0	416,378	17,763,300	42.57:1
部門加總		41,093	1,656	3,235,850	141,851,500	
業務四課						
毛渝南	業務副理	11,183	2,097	1,291,620	32,644,040	25.02:1

8. 選取：1~3 列，表格版面配置 → 重複標題列，結果如下圖：

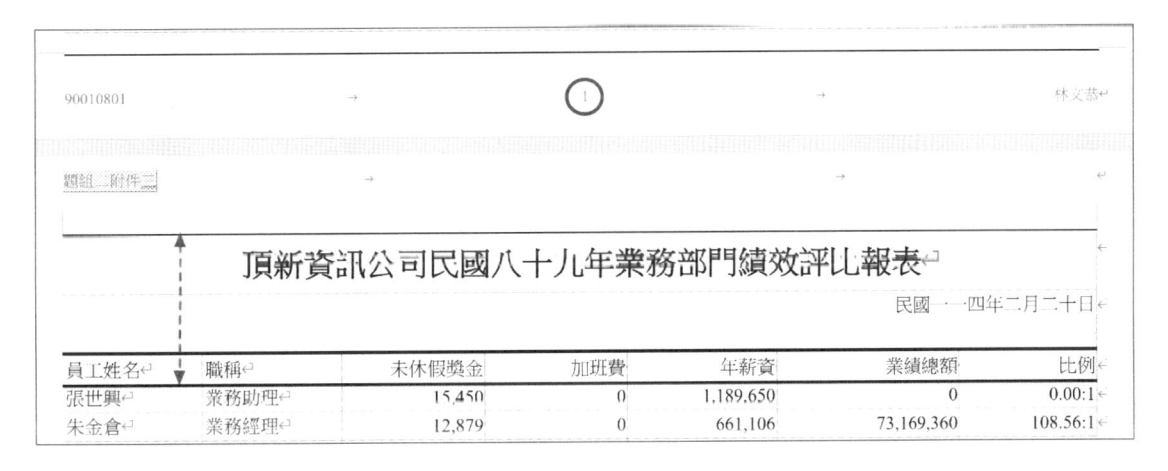

90010801			1			林文恭
題組二附件二						
頂新資訊公司民國八十九年業務部門績效評比報表						
						民國一一四年二月二十日
員工姓名	職稱	未休假獎金	加班費	年薪資	業績總額	比例
張世興	業務助理	15,450	0	1,189,650	0	0.00:1
朱金倉	業務經理	12,879	0	661,106	73,169,360	108.56:1

▶ 附件四

1. 複製【chart-1】表統計圖

　　貼至〔2-4〕文件

2. 向右拖曳圖片右邊線

　　→ 圖與頁面等寬

3. 向上拖曳圖片下邊線

　　→ 圖位於頁面下邊線上方

　　結果如右圖：

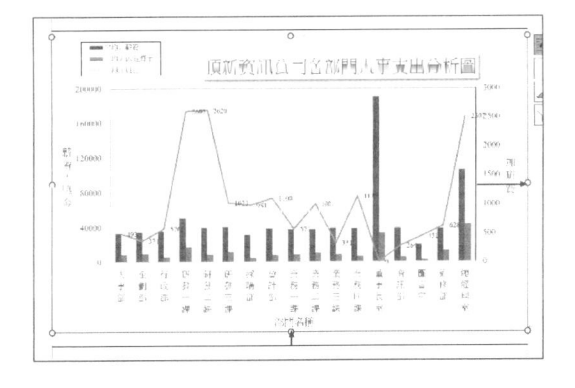

附件五

- 假設抽到文書檔：YR8.ODT，圖片檔：PIF10.BMP

1. 開啟〔2-5〕文件，匯入 YR8.ODT、刪除多餘段落、內文格式設定
   （請參考：Word 基礎教學）

2. 在頁首連點 2 下（切換到「頁首/頁尾」模式）
   插入 → 文字方塊 → 簡單文字方塊

3. 將文字方塊拖曳到頁首框線正下方
   調整寬度：頁面寬度、設定高度：2 公分，設定框線：無框線

4. 第 1 段：輸入「標題文字」
   格式：20 pt、斜體
   第 2 段：輸入「考試當天日期」

5. 選取：「考試日期」段落
   常用 → 框線 → 框線及網底
   設定如右圖：

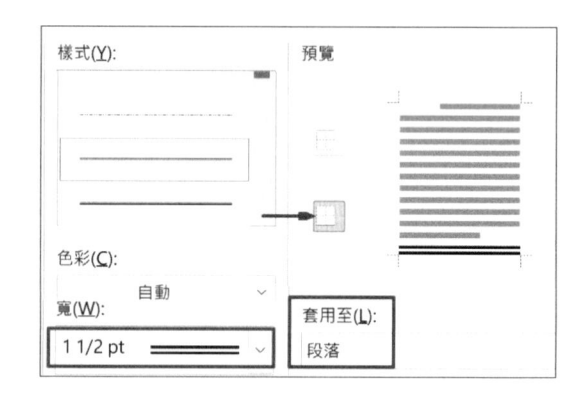

- 結果如下圖：

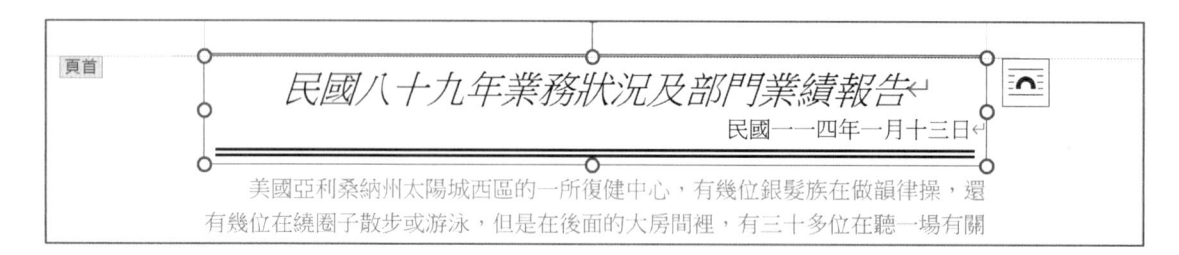

6. 在頁面內連點 2 下（回到標準模式）
7. 選取：標題下方所有內容（不包含最後空白段落）

8. 版面設定 → 欄 → 其他欄：二欄、間距 → 1 公分，結果如下圖：

9. 將插入點置於第 1 頁第 1 欄下方，插入 → 圖片：C:\...\PIF10.BMP
   設定圖片：版面配置 → 文繞圖 → 矩型、框線、左下陰影
   將圖片拖曳至頁面左下角落
   拖曳調整圖片高度：8 列，拖曳調整圖片寬度：右側 6 個中文字，如下圖：

10. 選取：頁面左下角圖片，按複製鈕，按貼上鈕

    設定圖片：右上方陰影

    將複製圖片移動至頁面右上角（保持 8 列高、左側 6 個字），如下圖：

11. 在頁首處連點 2 下（切換至頁首右尾模式）

    按貼上鈕，圖片 → 色彩 → 刷淡，取消：圖片陰影

12. 將圖片拖曳至頁面中央適當處，版面配置與選項 → 文字在前

    調整圖片高度：8 列，調整圖片寬度：左右各跨 4 個字，結果如下圖：

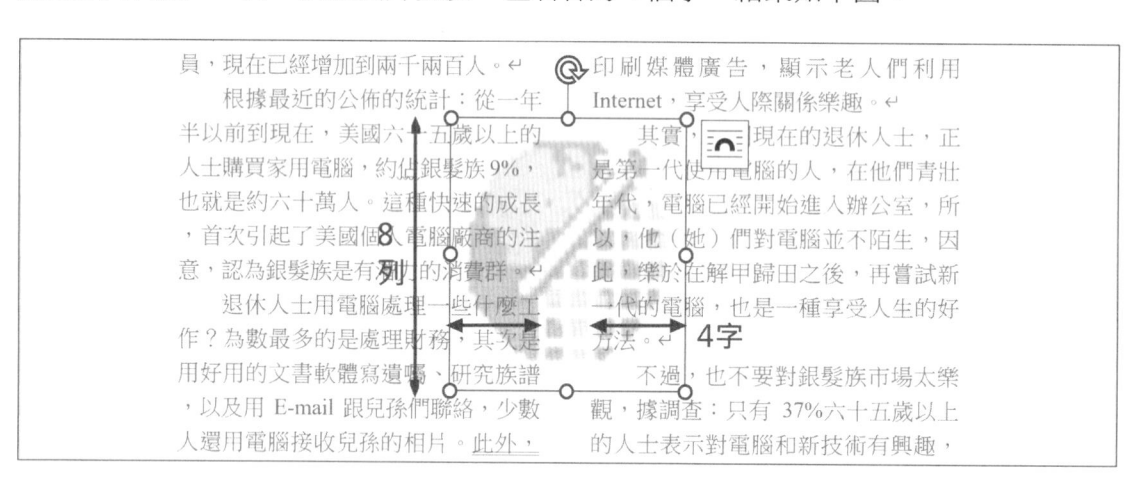

13. 在圖片上按右件 → 大小及位置

    位置標籤：

    水平：置中對齊、相對於：頁

    垂直：置中、相對於：頁

    結果如右圖：

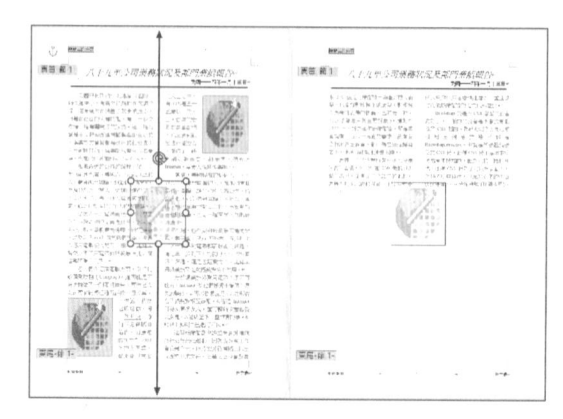

> **解說**
>
> 如果「先」設定圖片置中對齊，「後」調整圖片高度、寬度，就可能產生圖片「不再」置中對齊的問題。

2-214

題組二附件一

頂新資訊公司民國八十九年業務部門員工未休假獎金統計報表

民國一○○年五月二十九日

員工姓名	職稱	月薪	年假天數	未休天數	未休假獎金	備註
業務一課						
林鳳春	業務專員	60,770	14	5	10,852	
王玉治	業務副理	35,844	14	14	17,922	未休
吳美成	資深專員	35,844	7	2	2,560	
陳曉蘭	業務經理	30,385	7	7	7,596	未休
葉秀珠	業務助理	25,544	7	4	3,649	
部門加總					42,579	
業務二課						
陳雅賢	業務經理	55,826	14	14	27,913	未休
莊國雄	業務副理	40,376	7	5	7,210	
吳國信	資深專員	38,110	7	7	9,528	未休
陳詔芳	業務助理	28,634	7	4	4,091	
向大鵬	業務專員	24,102	7	6	5,165	
部門加總					53,907	
業務三課						
張世興	業務助理	72,100	14	6	15,450	
朱金倉	業務經理	40,067	14	9	12,879	
張志輝	業務副理	32,445	7	7	8,111	未休
林玉堂	業務專員	26,265	7	4	3,752	
謝穎青	資深專員	25,235	7	1	901	
部門加總					41,093	
業務四課						
毛渝南	業務副理	78,280	7	4	11,183	
林鵬翔	業務經理	37,080	7	3	3,973	
郭曜明	業務專員	26,780	7	3	2,869	
李進祿	業務專員	25,750	7	5	4,598	
陳惠娟	業務助理	23,690	14	14	11,845	未休
部門加總					34,468	

未休假獎金總計金額　　　　　　　　　　　　　　　172,047

90010801　　　　　　　　　　林文恭

題組二附件二

頂新資訊公司民國八十九年研發部門員工加班費支領統計清冊

民國一○○年五月二十九日

員工姓名	職稱	月薪	加班時數	加班費	佔月薪比例
研發一課					
張藍方	研發經理	69,422	10	4,649	6.70%
黃志文	研發副理	68,186	9	4,109	6.03%
林森和	助理工程師	39,140	2	524	1.34%
王德惠	研發工程師	38,110	4	1,021	2.68%
徐煥坤	資深工程師	37,080	11	2,731	7.37%
部門加總				13,034	
研發二課					
江正維	研發工程師	62,830	8	3,366	5.36%
李垂文	研發副理	35,535	9	2,142	6.03%
莊清媚	研發工程師	33,990	7	1,593	4.69%
盧大為	研發經理	33,990	13	2,959	8.71%
張景松	副工程師	32,445	14	3,042	9.38%
部門加總				13,102	
研發三課					
易君揚	助理工程師	77,456	4	2,075	2.68%
王演銓	研發經理	39,346	3	790	2.01%
方鎮深	副工程師	32,960	5	1,104	3.35%
鍾智慧	研發工程師	30,385	6	1,221	4.02%
楊銘哲	研發副理	28,016	5	938	3.35%
部門加總				6,128	
加班費總計金額				32,264	

附表：加班時數摘要

部門名稱	助理工程師	研發工程師	研發副理	研發經理	副工程師	資深工程師	小計
研發一課	2	4	9	10	0	11	36
研發二課	0	15	9	13	14	0	51
研發三課	4	6	5	3	5	0	23
小計	6	25	23	26	19	11	110

90010801　　　林文恭

頂新資訊公司民國八十九年業務部門績效評比報表

民國一○○年五月二十九日

員工姓名	職稱	未休假獎金	加班費	年薪資	業績總額	比例
業務一課						
林鳳春	業務專員	10,852	1,221	1,002,705	22,019,700	21.70:1
王玉治	業務副理	17,922	0	591,426	35,726,580	58.63:1
吳美成	資深專員	2,560	480	591,426	67,818,740	114.08:1
陳曉蘭	業務經理	7,596	814	501,353	49,158,100	96.43:1
葉秀珠	業務助理	3,649	342	421,476	0	0.00:1
部門加總		42,579	2,857	3,108,386	174,723,120	
業務二課						
陳雅賢	業務經理	27,913	1,495	921,129	48,609,740	51.14:1
莊國雄	業務副理	7,210	1,082	666,204	168,615,360	249.99:1
吳國信	資深專員	9,528	1,276	628,815	5,221,520	8.16:1
陳詔芳	業務助理	4,091	1,150	472,461	0	0.00:1
向大鵬	業務專員	5,165	0	397,683	4,967,460	12.33:1
部門加總		53,907	5,003	3,086,292	227,414,080	

業務三課

頂新資訊公司民國八十九年業務部門績效評比報表

民國一〇〇年五月二十九日

員工姓名	職稱	未休假獎金	加班費	年薪資	業績總額	比例
張世興	業務助理	15,450	0	1,189,650	0	0.00 :1
朱金倉	業務經理	12,879	0	661,106	73,169,360	108.56 :1
張志輝	業務副理	8,111	1,304	535,343	31,911,340	58.58 :1
林玉堂	業務專員	3,752	352	433,373	19,007,500	43.45 :1
謝穎青	資深專員	901	0	416,378	17,763,300	42.57 :1
部門加總		41,093	1,656	3,235,850	141,851,500	
業務四課						
毛渝南	業務副理	11,183	2,097	1,291,620	32,644,040	25.02 :1
林鵬翔	業務經理	3,973	1,738	611,820	27,404,860	44.38 :1
郭曜明	業務專員	2,869	359	441,870	53,105,670	119.31 :1
李進祿	業務專員	4,598	690	424,875	98,060,610	227.96 :1
陳惠娟	業務助理	11,845	793	390,885	0	0.00 :1
部門加總		34,468	5,677	3,161,070	211,215,180	

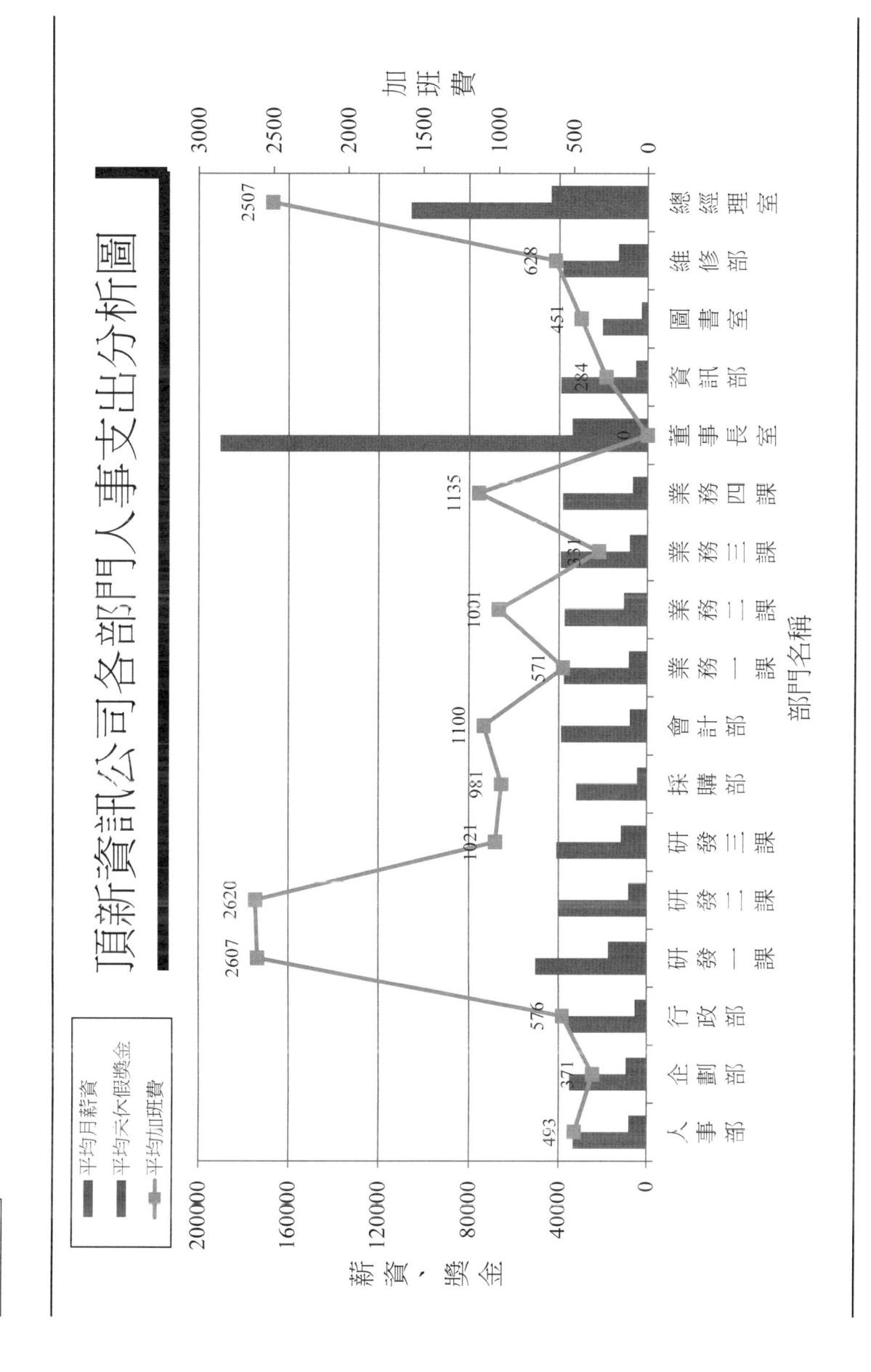

頂新資訊公司各部門人事支出分析圖

部門名稱	平均加班費
人事部	493
企劃部	371
行政部	576
研發一課	2607
研發二課	2620
研發三課	1021
採購部	981
會計部	1100
業務一課	571
業務二課	1031
業務三課	331
業務四課	1135
董事長室	0
資訊部	284
圖書室	451
維修部	628
總經理室	2507

圖例：平均月薪資、平均三節休假獎金、平均加班費

民國一○○年五月二十九日
製作人：林文恭

題組二附件四

90010801

題組二附件五

民國八十九年公司業務狀況及部門業績報告
民國一〇〇年五月二十九日

大約在十年前,筆者參與了一個大型主從運算系統的開發工作,該系統主要是做網路上的電腦工作站的異動管理應用程式。這種異動管理的應用,簡單地說就是要將一些電腦的軟體下載到遠方的工作站上,以便做到程式版本控制(Version Control)的目的。在一個分散式的主從運算環境上要執行關鍵性的重要任務程式,在客戶端電腦上的程式版本控制和異動管理是一項非常重要的工作。那時在市面上根本買不到這種工具,所以只好自己開發。

由於在當時這種電腦小型化還屬創舉,所有的程式開發和設計人員都是從大型電腦主機的作業環境轉移過來的,因此在設計時,還是以大電腦主機為主的觀念出發,將絕大部分的處理邏輯和分析比較等等的工作,放在大電腦主機的程式之中,在遠方的 PC 工作站只有少數很簡單的處理工作。

程式開發完成以後,在網路很小,客戶端的工作站數目還不太多的時候,這個異動管理的程式還可以應付自如。可是當網路上的電腦數量增加到幾百個以後,整個系統就無法負荷了。那個網路上預計要有上萬個 PC 工作站,而才只有幾百個電腦時就不堪應付,只得將整個程式系統拋棄,重新設計一個能夠擔當重責大任的大型異動管理系統。

新系統在設計理念上和原有系統的最大不同,在於充分利用在遠方客戶端電腦工作站的處理和運算能力,也就是把原有在大電腦上所作的分析比較和處理等的運算邏輯都移到客戶端的電腦上,使客戶端成為智慧型工作站。位處中央的大電腦主機只扮演伺服器的角色,負責提供客戶端電腦在處理時所需要的資訊和檔案,並且集中匯集在遠方各個客戶端處理結果的資訊。如今,這個異動管理的系統負責管理三萬多個工作站,其大電腦主機的處理能力還是遊刃有餘,沒有運算處理能力不足或是容量不夠的顧慮。

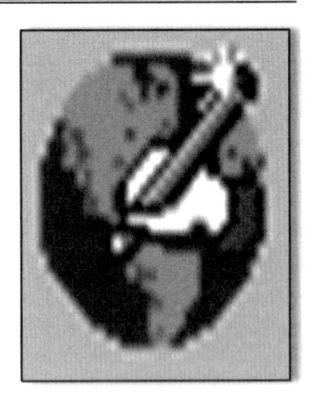

採用反客為主的方式來設計主從運算系統的最大障礙,在於這種分散式運算處理的邏輯,遠比把所有的運算邏輯放在伺服器上面要複雜得多,程式設計師要花比較多的時間去設計客戶端電腦彼此之間的聯絡和協調工作,避免發生整合上的困難,或者是資料完整性(Data Integrity)上的錯誤。

其次,分散式的運算環境在管理上也遠比非反客為主的環境要複雜得多,網路設計師也要花比較多的時間去考慮和設計各種不同的錯誤情況,以免發生陰錯陽差的現象。這就好像一個公司變大了,老闆不能再事必躬親的時候,一定要有健全的組織和完善的管理制

90010801　　　　　　　　　　　林文恭

題組二附件五

民國八十九年公司業務狀況及部門業績報告
民國一〇〇年五月二十九日

度,以免公司的員工有了太多獨立自主的權力,而做出影響公司整體利益的事一樣。

　　一個要考慮的錯誤情況是伺服器的容錯設計（Fault Tolerance Design）,這是要考慮在伺服器當機的情況下,客戶端是否仍舊能獨立作業,並且在伺服器恢復運轉以後,能夠馬上將最新的情況報告給伺服器。相對地,設計師也要考慮客戶端的容錯設計,當客戶端因當機或其他原因,使需要處埋的程式或資料遺失或損壞時,應該要能隨時再到伺服器上擷取最正確的資訊,以確保整個系統的完整性。

　　在安全管理上,反客為主的設計也面臨比較大的挑戰。因為客戶端的自主能力提高了,其可以執行的功能也增加了,如果沒有良好的安全防範措施,很容易讓居心不良的人有機可乘,因此要確保整個系統的安全,網路設計師也要比較費心地去設計。

題組一：試題編號 930201

電腦軟體應用乙級技術士技能檢定術科測試檢定試題

資料檔名稱	檔案名稱	備　註
學生基本資料檔	students.xml	
學生曠缺課檔	records.xml	
學生操行成績檔	conduct.xml	
信函檔	letter.odt	第 4 子題用
文書檔	yr1.odt ~ yr10.odt	第 5 子題用

【檔案及報表要求】

隆勝工商於 90 年處理學生資料，請利用以上所列之資料庫，依下列要求作答。所有列印皆設定為：

◎ 文書檔由應檢人員於考試開始前，自 yr1.odt、yr2.odt、yr3.odt、yr4.odt、yr5.odt、yr6.odt、yr7.odt、yr8.odt、yr9.odt、yr10.odt 中抽選一檔案。

△ 紙張設定為 A4 格式，頁面內文之上、下邊界皆為 3 公分，左、右邊界亦為 3 公分。因印表機紙張定位有所不同時，左、右邊界可允許有少許誤差，惟左、右邊界之總和仍為 6 公分。

△ 中文設定為新細明體或細明體字型，英文及數字設定為 Times New Roman 字型，但圖表的標題皆設為新細明體或細明體。

△ 頁首之下與頁尾之上，各以一條 1 點之橫線與本文間相隔，頁首之下的橫線與頁緣距離為 3 公分，頁尾之上的橫線與頁緣距離為 3 公分。並於頁首左邊以 10 點字型加印題組及附件編號，例如「題組一附件一」，且加框線及灰色網底。

◎ 所有列印報表之欄位名稱均須橫列並列印於同一頁、同一列上。

◎ 報表內容，應依試題要求作答，不得自行加入無關的資料。

1. 製作隆勝工商 89 學年度第一學期一年級「新生名冊」第 1、2 頁的報表。報表內容包括：

    (本題答案所要求之報表格式請參考「題組一附件一」之參考範例)

    ● 紙張設定為橫式。
    ● 每頁列印 7 位新生資料。
    ● 資料列印順序，按學號由小至大順序列印。

題組一

- 標題:「校名 XXXXXX　　XX 學年度第 X 學期 X 年級　　新生名冊」。(校名 XXXXXX 為校名代號, XX 及 X 皆為阿拉伯數字)。隆勝工商校名代號為(221H01)。
- 性別欄依身分證號碼第二碼判定男女。(1:男生, 2:女生)
- 入學資格代號依國中畢業證書判定。(001:國中畢業, 002:國中補校畢業, 003:國中補校結業, 004:國中修業)
- 名冊以表格方式印出,且科別代號欄與科別名稱欄上下排列,學號欄下並列姓名欄與性別欄,出生欄下並列年、月、日三欄,入學資格欄內前有三小欄為新生入學資格代號欄,後為畢業國中資料欄。(欄位排列方式如附件一)
▲ 名冊內含「科別代號、科別名稱、學號、姓名、性別、身分證號碼、出生年月日、入學資格(證明文件)、備註」等欄位。
※ 學生基本資料檔中的出生年,格式為西元年。新生名冊內的格式為民國年。
※ 標題字型設為 20 點字型,上下置中,其中校名代號,學年度,學期,年級之數字均應加框線,標題外並加 2 1/4 點框線。
※ 標題與欄名列之間,以一空白列予以間隔。
※ 各科科別代號如下表:

代號	401	402	404	503	504	506
科別	商業經營科	國際貿易科	資料處理科	幼兒保育科	美容科	室內佈置科

※ 入學資格代號如下表:

代號	001	002	003	004
入學資格	持國中畢業證書者	持國中補校資格證明書者	持國中補校結業證明書者	持國中修(結)業證明書者(修畢三年)

※ 欄位名稱及資料內容以 12 點字型列印。
※ 在每頁頁面左下方以 10 點字型加入您的姓名、准考證號碼,分別以一個全形空白予以間隔。頁面中下方以 10 點字型加上頁碼,其格式為「第 X 頁」(X 以阿拉伯數字表示)。頁面右下方以 10 點字型加上測驗當天日期,其格式為「Y/M/D」。(其中 Y、M、D 分別為民國年、月、日,且皆以阿拉伯數字表示)。

2. 統計全年級各班人數,並計算出各班到課率,且排出各班到課率的名次。計算的結果以表格方式列印出來,其中報表內容包括:

題組一

(本題答案所要求之報表格式請參考「題組一附件二」之參考範例)
- ● 紙張設定為直式。
- ● 資料內容依班級代號遞增排序。
- ● 事假、病假、公假及曠課之數據為全班之合計數。
- ● 三月份每位學生應上課之總節數為：156 節。
- ● 每班到課率計算方法為：
  (總節數 × 人數－事假－病假－公假－曠課) ÷（總節數 × 人數）。
  到課率以百分比表示，計算到小數點第二位，並將第三位四捨五入；並依到課率由高至低，依序加入名次。
- ▲ 標題：「全年級三月份到課率統計表 」。
- ▲ 報表欄位的名稱依序為「班級、事假、病假、公假、曠課、到課率、名次」。
- ※ 標題為 18 點、斜體字型，並加單線底線，置中對齊。
- ※ 表格加外框，欄與欄間及列與列間，須加框線。
- ※ 表格與標題之間，以一空白列予以間隔。
- ※ 表格內的數據置中對齊。
- ※ 資料內容以 12 點字型列印。
- ※ 在每頁頁面右上方以 10 點字型加上頁碼，格式：第 X 頁，如「第 1 頁」。
- ※ 在每頁頁面左下方以 10 點字型加入您的姓名、准考證號碼及測驗當天日期，分別以一個全形空白予以間隔，其日期格式為「Y/M/D」。(Y、M、D 分別為民國年、月、日，且皆以阿拉伯數字表示)。

3. 統計 104 班到 107 班，三月份各班各種假別的總數，繪製一橫向長條圖、並列印，其中該圖之內容須包括：
(本題答案所要求之圖形格式，請參考「題組一附件三」之參考範例)
- ▲ 標題：「三月份各班曠缺課統計圖」。
- ● 每班有四條長條圖並排，由下而上，分別代表事假、病假、公假和曠課。
- ● 每條長條圖加上資料標記，數字格式為整數數值。
- ● 紙張設定為橫式。
- ※ 圖表需加外框。
- ※ 標題為 16 點、斜體字型，框內靠上置中對齊，並加框及陰影。
- ※ 橫軸座標標題「節數」（二字橫列），縱軸座標標題「班級」（二字直列），且均為 14 點字型，橫軸範圍為 0 到 100（每一長度單位為 10）。

題組一

※ 橫軸及縱軸之座標軸數字格式為 12 點、斜體字型。

※ 圖例（Legend）說明中之字型格式為 10 點字型，置於圖右下。

※ 每條長條圖的資料標記為 10 點字型。

※ 在每頁頁面左下方以 10 點字型加入您的姓名、准考證號碼及測驗當天日期，分別以一個全形空白予以間隔，其中日期格式為「Y/M/D」。(Y、M 及 D 分別為民國年、月、日，且皆以阿拉伯數字表示)。頁面右下方以 10 點字型加上頁碼，如「1」。

4. 找出 108 班到四月份為止，操行成績低於(不含)65 分的同學資料，再與「信函檔」處理後，在 A4 紙上列印信封和信函以便通知家長，其中信封和信函的格式如下：

(本題答案所要求之報表格式請參考「題組一附件四」之參考範例)

● 紙張設定為直式。

● 信封左上為發函單位與地址，中間為學生地址及收信人〔家長〕姓名，其下方為班級與學生姓名。

● 操行成績＝導師評分－曠課扣分－事假扣分。
操行成績計算至整數位，小數位四捨五入。
其中曠課 1 節扣 1 分，事假 12 節扣 1 分，但未達 12 節不扣分，公假及病假不扣分。導師評分直接利用操行成績檔內的導師評分即可。

● 嵌入信封及信函中的收信人地址、家長姓名、學生姓名及操行成績(操行成績為經上列公式計算後之成績)，均須從資料庫中擷取。

● 合乎條件的學生，每位學生均需列印一封信函。

※ 信封大小佔縱向 A4 紙的上 1/3 大小。

※ 信函從縱向 A4 紙，距上邊緣約 12 公分處，由左開始橫向書寫。

※ 發函單位「隆勝高級工商職業學校」為 12 點字型，發函地址「台中縣信五路 246 號」為 8 點字型。

※ 「學生地址」為 12 點字型，「收信人〔家長〕姓名」為 14 點、斜體字型，「先生　收」為 12 點字型，「班級」與「學生姓名」為 10 點字型。

※ 信函之內容為 12 點字型。

※ 信末「隆勝工商　訓導處　啟」為 14 點字型，發函日期為 12 點、斜體字型，並為測驗當天之日期，其中「年」為民國年。

※ 在每頁頁面左下方以 10 點字型加入您的姓名、准考證號碼及測驗當天日期，分別以一個全形空白予以間隔，其日期格式為「Y/M/D」。(Y、M 及 D 分別為民國年、月、日，且皆以阿拉伯數字表示)。頁面右下方以 10

題組一

　　　　點字型加上頁碼，如「1」。

5. 擷取 109 班的三月份請假資料，繪製該班各種假別的比例圖〔立體圓形圖〕，並將該圖嵌入「文書檔」中。

   (本題答案所要求之格式請參考「題組一附件五」之參考範例)

   ● 紙張設定為直式。
   ● 讀取文書檔，立體圓形圖嵌入第二段開始的左側，第二段開頭與圖形相鄰為七列，寬度為 14 個中文字。
   ● 文書資料之內容為 12 點字型。
   ● 假別比例計算以百分比表示，計算到小數點後第一位，並將第二位取四捨五入。
   ※ 每段落開始縮排兩個中文字元。
   ※ 圖形外加細框，標題為「109 班假別比例圖」，斜體字型、加框及陰影，並將標題置於外框上緣之內、圓形圖之上。
   ※ 在每頁頁面左下方以 10 點字型加入您的姓名、准考證號碼及測驗當天日期，分別以一個全形空白予以間隔，其日期格式為「Y/M/D」。其中 Y、M、D 分別為民國年、月、日，且皆以阿拉伯數字表示。頁面右下方以 10 點字型加上頁碼，如「1」。

題組一附件一

校名 [2][2][1][H][0][1]　[8][9] 學年度 第 [1] 學期 [1] 年級　新生名冊

科別代號				出生			入學資格(證明文件)	備註
科別名稱	學號	身分證號碼	年	月	日			
	姓名	性別						
401	911001	C100000012	7 3	0 3	0 5	0 1	台中市市立安樂國中畢業	
商業經營科	丁子穎	男						
402	911002	F200000026	6 9	0 9	0 8	0 1	南投縣縣立和平國中畢業	
國際貿易科	尹彗如	女						
404	911003	F200000035	7 3	0 8	2 8	0 1	台中市市立忠孝國中畢業	
資料處理科	孔琇榆	女						
503	911004	F100000042	7 3	0 8	2 8	0 4	南投縣縣立和平國中修業	
幼兒保育科	文勝真	男						
504	911005	C200000058	7 2	1 2	1 0	0 1	台中市市立安樂國中畢業	
美容科	方玉婷	女						
506	911006	C100000067	7 2	1 2	1 6	0 1	台中市市立中山國中畢業	
室內佈置科	毛家男	男						
401	911007	F200000071	7 3	0 1	0 6	0 1	南投縣縣立和平國中畢業	
商業經營科	王鳳如	女						

李國強　9001080　　　　　　　　　　　　　　　　　第 1 頁　　　　　　　　　　　　　　　100/01/31

校名 [2][2][1][H][0][1] [8][9] 學年度第 [1] 學期 [1] 年級　新生名冊

科別代號	學號		身分證號碼	出生						入學資格(證明文件)	備註
科別名稱	姓名	性別		年		月		日			
402	911008		C100000085	7	3	0	4	0	1	台中市市立忠孝國中修業	
國際貿易科	史乾君	男									
404	911009		F100000097	7	3	0	7	0	9	台中市市立信義國中畢業	
資料處理科	田泓宜	男									
503	911010		V200000109	7	3	0	1	0	2	台中市市立仁愛國中畢業	
幼兒保育科	白金圓	女									
504	911011		C100000110	7	3	0	3	0	3	台中市市立中正國中畢業	
美容科	石政華	男									
506	911012		G200000123	7	3	0	9	0	7	南投縣縣立和平國中畢業	
室內佈置科	任佩君	女									
401	911013		F200000131	7	2	1	0	0	4	南投縣縣立和平國中畢業	
商業經營科	朱怡蓉	女									
402	911014		C100000147	7	2	1	2	0	1	台中市市立建德國中畢業	
國際貿易科	江欣欽	男									

第 2 頁

李國強　90010801　　　　　　　　　　　　　100/01/31

題組一附件二

全年級三月份到課率統計表

班級	事假	病假	公假	曠課	到課率	名次
101	47	40	85	49	97.11%	9
102	23	20	4	18	98.90%	3
103	32	77	41	54	97.71%	8
104	28	13	53	56	98.37%	5
105	11	14	23	36	99.02%	2
106	17	58	52	24	97.98%	7
107	41	16	39	18	98.45%	4
108	10	8	15	28	99.09%	1
109	24	24	16	49	98.28%	6
110	33	48	49	87	96.61%	10

李國強　90010801　100/01/31

三月份各班曠缺課統計圖

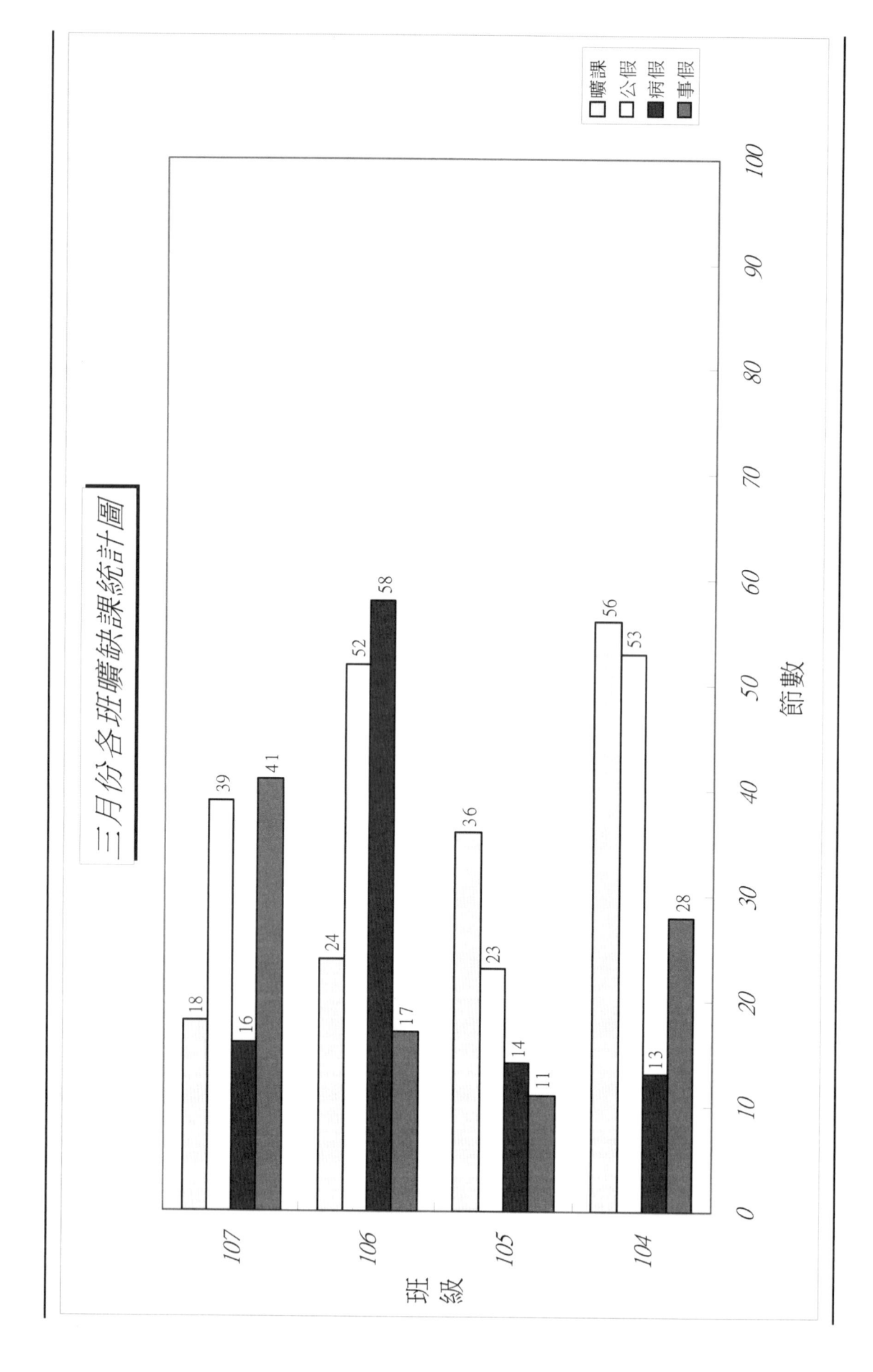

班級	曠課	公假	病假	事假
107		18	16	41
107		39		
106		24	58	17
106		52		
105		36	14	11
105		23		
104		56	13	28
104		53		

節數

題組一附件二

李國強 90010801 100/01/31

題組一附件四

隆勝高級工商職業學校
台中縣信五路 246 號

台中縣霧峰鄉中興路 3 巷 11-8 號

鄧虞村 先生　收

108 班　鄧靜苓

鄧虞村 先生：

　　貴子弟鄧靜苓至本月份為止，因曠缺過多，經估算其操行成績為 62 分，已達 65 分以下，為免於期末操行成績不及格，請　貴家長多予關照並悉心勸勉，以免遭退學之困境。

　　若有需與學校連繫之事項或需進一步之資訊，請來電該班導師或訓導處。無任感禱

並祝

大安

隆勝工商 訓導處 啟

100 年 01 月 31 日

李國強　90010801　100/01/31

題組一附件四

隆勝高級工商職業學校
台中縣信五路 246 號

台中縣大肚鄉中山一路 113 巷 81 號

賴淑芳 先生　收

108 班　賴惠茹

賴淑芳 先生：
　　貴子弟賴惠茹至本月份為止，因曠缺過多，經估算其操行成績為 60 分，已達 65 分以下，為免於期末操行成績不及格，請　貴家長多予關照並悉心勸勉，以免遭退學之困境。
　　若有需與學校連繫之事項或需進一步之資訊，請來電該班導師或訓導處。無任感禱
並祝
大安

隆勝工商　訓導處　啟

100 年 01 月 31 日

題組一附件四

題組一附件五

　　今日網路之所以能如此的普及，網路產品、技術的發展功不可沒；而在產品和技術的發展過程中，路由器即扮演著非常重要的角色。本文便以網路的發展趨勢、技術和市場需求等因素，來探討路由器在網路規劃、應用上的定位和變革。

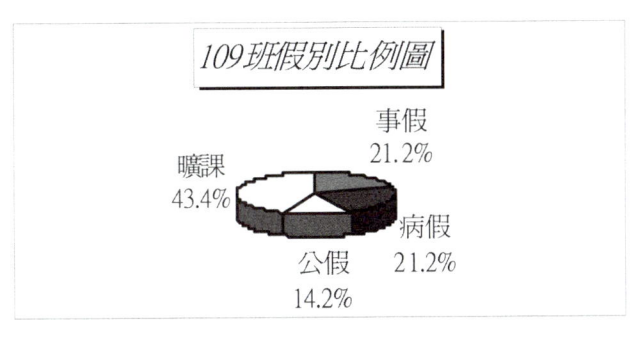

109班假別比例圖

曠課 43.4%
事假 21.2%
病假 21.2%
公假 14.2%

　　由於較大型網路的規劃必須考慮到資料傳輸效率的問題，所以在規劃時必須將網路切割成多個子網路，稱為網際網路。橋接器是最早被採用於規劃網際網路的連線設備，也是連接多個區域網路成大型網路最經濟、最簡單的方法。然而在運作上橋接器卻有許多的缺點，如必須記憶大量工作站的 MAC 層位址，且須不斷地更新，易造成所謂的廣播風暴（Broadcast Storm）；不能形成迴路以致不能規劃線路的備援；無法劃分網路層位址，如 IP、IPX 等。在對遠端網路連線時，這些缺點常造成頻寬的浪費。

　　對於廣域網路的連線有項功能是很重要的，那就是撥接備援（Dial Back-up）能力。撥接備援可以在當主要幹線中斷時自動撥接備援線路，使網路連線不致中斷。另也可在主要幹線資料流量壅塞時自動撥接備援線路，以分擔資料的傳輸流量。撥接備援的線路可選擇如 ISDN、X.25 或電話線路等。

　　交換式乙太網路的資料傳輸不再是共用頻寬的模式，它提供二個工作站之間擁有專屬頻寬傳輸資料的能力，並且能在同一時間內建立起多對工作站之間的連線，各自擁有專屬的頻寬來傳送資料。觀念上就好比電話交換機系統能在同一時間內建立起多對電話的連接、交談。

　　由於交換式乙太網路能建立並行式的通訊方式，同時建立多對工作站間的連線，那麼即使網路的傳輸速率並沒有提高，但整體的網路傳輸效能卻能有很大的提升。電話交換機建立兩具電話的連線係根據所撥接的電話號碼，交換式乙太網路則是根據資料鏈結層的 MAC 子層位址（Media Access Control Address）來辨識，所以交換式乙太網路設備（以下簡稱 EtherSwitch）必須建立自己的 MAC 位址表以了解所有工作站的位置，再根據位址表以達成工作站與工作站間的連線。

　　EtherSwitch 建立位址表的方式和橋接器非常類似，均是採自學（Learning）、透通（Transparent）的方式，與工作站的運作完全無關。但是 EtherSwitch 對資料封包的轉送效率卻比橋接器和路由器快，在安裝成本上也比橋接器和路由器低。表 1 為三者的比較表。

　　在網際網路的連線上，路由器取代了橋接器而成為主要的連線設備。近年來 EtherSwitch 的出現，以其安裝成本低、安裝維護容易、傳輸效率高等優點漸而取代了路由器在網際網路的地位。漸漸的路由器已被規劃於作遠端的連線，或必須作 IP 位址劃分的網路上。圖 2 和圖 3 是目前規劃上最常見的兩種架構。

題組一　術科解題

Word 附件製作

- 根據「題組一附件一」樣式建立標準範本：〔1-1〕文件
  完成：版面配置、頁首頁尾、頁面框線設定

- 將〔1-1〕文件另存為：1-2、1-3、1-4、1-5，並逐一修改
  （請參考：Word 基礎教學）

> **解說**
>
> 請特別注意！本題組每一個附件的頁首頁尾內容都有變化！

Access 解題

建立資料庫、匯入資料表

1. 建立資料庫 NO1
2. 匯入考題要求 3 張資料表
   結果如右圖：
   （請參考：Access 基礎教學）

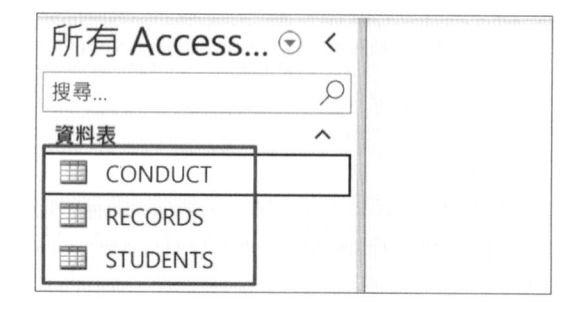

更改欄位屬性

1. 更改 CONDUCT 資料表
   欄位：導師評分
   資料類型：數字

2. 更改 RECORDS 資料表
   欄位：公假、事假、病假、曠課
   資料類型：數字

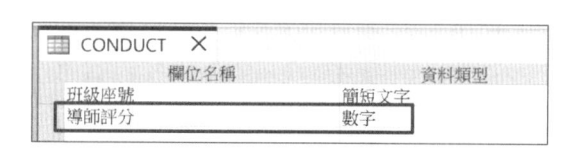

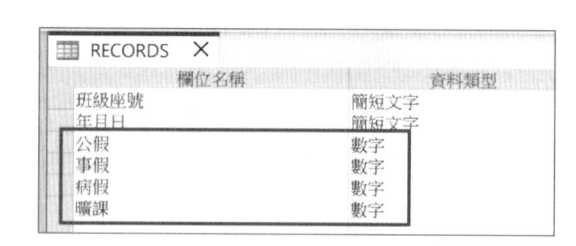

建立：科別代號表

- 題組一最為特殊就是必須自行建立資料表，題目規定如下：

  ※ 各科科別代號如下表：

代號	401	402	404	503	504	506
科別	商業經營科	國際貿易科	資料處理科	幼兒保育科	美容科	室內佈置科

  ※ 入學資格代號如下表：

代號	001	002	003	004
入學資格	持國中畢業證書者	持國中補校資格證明書者	持國中補校結業證明書者	持國中修(結)業證明書者(修畢三年)

- 「科別代號表」：是必須建立的。
- 「入學代號表」：由於實際檢定資料只有「001」、「004」2 種情況，因此可以使用 IF( )函數來替代資料表。

1. 建立 → 查詢設計
   新增檔案：STUDENTS

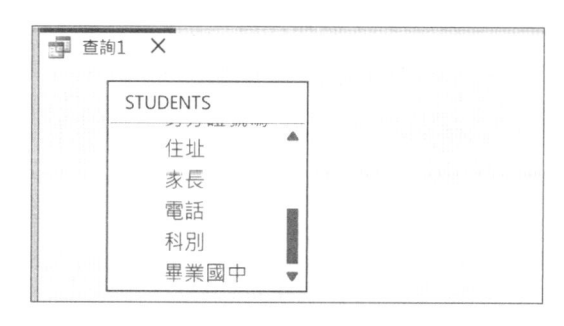

2. 建立欄位：「科別」
   如右圖：

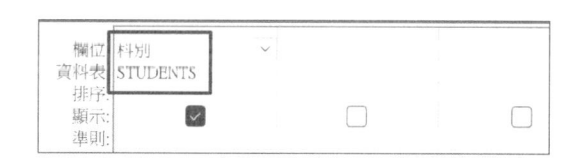

3. 查詢設計 → 合計
   如右圖：

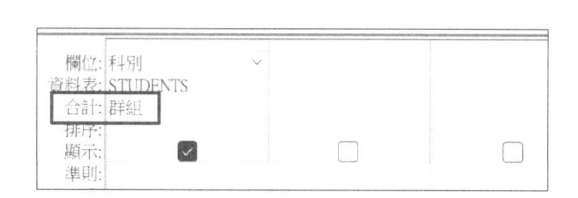

4. 常用 → 檢視 → 資料工作表
   （資料 6 筆如右圖）

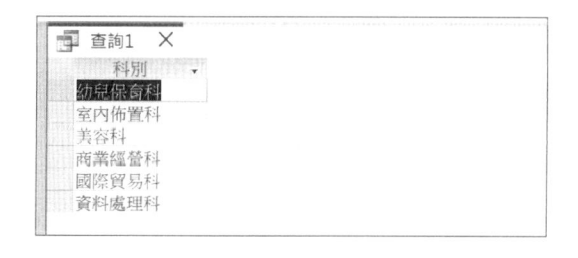

5. 建立 → 資料表
   按存檔鈕，檔名：「科別代號表」

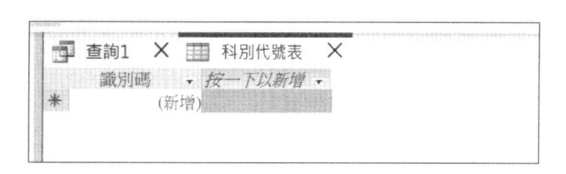

2-235

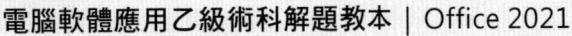

6. 常用 → 檢視 → 設計檢視
   資料表設計 → 取消：主索引鍵
   建立 2 個欄位，如右圖：

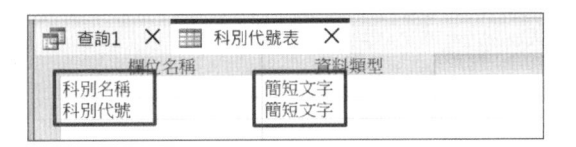

7. 常用 → 檢視 → 資料工作表

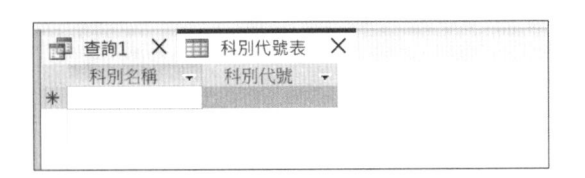

8. 點選：「查詢 1」標籤
   點選：「科別」欄位
   按 Ctrl + C（複製）

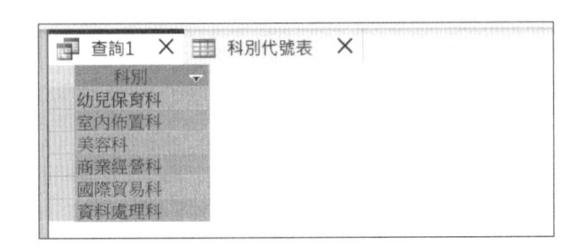

9. 點選：「科別代號表」標籤
   點選：「科別名稱」欄位
   常用 → 貼上新增
   結果如右圖：

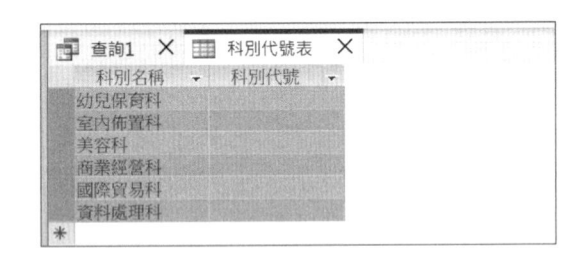

10. 依序輸入「科別代號」資料
    如右圖：

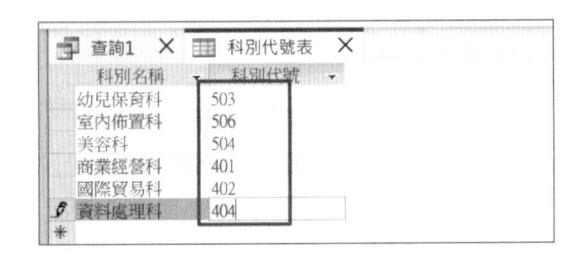

解說

完成科別代號表之後，「查詢 1」已無作用，不須存檔，直接刪除即可。

解題分析

題組一與題組二的解題邏輯是一致的，但只有 1 個統計主題：請假紀錄，我們需要一份完整的「學生」資料 +「假別」統計，資料整合交由 Excel 處理。

建立查詢：DATA-1（學生資料）

1. 建立 → 查詢設計 → 新增資料表
   選取：STUDENTS、CONDUCT、科別代號表

2. 建立資料表關聯，如下圖：

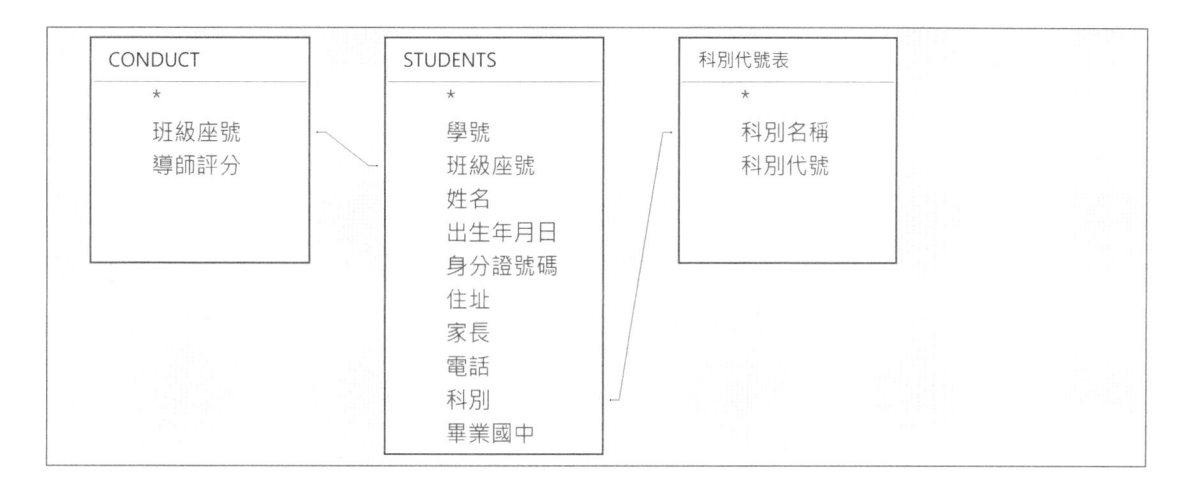

```
CONDUCT              STUDENTS            科別代號表
*                    *                   *
班級座號              學號                 科別名稱
導師評分              班級座號             科別代號
                    姓名
                    出生年月日
                    身分證號碼
                    住址
                    家長
                    電話
                    科別
                    畢業國中
```

3. 根據附件一報表，建立欄位如下：

欄位:	科別代號	科別名稱	學號	姓名	身分證號碼	出生年月日	畢業國中	
資料表:	科別代號表	科別代號表	STUDENTS	STUDENTS	STUDENTS	STUDENTS	STUDENTS	
排序:								
顯示:	✓	✓	✓	✓	✓	✓	✓	☐
準則:								

解說

性別：「身分證號碼」第 2 碼，"1" → 男、"2" → 女。

入學資格：「畢業國中」右邊 2 字，"畢業" → 001、"修業" → 004

4. 根據附件二、三報表，新增欄位如下圖：

欄位:	科別代號	科別名稱	學號	姓名	身分證號碼	出生年月日	畢業國中	班級座號
資料表:	科別代號表	科別代號表	STUDENTS	STUDENTS	STUDENTS	STUDENTS	STUDENTS	STUDENTS
排序:								
顯示:	✓	✓	✓	✓	✓	✓	✓	✓
準則:								

解說

班級：取出「班級座號」左 3 碼。

附件三統計圖資料來自於附件二。

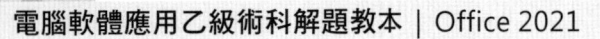

5. 根據附件四報表，新增欄位如下圖：

欄位:	出生年月日	畢業國中	班級座號	住址	家長	導師評分
資料表:	STUDENTS	STUDENTS	STUDENTS	STUDENTS	STUDENTS	CONDUCT
排序:						
顯示:	✓	✓	✓	✓	✓	✓
準則:						

解說

操作成績 =「導師評分」-「事假」扣分 -「曠課」扣分

6. 按存檔鈕，命名為：DATA-1
7. 常用 → 檢視 → 資料工作表檢視，共得資料 479 筆

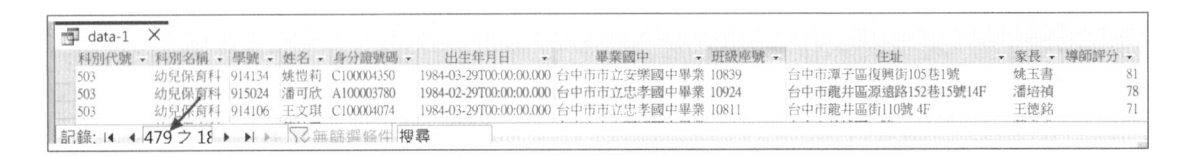

請假紀錄

- RECORDS 資料表已包含所有請假紀錄，不需要建立查詢！
- 資料共 301 筆，如下圖：

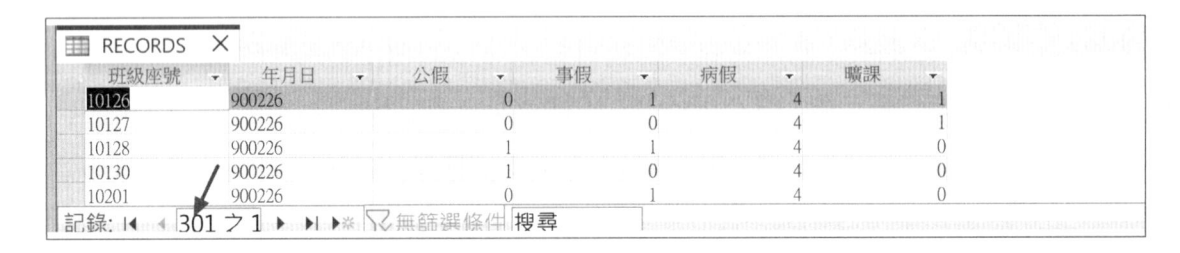

Excel 解題

將 Access 資料複製到 Excel

1. 將 DATA-1 查詢拖曳至【工作表1】表 A1 儲存格

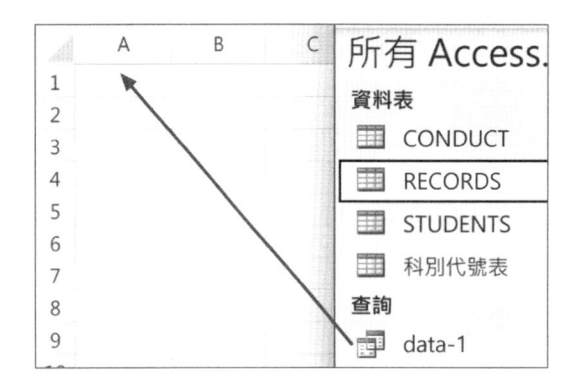

2. 更改【工作表1】表為【DATA-1】表，調整：欄寬、列高，結果如下圖：

3. 新增【DATA-2】表
   將 RECORDS 資料表拖曳至【DATA-2】表 A1 儲存格，結果如下圖：

> **解說**
>
> 表中包含 2、3、4 月請假紀錄，附件二要求「3」月份資料，附件四要求「2~4」月資料，因此我們將【DATA-2】表更名為【234月】，專供附件四使用，再複製一份命名為【3月】，刪除 2、4 月份資料後，專供附件二使用。

4. 拖曳複製【DATA-2】產生一份【DATA-2(2)】
   將【DATA-2】表更名為【234月】，將【DATA-2(2)】表更名為【3月】

5. 選取：【3月】表，刪除上方 2 月份、下方 4 月份資料，結果如下圖：

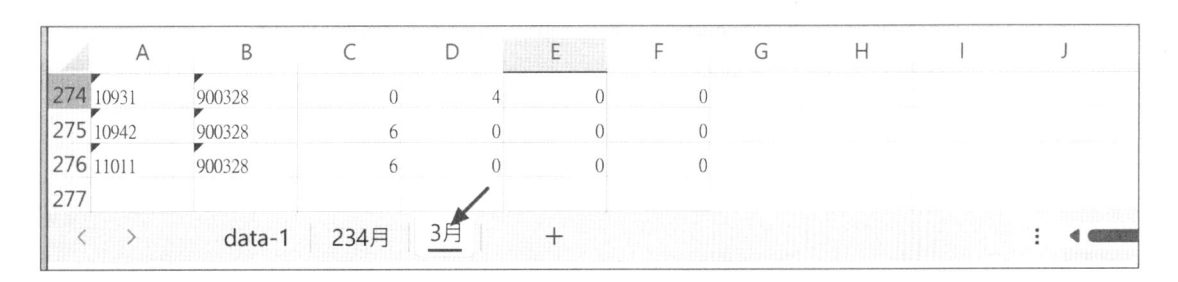

資料整合

- 將【DATA-1】表製作成附件四使用的統計大表。
- 為了提高運算式的正確性，本單元採用「表格」解法。

1. 根據附件四報表，新增欄位，結果如下圖：

2. 插入 → 表格（我的資料有標題），結果如下圖：

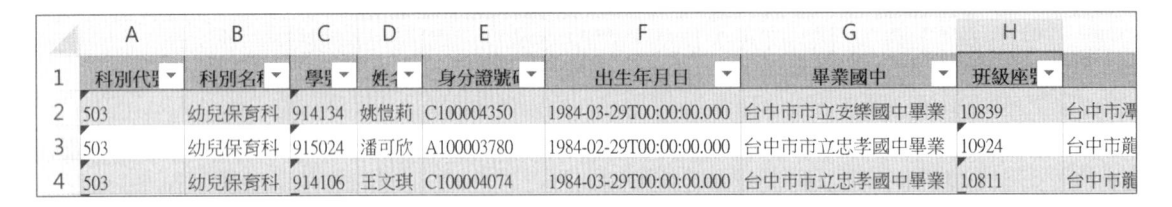

3. 選取：【234 月】表

   選取 A:F 欄位

   公式 → 從選取範圍建立 → 頂端列

   （按 F3 鍵查看建立名稱如右圖：）

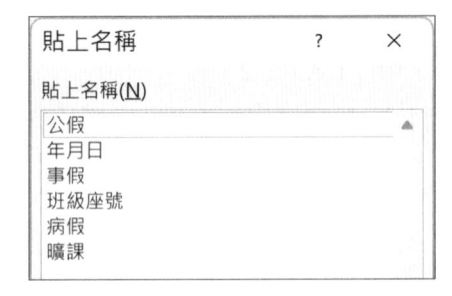

4. 選取【DATA-1】表，選取 L2 儲存格，輸入：=SUMIF(　,　,　)

   將插入點置於第 1 個參數位置，按 F3 鍵，選取：「班級座號」

   將插入點置於第 2 個參數位置，點選：H2 儲存格（自動帶出欄位名稱）

   將插入點置於第 3 個參數位置，按 F3 鍵，選取：「事假」

   按 Enter 鍵後，自動向下填滿，結果如下圖：

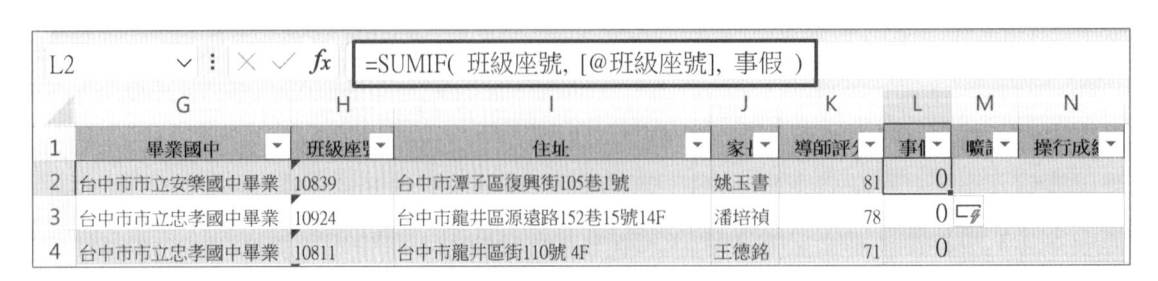

5. 複製 L2 儲存格運算式，貼至 M2 儲存格，編輯運算式，結果如下圖：

```
M2   fx  =SUMIF( 班級座號, [@班級座號], 曠課 )
```

	G	H	I	J	K	L	M	N
1	畢業國中	班級座號	住址	家長	導師評分	事假	曠課	操行成績
2	台中市市立安樂國中畢業	10839	台中市潭子區復興街105巷1號	姚玉書	81	0	0	
3	台中市市立忠孝國中畢業	10924	台中市龍井區源遠路152巷15號14F	潘培禎	78	0	0	
4	台中市市立忠孝國中畢業	10811	台中市龍井街110號 4F	王德銘	71	0	0	

6. 選取：N2 儲存格，輸入運算式，如下圖：

```
N2   fx  =[@導師評分] - INT([@事假]/12) - [@曠課]
```

	G	H	I	J	K	L	M	N
1	畢業國中	班級座號	住址	家長	導師評分	事假	曠課	操行成績
2	台中市市立安樂國中畢業	10839	台中市潭子區復興街105巷1號	姚玉書	81	0	0	81
3	台中市市立忠孝國中畢業	10924	台中市龍井區源遠路152巷15號14F	潘培禎	78	0	0	78
4	台中市市立忠孝國中畢業	10811	台中市龍井街110號 4F	王德銘	71	0	0	71

解說

操行成績 = 導師評分 – 事假扣分 – 曠課扣分

事假扣分：12 節扣 1 分，不滿 12 節不扣分 → INT(事假 / 12)

曠課扣分：1 節扣 1 分

▶ 附件一

附件一是一份特殊的表格，要將學生資料套入特定格式表格內。

- **整理學生資料：**
  整理附件一報表所需欄位。

1. 選取：【DATA-1】表，選取：C2 儲存格，資料 → 遞增排序，結果如下圖：

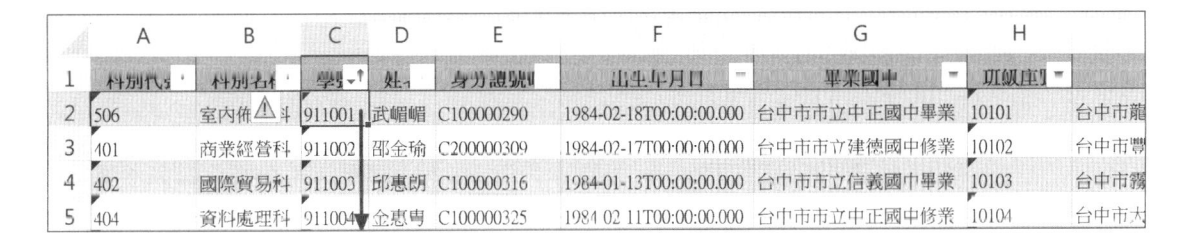

	A	B	C	D	E	F	G	H
1	科別代號	科別名稱	學號	姓名	身分證號	出生年月日	畢業國中	班級座號
2	506	室內佈置科	911001	武嵋嵋	C100000290	1984-02-18T00:00:00.000	台中市市立中正國中畢業	10101
3	401	商業經營科	911002	邵金瑜	C200000309	1984-02-17T00:00:00.000	台中市市立建德國中修業	10102
4	402	國際貿易科	911003	邱惠朗	C100000316	1984-01-13T00:00:00.000	台中市市立信義國中畢業	10103
5	404	資料處理科	911004	金惠粤	C100000325	1984-02-11T00:00:00.000	台中市市立中正國中修業	10104

解說

附件一只需要 2 頁 14 筆資料，依學號排序。

2-241

2. 新增【1-1】表

   複製【DATA-1】表 1:15 列資料，貼至【1-1】表 A1 儲存格

   根據附件一報表，刪除、新增欄位，結果如下圖：

3. 選取：E2 儲存格，輸入運算式，向下填滿，結果如下圖：

   `=MID(F2,2,1)`

4. 編輯 E2 儲存格運算式，向下填滿，結果如下圖：

   `=IF( MID(F2,2,1)="1", "男", "女")`

5. 選取：H2 儲存格，輸入運算式，向下填滿，結果如下圖：

   `=RIGHT(I2, 2)`

6. 編輯 H2 儲存格運算式，向下填滿，結果如下圖：

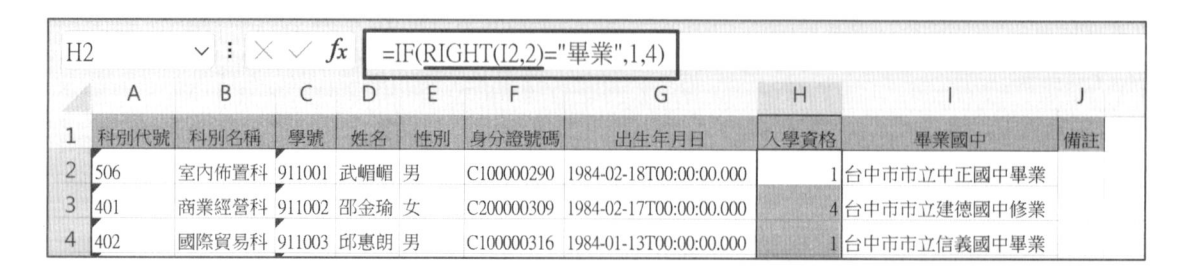

   `=IF(RIGHT(I2,2)="畢業",1,4)`

- 日期資料處理：

  將西元年轉為民國年，並拆分為 6 個儲存格。

1. 插入 H 欄，H1 儲存格輸入：「出生」

   H2 儲存格輸入運算式，向下填滿，結果如下圖：

	A	B	C	D	E	F	G	H	I	J
							fx	=DATE(MID(G2,1,4), MID(G2,6,2), MID(G2,9,2))		
1	科別代號	科別名稱	學號	姓名	性別	身分證號碼	出生年月日	出生	入學資格	畢業國中
2	506	室內佈置科	911001	武峮帽	男	C100000290	1984-02-18T00:00:00.000	1984/2/18	1	台中市市立中正國中畢業
3	401	商業經營科	911002	邵金瑜	女	C200000309	1984-02-17T00:00:00.000	1984/2/17	4	台中市市立建德國中修業
4	402	國際貿易科	911003	邱惠朗	男	C100000316	1984-01-13T00:00:00.000	1984/1/13	1	台中市市立信義國中畢業

   解說

   「出生年月日」的第 1~4 碼 → 年份，第 6~7 碼 → 月份，第 9~10 碼 → 日。

   以 MID( ) 函數分別取出：年、月、日

   以 DATE(年 , 月 , 日) 函數將年、月、日組合成日期。

2. 選取 H 欄，設定格式：自訂 → emmdd，結果如下圖：

	A	B	C	D	E	F	G	H	I	J
1	科別代號	科別名稱	學號	姓名	性別	身分證號碼	出生年月日	出生	入學資格	畢業國中
2	506	室內佈置科	911001	武峮帽	男	C100000290	1984-02-18T00:00:00.000	730218	1	台中市市立中正國中畢業
3	401	商業經營科	911002	邵金瑜	女	C200000309	1984-02-17T00:00:00.000	730217	4	台中市市立建德國中修業
4	402	國際貿易科	911003	邱惠朗	男	C100000316	1984-01-13T00:00:00.000	730113	1	台中市市立信義國中畢業

   解說

   emmdd：將西元年轉為民國年，月 2 碼、日 2 碼。

   資料格式改變了，內容仍然是運算式，無法以「資料剖析」將日期拆為 6 格。

3. 複製 H 欄資料

   開啟一空白 Word 文件

   按貼上鈕

   結果如右圖：

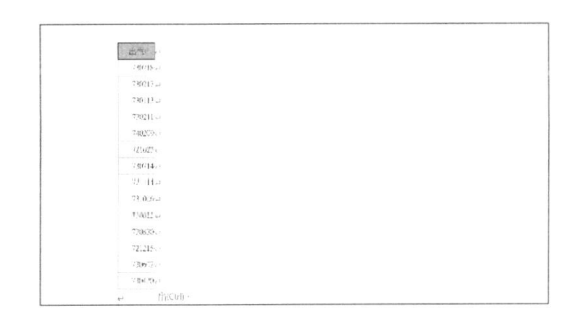

4. 複製 Word 文件內表格，貼至 Excel【1-1】表 H1 儲存格，結果如下圖：

	A	B	C	D	E	F	G	H	I	J
1	科別代號	科別名稱	學號	姓名	性別	身分證號碼	出生年月日	出生	入學資格	畢業國中
2	506	室內佈置科	911001	武幗幗	男	C100000290	1984-02-18T00:00:00.000	730218	1	台中市市立中正國中畢業
3	401	商業經營科	911002	邵金瑜	女	C200000309	1984-02-17T00:00:00.000	730217	4	台中市市立建德國中修業
4	402	國際貿易科	911003	邱惠朗	男	C100000316	1984-01-13T00:00:00.000	730113	1	台中市市立信義國中畢業

解說

檢查 H2 儲存內容，是紮紮實實的 6 碼數字。

5. 插入 I:M 欄位，編輯 H1:M1 範圍儲存格內容，結果如下圖：

	A	B	C	D	E	F	G	H	I	J	K	L	M	N
1	科別代號	科別名稱	學號	姓名	性別	身分證號碼	出生年月日	y1	y2	m1	m2	d1	d2	入學資格
2	506	室內佈置科	911001	武幗幗	男	C100000290	1984-02-18T00:00:00.000	730218						1
3	401	商業經營科	911002	邵金瑜	女	C200000309	1984-02-17T00:00:00.000	730217						4
4	402	國際貿易科	911003	邱惠朗	男	C100000316	1984-01-13T00:00:00.000	730113						1

6. 選取 H2:H15 範圍
   資料 → 資料剖析 → 固定寬度
   在每一個數字間建立分隔線
   如右圖：

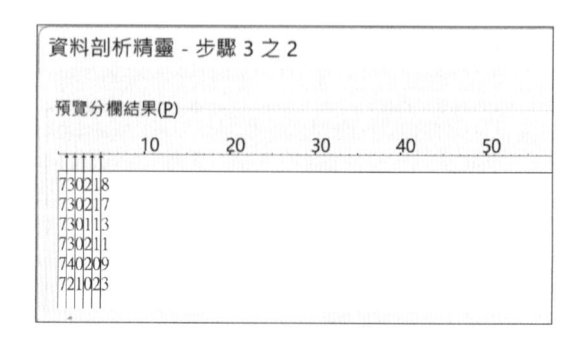

點選完成鈕，結果如下圖：

	A	B	C	D	E	F	G	H	I	J	K	L	M	N
1	科別代號	科別名稱	學號	姓名	性別	身分證號碼	出生年月日	y1	y2	m1	m2	d1	d2	入學資格
2	506	室內佈置科	911001	武幗幗	男	C100000290	1984-02-18T00:00:00.000	7	3	0	2	1	8	1
3	401	商業經營科	911002	邵金瑜	女	C200000309	1984-02-17T00:00:00.000	7	3	0	2	1	7	4
4	402	國際貿易科	911003	邱惠朗	男	C100000316	1984-01-13T00:00:00.000	7	3	0	1	1	3	1

- 套表：
  將【1-1】表的資料，轉變為附件的報表格式。

1. 新增【1-2】表，根據附件一報表格式

   輸入資料，設定格式：水平置中、垂直置中、框線，結果如下圖：

2. 檢視 → 開新視窗，檢視 → 並排顯示 → 水平並排

   上視窗選取：【1-2】表，下視窗選取：【1-1】表，結果如下圖：

解說

我們要將【1-1】表的資料套入【1-2】表的相對應儲存格內，我們用的技巧是「參照」。

3. 選取【1-2】表 A3 儲存格

   輸入：「=」，點選：【1-1】表 A2 儲存格，結果如下圖：

2-245

解說

【1-1】表 A2 儲存格的「503」被帶入【1-2】表 A3 儲存格。

4. 根據上一個步驟「參照」方式，完成所有儲存格，結果如下圖：

	A	B	C	D	E	F	G	H	I	J	K	L	M	N	O
1	科別代號	學號		身分證號碼		出生					入學資格(證明文件)				備註
2	科別名稱	姓名	性別		年		月		日						
3	506	911001		C100000290	7	3	0	2	1	8	0	0	1	台中市市立中正國中畢業	
4	室內佈置科	武嵋嵋	男												
5															

解說

上圖中 K3:L3 範圍的「0」，是自行輸入的。

5. 選取：A3:O4 範圍，向下填滿，結果如下圖：

	A	B	C	D	E	F	G	H	I	J	K	L	M	N	O
1	科別代號	學號		身分證號碼		出生					入學資格(證明文件)				備註
2	科別名稱	姓名	性別		年		月		日						
3	506	911001		C100000290	7	3	0	2	1	8	0	0	1	台中市市立中正國中畢業	
4	室內佈置科	武嵋嵋	男												
5	402	911003		C100000316	7	3	0	1	1	3	0	0	1	台中市市立信義國中畢業	
6	國際貿易科	邱惠朗	男												
15	401	911013		C200000416	7	3	0	6	0	2	0	0	4	台中市市立中正國中修業	
16	商業經營科	孫柔君	女												
17	0	0		0	0	0	0	0	0	0	0	0	0	0	
18	0	0	0												
29	0	0		0	0	0	0	0	0	0	0	0	0	0	
30	0	0	0												
31															

解說

上方只填入 7 筆單數學號資料，第 17~30 列是空的，因為來源資料【1-1】表是 1 列 1 筆紀錄，套入上圖【1-2】表卻是 2 列 1 筆紀錄。

6. 選取【1-1】表，建立 Q 欄位，在 Q1 儲存格任意輸入「AA」
   在 Q2:Q15 範圍內輸入奇數，在 Q16:Q28 範圍內輸入偶數，如下圖：

術科試題及解題程序

	A	B	C	D	E	F	G	H	I	J	K	L	M	N	O	P	Q
	科別代號	科別名稱	學號	姓名	性別	身分證號碼	出生年月日	y1	y2	m1	m2	d1	d2	入學資格	畢業國中	備註	AA
1																	
2	506	室內佈置科	911001	武幗幗	男	C100000290	1984-02-18T00:00:00.000	7	3	0	2	1	8	1	台中市市立中正國中畢業		1
3	401	商業經營科	911002	邵金瑜	女	C200000309	1984-02-17T00:00:00.000	7	3	0	2	1	7	4	台中市市立建德國中修業		3
15	402	國際貿易科	911014	徐文芳	女	C200000425	1984-04-20T00:00:00.000	7	3	0	4	2	0	1	台中市市立百福國中畢業		27
16																	2
17																	4
27																	24
28																	26

7. 選取 Q1 儲存格，資料 → 遞增排序，結果如下圖：

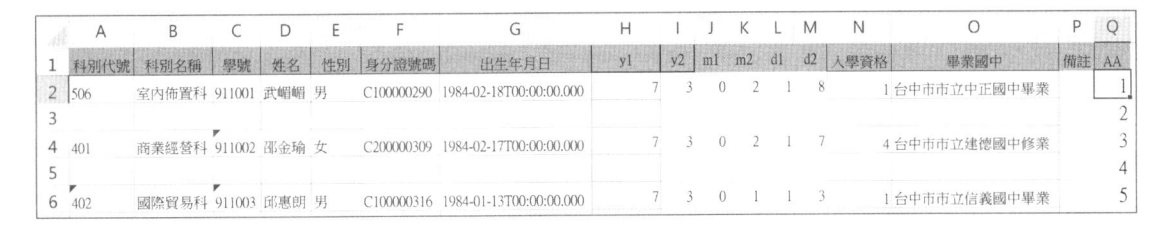

	A	B	C	D	E	F	G	H	I	J	K	L	M	N	O	P	Q
1	科別代號	科別名稱	學號	姓名	性別	身分證號碼	出生年月日	y1	y2	m1	m2	d1	d2	入學資格	畢業國中	備註	AA
2	506	室內佈置科	911001	武幗幗	男	C100000290	1984-02-18T00:00:00.000	7	3	0	2	1	8	1	台中市市立中正國中畢業		1
3																	2
4	401	商業經營科	911002	邵金瑜	女	C200000309	1984-02-17T00:00:00.000	7	3	0	2	1	7	4	台中市市立建德國中修業		3
5																	4
6	402	國際貿易科	911003	邱惠朗	男	C100000316	1984-01-13T00:00:00.000	7	3	0	1	1	3	1	台中市市立信義國中畢業		5

解說

下方 16:28 列的空白資料被插入上方 1:17 列資料中，形成一筆資料 2 列。

8. 選取：【1-2】表，資料自動正確更新如下圖：

	A	B	C	D	E	F	G	H	I	J	K	L	M	N	O
1	科別代號	學號		身分證號碼	出生								入學資格(證明文件)	備註	
2	科別名稱	姓名	性別		年		月		日						
3	506	911001		C100000290	7	3	0	2	1	8	0	0	1	台中市市立中正國中畢業	
4	室內佈置科	武幗幗	男												
5	401	911002		C200000309	7	3	0	2	1	7	0	0	4	台中市市立建德國中修業	
6	商業經營科	邵金瑜	女												
27	401	911013		C200000416	7	3	0	6	0	2	0	0	4	台中市市立中正國中修業	
28	商業經營科	孫柔君	女												
29	402	911014		C200000425	7	3	0	4	2	0	0	0	1	台中市市立百福國中畢業	
30	國際貿易科	徐文芳	女												
31															

關鍵檢查

● 第一筆資料：室武男 → 是舞男。

	A	B	C	D	E	F	G	H	I	J	K	L	M	N	O
1	科別代號	學號		身分證號碼	出生								入學資格(證明文件)	備註	
2	科別名稱	姓名	性別		年		月		日						
3	506	911001		C100000290	7	3	0	2	1	8	0	0	1	台中市市立中正國中畢業	
4	室內佈置科	武幗幗	男												
5	401	911002		C200000309	7	3	0	2	1	7	0	0	4	台中市市立建德國中修業	
6	商業經營科	邵金瑜	女												

2-247

附件二

報表類別：樞紐分析，資料來源：【3月】。

> **解說**
>
> 「到課率」計算公式中，各班級「人數」，可由【DATA-1】表取得。

1. 選取【3月】表，插入 A 欄

    在 A1 儲存格輸入：「班級」，在 A2 儲存格輸入運算式，向下填滿，如下圖：

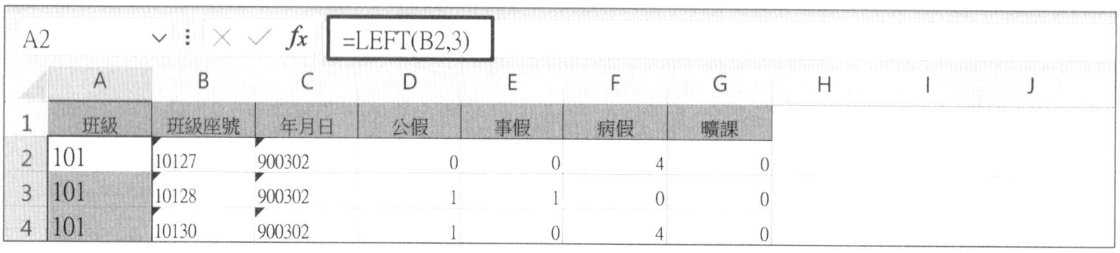

	A	B	C	D	E	F	G
				fx	=LEFT(B2,3)		
1	班級	班級座號	年月日	公假	事假	病假	曠課
2	101	10127	900302	0	0	4	0
3	101	10128	900302	1	1	0	0
4	101	10130	900302	1	0	4	0

2. 選取：A1 儲存格，插入 → 樞紐分析表

    設定樞紐分析表為「古典式」，將新工作表更名為【2-1】表

3. 根據附件二報表要求，依序勾選欄位如下圖：

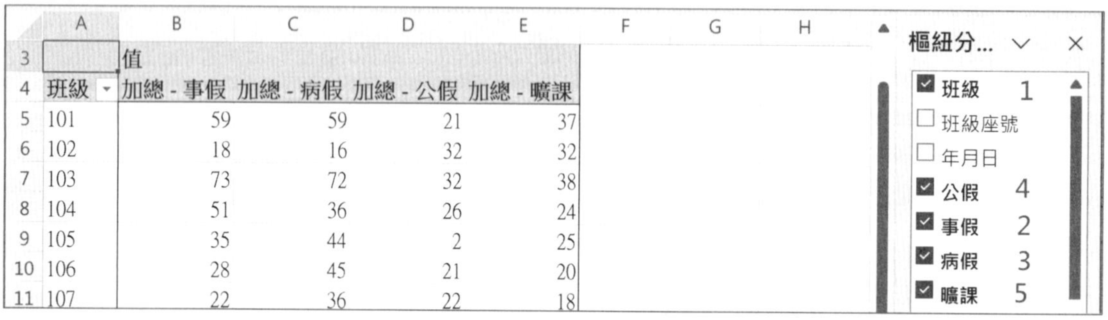

	A	B	C	D	E
3		值			
4	班級	加總-事假	加總-病假	加總-公假	加總-曠課
5	101	59	59	21	37
6	102	18	16	32	32
7	103	73	72	32	38
8	104	51	36	26	24
9	105	35	44	2	25
10	106	28	45	21	20
11	107	22	36	22	18

    樞紐分...
    ☑ 班級　1
    ☐ 班級座號
    ☐ 年月日
    ☑ 公假　4
    ☑ 事假　2
    ☑ 病假　3
    ☑ 曠課　5

4. 選取【DATA-1】表，插入 H 欄

    在 H1 儲存格輸入：「班級」，在 H2 儲存格輸入運算式，結果如下圖：

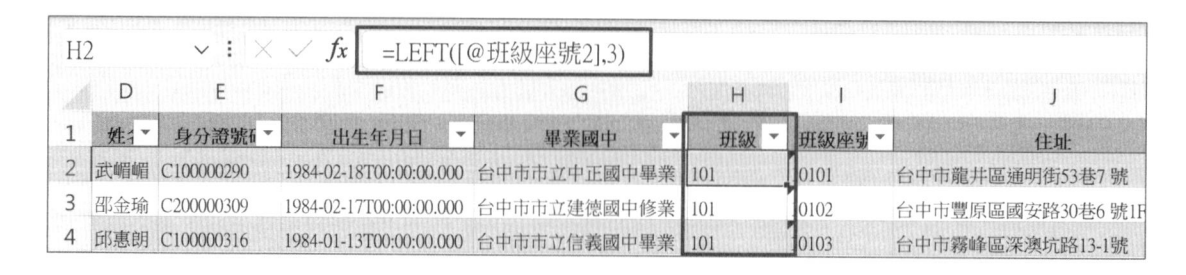

H2			fx	=LEFT([@班級座號2],3)			
	D	E	F	G	H	I	J
1	姓名	身分證號	出生年月日	畢業國中	班級	班級座號	住址
2	武嵋嵋	C100000290	1984-02-18T00:00:00.000	台中市市立中正國中畢業	101	0101	台中市龍井區通明街53巷7號
3	邵金瑜	C200000309	1984-02-17T00:00:00.000	台中市市立建德國中修業	101	0102	台中市豐原區國安路30巷6號1F
4	邱惠朗	C100000316	1984-01-13T00:00:00.000	台中市市立信義國中畢業	101	0103	台中市霧峰區深澳坑路13-1號

5. 選取：A1 儲存格，插入 → 樞紐分析表

   設定樞紐分析表為「古典式」，將新工作表更名為【2-2】表

6. 依序勾選、拖曳欄位如下圖：

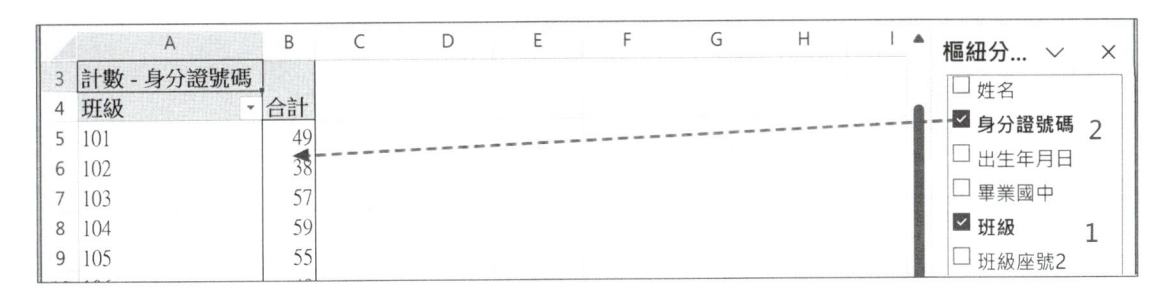

	A	B
3	計數 - 身分證號碼	
4	班級	合計
5	101	49
6	102	38
7	103	57
8	104	59
9	105	55

   樞紐分...
   ☐ 姓名
   ☑ 身分證號碼　2
   ☐ 出生年月日
   ☐ 畢業國中
   ☑ 班級　1
   ☐ 班級座號2

   解說

   「身分證號碼」是文字資料，將它拖曳至值欄位是無法進行加總的，系統便會執行「計數」（計算筆數），101 班 49 個身分證號代表 49 個人。

7. 新增【2-3】表

   複製【2-1】表 A4:E14 範圍，貼至【2-3】表 A1 儲存格

   編輯第 1 列欄位名稱，結果如下圖：

	A	B	C	D	E
1	班級	事假	病假	公假	曠課
2	101	59	59	21	37
3	102	18	16	32	32
4	103	73	72	32	38

8. 複製【2-2】表 B4:B14 範圍，貼至【2-3】表 I1 儲存格，結果如下圖：

	A	B	C	D	E	...	I
1	班級	事假	病假	公假	曠課		合計
2	101	59	59	21	37		49
3	102	18	16	32	32		38
4	103	73	72	32	38		57

9. 在 F1 儲存格輸入：「到課率」

   在 F2 儲存格輸入運算式，設定格式：百分比、小數 2 位，向下填滿

   結果如下圖：

   F2　fx　=(156*I2-B2-C2-D2-E2)/(156*I2)

	A	B	C	D	E	F	...	I
1	班級	事假	病假	公假	曠課	到課率		合計
2	101	59	59	21	37	97.70%		49
3	102	18	16	32	32	98.35%		38
4	103	73	72	32	38	97.58%		57

> **解說**

到課率 = (156 x 人數 – 事假 – 病假 – 公假 – 曠課) / (156 x 人數)

10. 在 G1 儲存格輸入：「名次」

    在 G2 儲存格輸入運算式，向下填滿，結果如下圖：

	A	B	C	D	E	F	G	H	I
1	班級	事假	病假	公假	曠課	到課率	名次		合計
2	101	59	59	21	37	97.70%	7		49
3	102	18	16	32	32	98.35%	6		38
4	103	73	72	32	38	97.58%	8		57

G2 =RANK(F2, F$2:F$11)

> **解說**

F2 是「個體」，F2:F11 是「整體」，每一個「個體」跟「整體」進行比較產生排名，運算式向下填滿時，每一個個體是向下移動的（F2 → F3 → F4...），但整體必須固定在 2~11 列，因此：F2:F11 → F$2:F$11。

關鍵檢查

● 104：一定死、51 → 過半、4 → 再死一次。

	A	B	C	D	E	F	G	H	I
1	班級	事假	病假	公假	曠課	到課率	名次		合計
2	101	59	59	21	37	97.70%	7		49
3	102	18	16	32	32	98.35%	6		38
4	103	73	72	32	38	97.58%	8		57
5	104	51	36	26	24	98.51%	4		59
6	105		35	44	2	25	98.76%	2		55

▶ 附件三

報表類型：統計圖，資料來源：【2-3】。

1. 新增【3-1】表

2. 選取【2-3】表
   複製 A1:E1、A5:E5 範圍
   貼至【3-1】表 A1 儲存格，如右圖：

	A	B	C	D	E
1	班級	事假	病假	公假	曠課
2	104	51	36	26	24
3	105	35	44	2	25
4	106	28	45	21	20
5	107	22	36	22	18

3. 選取 A1 儲存格
   插入 → 直條圖或橫條圖
   　　選取：群體平面橫條圖
   圖表設計 → 移動圖表
   　　選取：新工作表 Chart1
   圖表設計 → 快速版面配置
   　　選取：版面配置 8

4. 在圖表區空白處按右鍵：字型，設定如下：
   英文：Times New Roman，中文：新細明體，12 pt

解說

請注意看！上圖的「垂直軸」項目應與「圖例」對調。

5. 圖表設計 → 切換列欄
   結果如右圖：

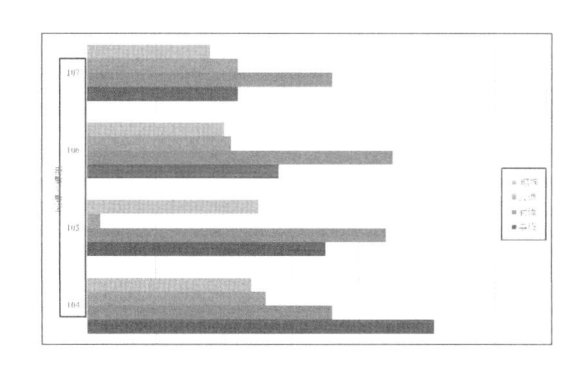

6. 輸入圖表標題文字：「三月份各班曠缺課統計圖」
   設定：新細明體、16 pt、斜體、外框線、右下陰影

7. 輸入水平軸標題：「節數」，設定：14 pt
   輸入垂直軸標題：「班級」，設定：14 pt、方向 → 垂直
   設定圖例：外框線、10 pt

8. 設定：水平軸 → 斜體，垂直軸 → 斜體

2-251

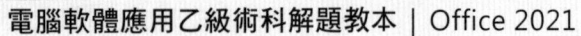

9. 在水平軸上連點 2 下
   設定水平軸：
   　　最大值：100.0

10. 點選：新增項目鈕
    取消：格線，選取：資料標籤
11. 分別設定 4 組資料標籤：10 pt
12. 設定繪圖區：外框線
    設定圖表區：外框線

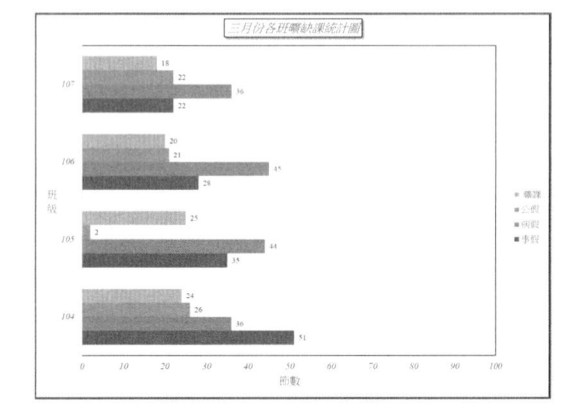

關鍵檢查

- 如上圖：104 課最下方 51，51 過半一定死！

附件四

報表類型：資料篩選，資料來源：【DATA-1】。

1. 新增【4-1】表
   複製【DATA-1】表所有內容，貼至【4-1】表 A1 儲存格（貼上選項：123）

2. 根據附件四報表內容，只保留以下欄位：

	A	B	C	D	E	F	G
1	姓名	班級座號	住址		家長	操行成績	
2	譚琇怡	10801	台中市和平區崇德路218-12號3F		譚萬福	67	
3	蘇琬鈺	10802	台中市東勢區麥金路458號 之4五樓		蘇仲信	76	
4	顧美芳	10803	南投縣國姓鄉仁五路3號3F		顧新章	74	
5	龔雅貞	10804	台中市烏日區復興街50巷23號		龔朝玉	78	
6	丁婉禎	10805	台中市神岡區崇德路85-12號地下2F		丁明正	74	

3. 刪除「108」班以外所有列

4. 選取：E1 儲存格，資料 → 遞增排序
   刪除操行成績低於 65 分所有列，參考下圖：

	A	B	C	D	E	F	G
1	姓名	班級座號	住址		家長	操行成績	
2	於淑珍	10830	台中市神岡區忠孝路131巷11弄4號5F		於 書	60	
3	余欣妮	10820	台中市太平區通仁路20巷46號		余美華	64	
4	宋彥蓉	10823	台中市石岡區開元路104-1號2F		宋陳鎬	64	
5	武怡琴	10833	台中市梧棲區劉銘傳路110 巷34號2F		武啟輝	64	
6	杜慧玲	10825	台中市沙鹿區調和街17 8號3F		杜文田	66	
7	譚琇怡	10801	台中市和平區崇德路218-12號3F		譚萬福	67	

5. 選取：B1 儲存格，資料 → 遞增排序：

	A	B	C	D	E	F	G
1	姓名	班級座號	住址		家長	操行成績	
2	余欣妮	10820	台中市太平區通仁路20巷46號		余美華	64	
3	宋彥蓉	10823	台中市石岡區開元路104-1號2F		宋陳鎬	64	
4	於淑珍	10830	台中市神岡區忠孝路131巷11弄4號5F		於 書	60	
5	武怡琴	10833	台中市梧棲區劉銘傳路110 巷34號2F		武啟輝	64	

關鍵檢查

- 上圖：20、23、30、33，4404。

> **解說**
>
> 題目並未規定信件列印排序規則，上面的排序動作只為關鍵檢查。

▶ 附件五

報表類型：統計圖，資料來源：【2-3】。

1. 新增【5-1】表
2. 選取【2-3】表
   複製 A1:E1、A10:E10 範圍
   貼至【5-1】表 A1 儲存格，如右圖：

3. 選取 A1 儲存格
   插入 → 圓形圖或環圈圖
       選取：立體圓形圖
   圖表設計 → 快速版面配置
       選取：版面配置 1

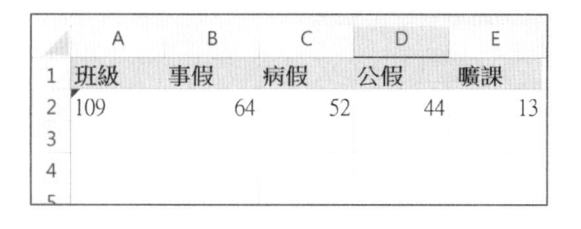

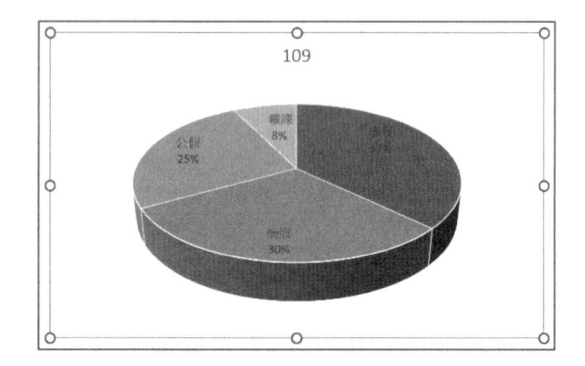

4. 在圖表區空白處按右鍵：字型，設定如下：
   英文：Times New Roman，中文：新細明體，12 pt

5. 輸入圖表標題：「109 班假別比例圖」
   設定：新細明體、14 pt、斜體
   設定：外框線、右下陰影

6. 在資料標籤上連點 2 下
   設定數值：
       百分比
       小數位數：1 位

7. 將 4 個資料標籤拖曳至圖形外
8. 設定圖表區：外框線

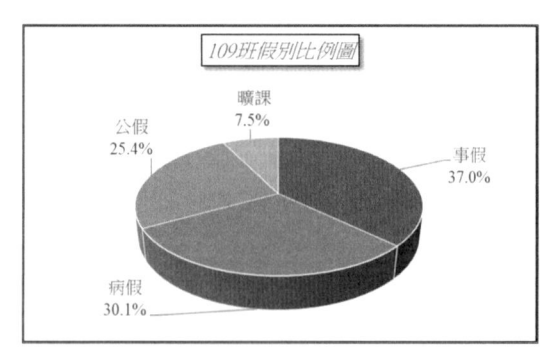

關鍵檢查

- 30.1% → 美國 301 條款！

2-254

Word 解題

▶ 附件一

1. 複製【1-2】表內容，貼至〔1-1〕文件

2. 按 Ctrl + A：全選，常用 → 字型，設定如下：
   中文字型 → 新細明體、字型 → Times New Roman、字型樣式：標準、12 pt

3. 選取表格，取消：框線，取消：網底
   表格版面配置 → 自動調整 → 自動調整成視窗大小，結果如下圖：

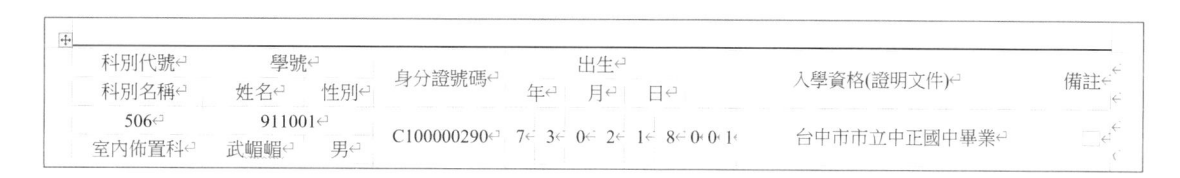

4. 選取：第 1~5 列，按滑鼠右鍵 → 插入 → 插入上方列

5. 表格版面配置 → 分割儲存格 → 26 欄
   輸入標題文字，設定：20 pt、英數字：細外框線
   設定 2~4 列外框線：2 1/4 pt，結果如下圖：

6. 設定第 6 列至表格底端：所有框線

7. 選取：1~8 列，表格版面配置 → 重複標題列，結果如下圖：

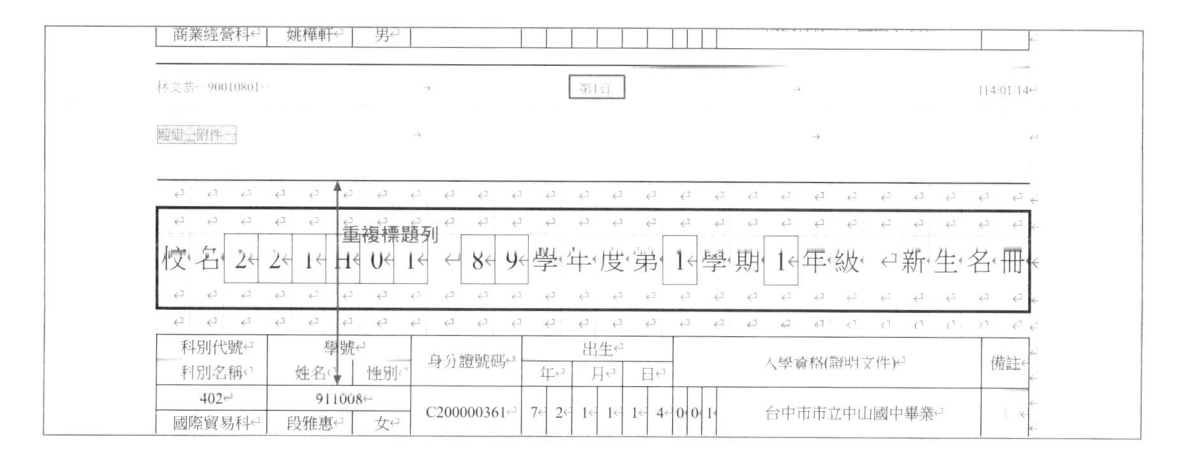

解說

題目規定一頁 7 筆資料，因此第二頁開頭必須是 911008，若不是，就以調整「列高」方式強制符合題目規範。

▶ 附件二

1. 複製【2-3】表內容，貼至〔1-2〕文件

班級	事假	病假	公假	曠課	到課率	名次
101	59	59	21	37	97.70%	7
102	18	16	32	32	98.35%	6
103	73	72	32	38	97.58%	8

2. 按 Ctrl + A：全選，常用 → 字型，設定如下：
   中文字型 → 新細明體、字型 → Times New Roman、字型樣式：標準、12 pt

3. 選取整個表格，取消：框線，取消：網底
   表格版面配置 → 自動調整 → 自動調整成視窗大小
   設定所有欄位：置中對齊，結果如下圖：

班級	事假	病假	公假	曠課	到課率	名次
101	59	59	21	37	97.70%	7
102	18	16	32	32	98.35%	6
103	73	72	32	38	97.58%	8

4. 選取：1~2 列
   按右鍵 → 插入上方列
   合併第 1 列儲存格
   設定：置中對齊
   輸入標題文字
   設定：18 pt、斜體、底線
   設定表格資料框線，結果如右圖：

▶ 附件三

1. 複製【chart-1】表統計圖
   貼至〔1-3〕文件

2. 向右拖曳圖片右邊線
      → 圖與頁面等寬

3. 向上拖曳圖片下邊線
      → 圖位於頁面下邊線上方
   結果如右圖：

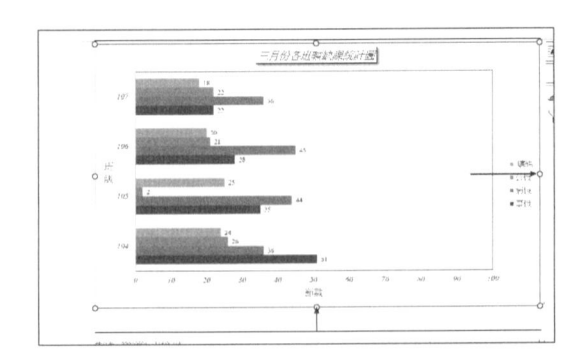

2-256

▶ 附件四

- 此附件為合併列印：信件，資料來源若為 Word 表格，解題時將可免除疑難雜症。

1. 建立新文件〔1-4-DATA〕（儲存於桌面）
   複製【4-1】表內容，貼至〔1-4-DATA〕文件

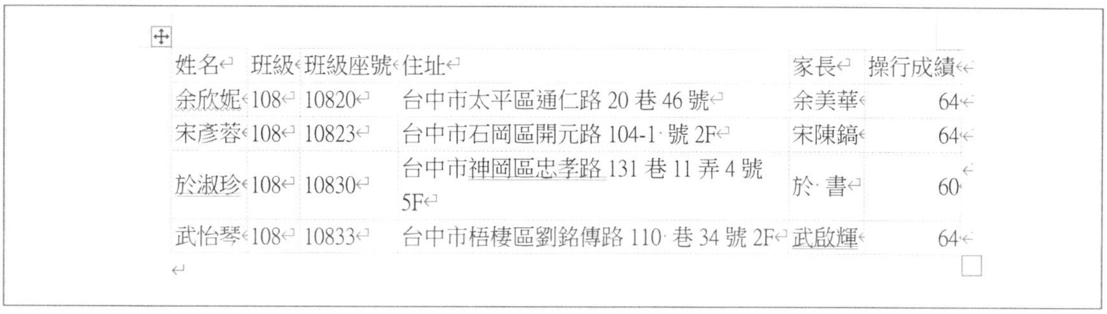

姓名	班級	班級座號	住址	家長	操行成績
余欣妮	108	10820	台中市太平區通仁路 20 巷 46 號	余美華	64
宋彥蓉	108	10823	台中市石岡區開元路 104-1 號 2F	宋陳鎬	64
於淑珍	108	10830	台中市神岡區忠孝路 131 巷 11 弄 4 號 5F	於 書	60
武怡琴	108	10833	台中市梧棲區劉銘傳路 110 巷 34 號 2F	武啟輝	64

2. 開啟〔1-4〕文件，插入 → 物件 → 文字檔：LETTER.ODT

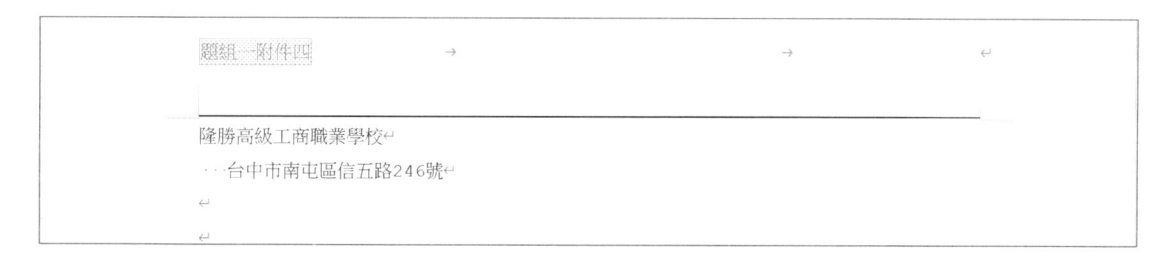

   題組一附件四

   隆勝高級工商職業學校
   　台中市南屯區信五路246號

3. 郵件 → 啟動合併列印 → 信件
   郵件 → 選取收件者 → 桌面\1-4-DATA
   郵件 → 合併欄位，結果如下圖：

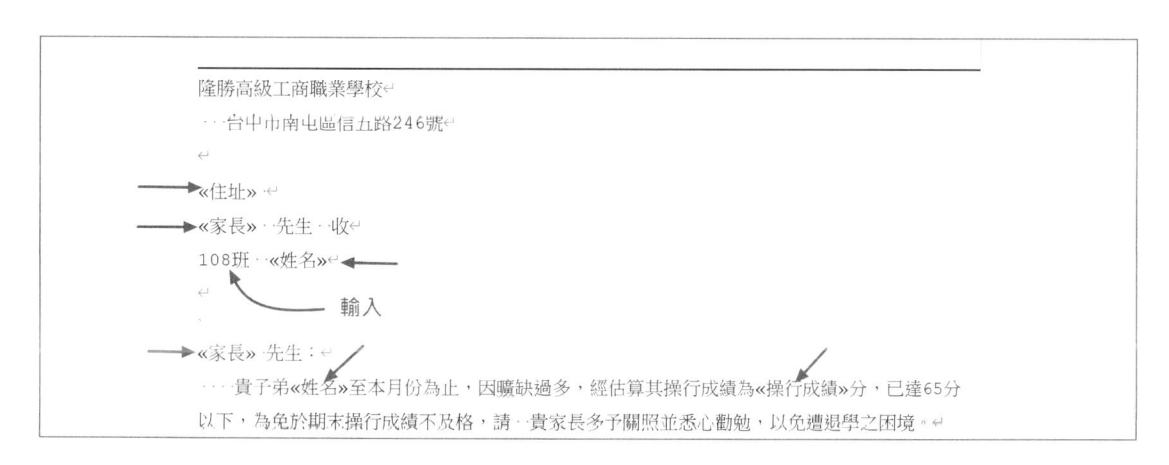

   隆勝高級工商職業學校
   　台中市南屯區信五路246號

   →《住址》
   →《家長》 先生 收
   108班　《姓名》 ←
   　　　　　輸入

   →《家長》 先生：
   　貴子弟《姓名》至本月份為止，因曠缺過多，經估算其操行成績為《操行成績》分，已達65分以下，為免於期末操行成績不及格，請　貴家長多予關照並悉心勸勉，以免遭退學之困境。

4. 按 Ctrl + A：全選，常用 → 字型，設定如下：
   中文字型 → 新細明體、字型 → Times New Roman、字型樣式：標準、12 pt

5. 設定局部文字格式,如下圖:

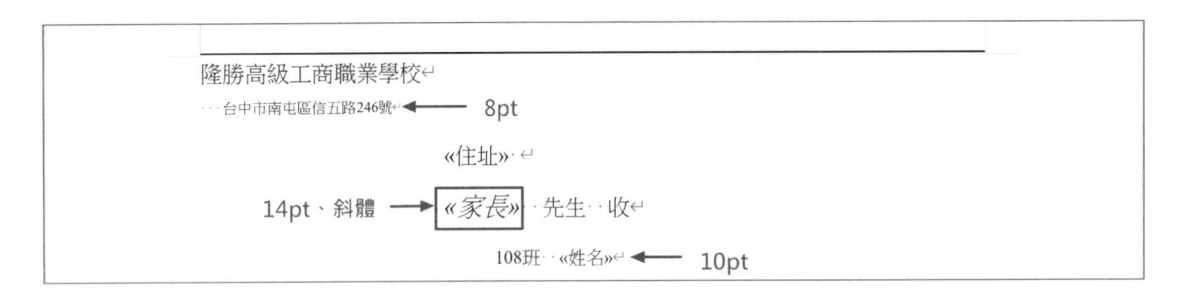

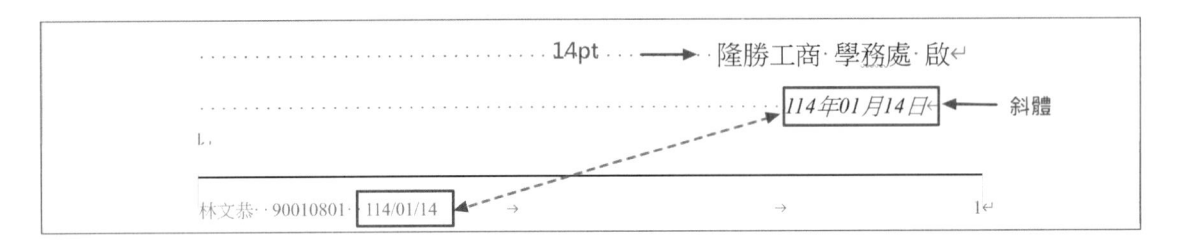

```
                隆勝高級工商職業學校
                  台中市南屯區信五路246號  ← 8pt
                        «住址»
   14pt、斜體  →  《家長》 先生 收
                     108班 «姓名»  ← 10pt
```

```
        14pt  →  隆勝工商 學務處 啟
                        114年01月14日  ← 斜體
        林文恭 90010801  114/01/14          1
```

解說

「住址」、「家長」列左方以空白鍵將文字向右推,目測距離即可。

信件下方的日期必須為考試當天日期,與頁尾日期一致。

6. 郵件 → 預覽結果,請參考下圖:

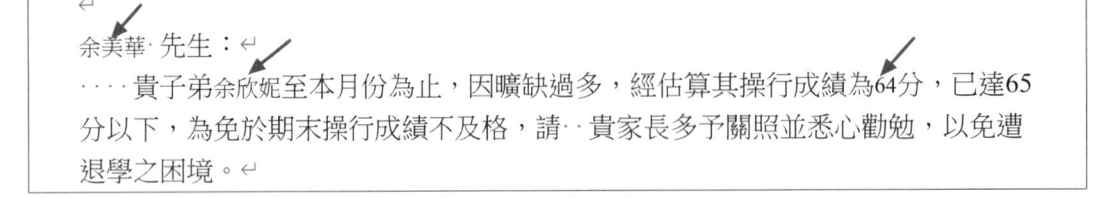

```
   余美華 先生:
    貴子弟余欣妮至本月份為止,因曠缺過多,經估算其操行成績為64分,已達65
   分以下,為免於期末操行成績不及格,請 貴家長多予關照並悉心勸勉,以免遭
   退學之困境。
```

解說

上圖插入欄位的字體明顯縮小。

7. 版面配置 → 版面設定 → 設定字型
   中文字型 → 新細明體、字型 → Times New Roman、字型樣式:標準、12 pt

```
   余美華 先生:
    貴子弟余欣妮至本月份為止,因曠缺過多,經估算其操行成績為64分,已達
   65分以下,為免於期末操行成績不及格,請 貴家長多予關照並悉心勸勉,以免
   遭退學之困境。
```

解說

上圖插入欄位的字體恢復正常。

8. 刪除「家長姓名」上方一個空白列，參考下圖：

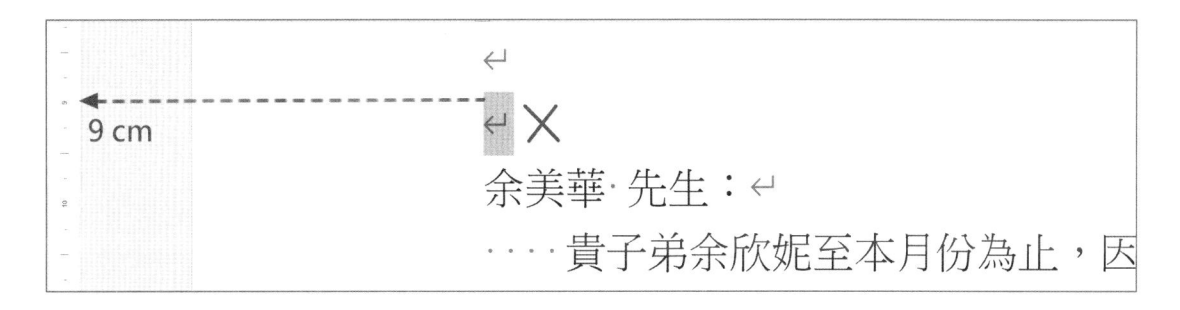

解說

題目規定：信函…距頁緣約 12 公分。

扣除頁首 3 公分，因此刪除一空白列後，信函開始位置為 9 公分。

9. 郵件 → 完成與合併 → 編輯個別文件 → 全部

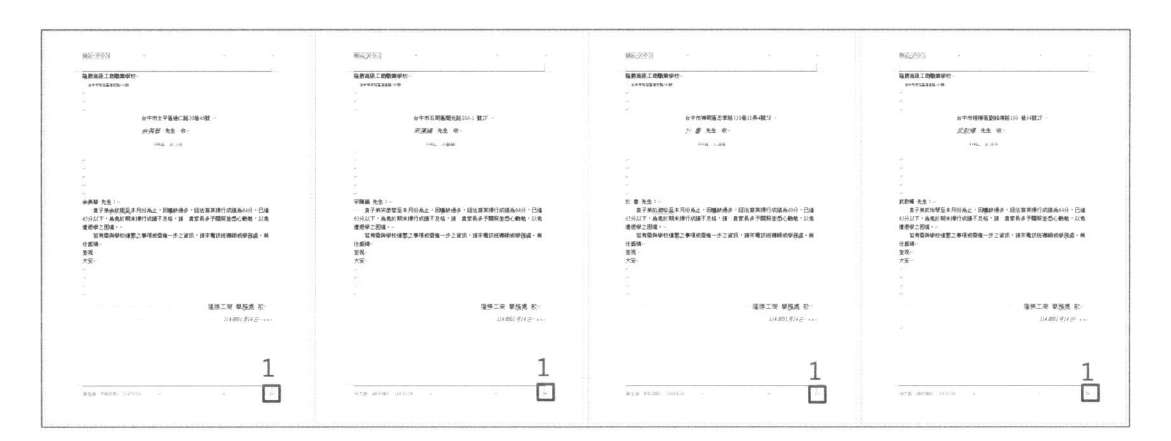

解說

總共產生 4 頁內容，但每一頁的頁碼都是 1。

原因：每一封信件之間系統是以「分節符號」進行分隔。

2-259

10. 常用 → 尋找及取代
    設定如右圖：

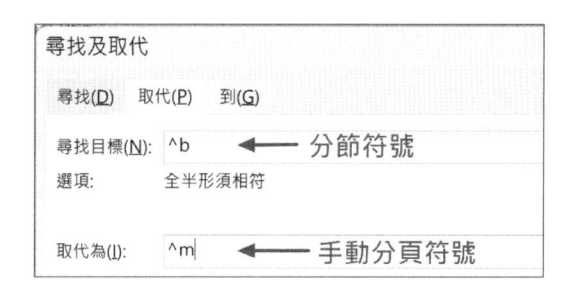

● 完成結果正確如下圖：

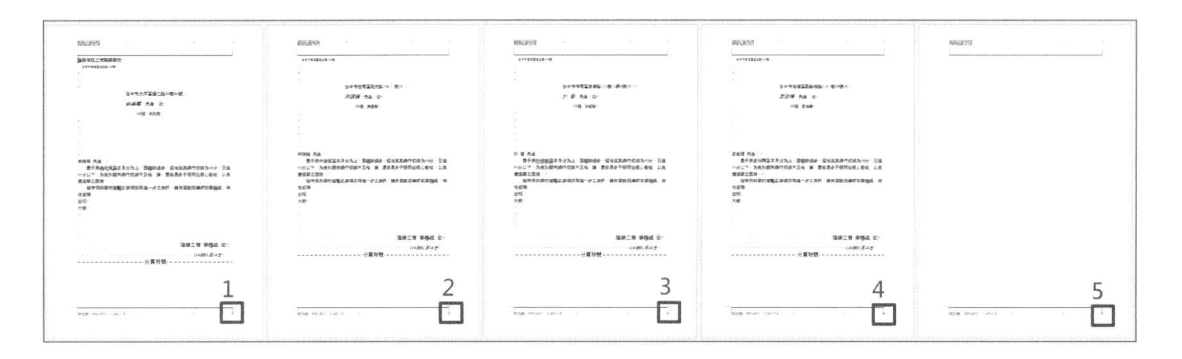

11. 按存檔鈕，命名為：1-4-結果（儲存於桌面）

▶ 附件五

● 假設抽到文書檔：YR6.ODT，圖片檔：PIF7.BMP

1. 開啟〔1-5〕文件，匯入 YR6.ODT、刪除多餘段落、內文格式設定
   （請參考：Word 基礎教學）

2. 複製【5-1】表圓形圖，貼至〔1-5〕文件（貼上選項：圖片）
   設定統計圖：版面配置 → 文繞圖 → 矩型
   拖曳圖片位置：上邊線第 2 段落貼齊、左邊線與頁面左側文字貼齊
   調整圖片大小：高 → 7 列、寬 → 圖右側 14 個中文字，如下圖：

術科試題及解題程序

由於網路的盛行及資料處理的日益龐大，高容量儲存設備也就成為各家廠商兵家必爭之地。目前無論是磁帶機、硬碟，或光碟機，無不朝向體積縮小、容量加大，而價格卻降低的方向發展。對使用者而言，這不啻為一大福音。

硬碟除容量成長外，最大的優點是它的速度及適用環境，速度快是使用者津津樂道的；一提到儲存設備的速度，一般大眾均會和硬碟比較一下，往往是硬碟勝於一切儲存體。但每一種儲存設備均有它存在的市場因素，而在適用環境上，硬碟是現今應用環境最廣的電腦設備，幾乎是缺它不可。電腦系

（第2段，7列，14字）

- 完成結果如下圖：

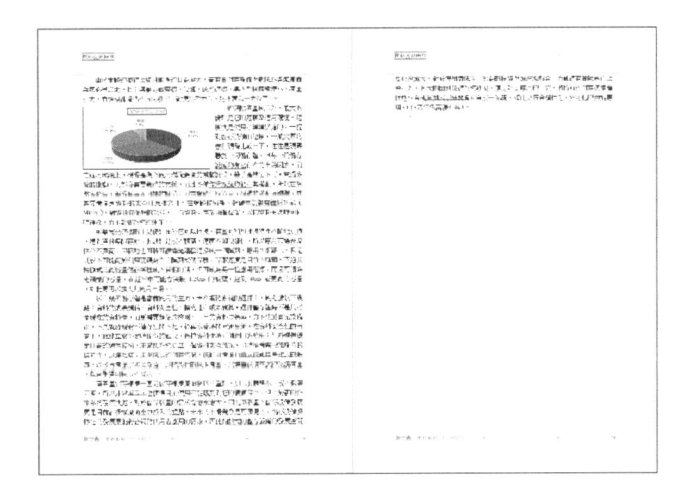

2-261

校名 [2][2][1][H][0][1] [8][9] 學年度第 [1] 學期 [1] 年級　新生名冊

科別代號 科別名稱	學號 姓名	性別	身分證號碼	出生 年　月　日	入學資格(證明文件)	備註
506 室內佈置科	911001 武啪啪	男	C100000290	73　02　18　001	台中市市立中正國中畢業	
401 商業經營科	911002 邵金瑜	女	C200000309	73　02　17　004	台中市市立建德國中修業	
402 國際貿易科	911003 邱惠朗	男	C100000316	73　01　13　001	台中市市立信義國中畢業	
404 資料處理科	911004 金惠粤	男	C100000325	73　02　11　004	台中市市立中正國中修業	
503 幼兒保育科	911005 侯保貴	男	F100000337	74　02　09　004	南投縣縣立雙溪國中修業	
504 美容科	911006 姜陵贏	男	F100000346	72　10　23　004	台中市市立信義國中修業	
401 商業經營科	911007 姚樺軒	男	F100000355	73　07　14　001	南投縣縣立汐止國中畢業	

校名 [2][2][1][H][0][1]　[8][9] 學年度第 [1] 學期 [1] 年級　新生名冊

科別代號			身分證號碼	出生				入學資格(證明文件)	備註
科別名稱	學號 姓名	性別		年	月	日			
402	9-1008		C200000361	72	11	14	001	台中市市立中山國中畢業	
國際貿易科	段雅蕙	女							
404	9-1009		F200000375	73	10	06	004	台中市市立忠孝國中修業	
資料處理科	胡千慧	女							
503	911010		C200000381	73	06	22	001	台中市市立中山國中畢業	
幼兒保育科	范佳薇	女							
504	911011		C200000390	73	08	30	004	台中市市立信義國中修業	
美容科	唐珮菁	女							
506	911012		C100000405	72	12	15	001	台中市市立中山國中畢業	
室內佈置科	夏欣怡	男							
401	911013		C200000416	73	06	02	004	台中市市立中正國中修業	
商業經營科	孫柔君	女							
402	911014		C200000425	73	04	20	001	台中市市立百福國中畢業	
國際貿易科	徐文芳	女							

林文恭　90010801　第 2 頁　100/05/25

全年級三月份到課率統計表

班級	事假	病假	公假	曠課	到課率	名次
101	59	59	21	37	97.70%	7
102	18	16	32	32	98.35%	6
103	73	72	32	38	97.58%	8
104	51	36	26	24	98.51%	4
105	35	44	2	25	98.76%	2
106	28	45	21	20	98.48%	5
107	22	36	22	18	98.66%	3
108	24	10	12	18	99.05%	1
109	64	52	44	13	97.36%	9
110	56	77	57	32	96.53%	10

林文恭　90010801　100/05/25

題組一附件三

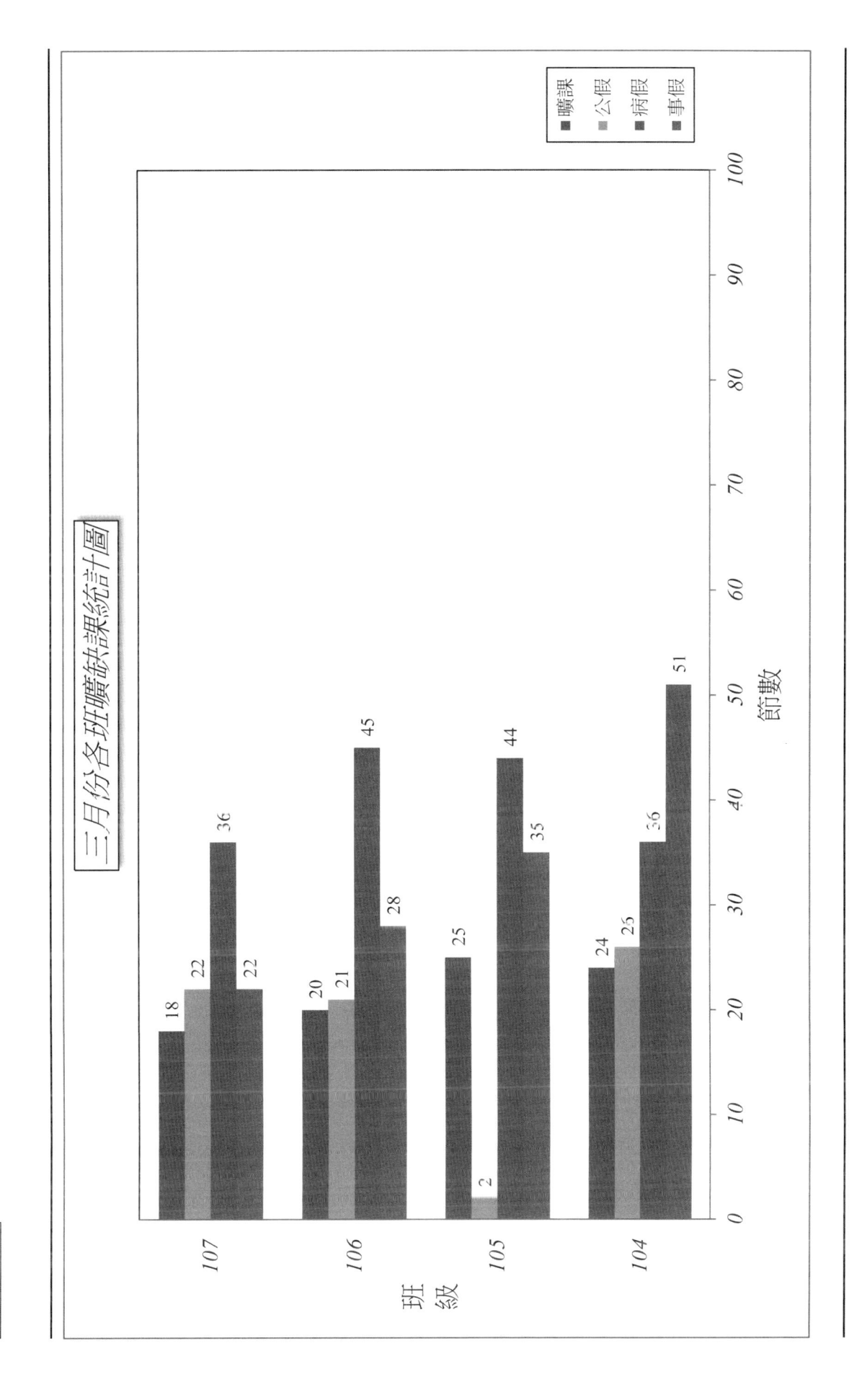

三月份各班曠缺課統計圖

班級	曠課	公假	病假	事假
107	18	22	36	22
106	20	21	45	28
105	25	2	44	35
104	24	25	36	51

(單位：節數)

題組一附件四

隆勝高級工商職業學校
台中縣信五路 246 號

台中縣太平市通仁路 20 巷 46 號

余美華 先生　收

108 班　余欣妮

余美華 先生：

　　貴子弟余欣妮至本月份為止，因曠缺過多，經估算其操行成績為 64 分，已達 65 分以下，為免於期末操行成績不及格，請　貴家長多予關照並悉心勸勉，以免遭退學之困境。

　　若有需與學校連繫之事項或需進一步之資訊，請來電該班導師或訓導處。無任感禱
並祝
大安

隆勝工商 訓導處 啟

100 年 05 月 25 日

題組一附件四

隆勝高級工商職業學校
台中縣信五路 246 號

台中縣石岡鄉開元路 104-1 號 2F

宋陳鎬 先生　收

108 班　宋彥蓉

宋陳鎬 先生：
　　貴子弟宋彥蓉至本月份為止，因曠缺過多，經估算其操行成績為 64 分，已達 65 分以下，為免於期末操行成績不及格，請　貴家長多予關照並悉心勸勉，以免遭退學之困境。
　　若有需與學校連繫之事項或需進一步之資訊，請來電該班導師或訓導處。無任感禱
並祝
大安

隆勝工商　訓導處　啟

100 年 05 月 25 日

林文恭　90010801　100/05/25

面對辦公環境之空間愈來愈小的情況下，購置任何一項應用產品不但需考量其功能，對於其外型設計美觀、輕巧、不佔空間的要求也愈來愈重要。

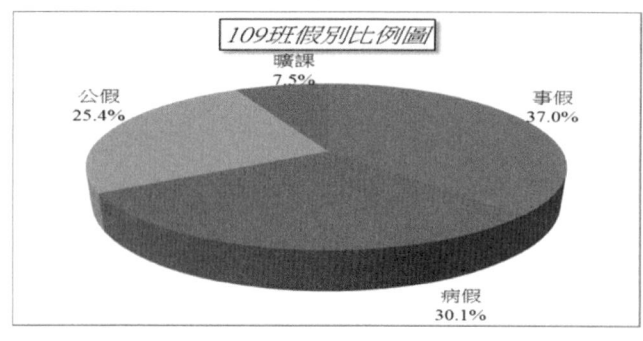

對於電腦網路，一般人大多著重於它的速度、效率，或是網管系統，至於在網管中常常被忽略的便是網路纜線系統的管理。在傳統配線系統作業中，一旦要改變纜線配置，就必須直接至 Patch Panel 配線間去做手動跳接或調整的工作。如果在系統中沒有做好纜線記錄或管理，管理上便非常麻煩。

在現有數位架構的任一時間點，Mediaplex NVOD 系統能夠讓有線電視公司播映電影與付費節目。同時它們也針對一部電影緊密交錯的調度分配，提供節目高度的彈性，種類繁多的電影節目能在播映之間取得更多的延擱時間，或採取兩片合映的策略。

另有一種選用的解碼工作站，可以提供使用者能夠將自己的內容加以數位化。一旦數位化，電影的內容便成為一種電腦檔案，可以使用傳統的資料網路連線系統，將檔案依特定方向轉至當地或遠距的視訊伺服器上。

過去企業網路常只用來處理檔案及列印服務，然而網路的角色已隨著企業環境的改變而有了不同的需求。匯豐電腦科技日前推出網路傳真伺服器，以應付企業日益龐大的傳真業務。

目前網際網路之搜索與索引技術速度甚慢是由於受到 32 位元技術之束縛，使用者未能獲得整體網路中提供之全部資料，而且會常常遺漏整份文件，而超級蜘蛛式網路可建立一個蜘蛛窩網路，掃描整體全球網路，其第二代軟體能在翻閱網路之同時編列索引，能索引每一份文件中之每一個字。

超級蜘蛛式網路之搜索機能使網路用戶以尋找片語及指定關鍵字之方式獲得特定而正確之資料。利用靈敏度高之資料組，可以搜索文件中之題目或其他部分，配合迪吉多之 64 位元伺服器 Alpha 電腦，可以克服傳統蜘蛛式網路在索引技術中所受之限制。

超級蜘蛛式網路每日能掃描首頁 250 萬次以上，在掃描的過程中能翻閱網路中的每一頁及編列每一字之索引。此種技術適用於市場研究，因其具有正確之搜索能力，使用者能立即確定連結程式之正確號碼，又可以在其他之網路位置獲得首頁之資料。

技術士技能檢定電腦軟體應用乙級術科解題教本｜Office 2021

作　　　者	：林文恭
企劃編輯	：郭季柔
文字編輯	：王雅雯
設計裝幀	：張寶莉
發 行 人	：廖文良

發 行 所	：碁峰資訊股份有限公司
地　　　址	：台北市南港區三重路 66 號 7 樓之 6
電　　　話	：(02)2788-2408
傳　　　真	：(02)8192-4433
網　　　站	：www.gotop.com.tw
書　　　號	：AER062300
版　　　次	：2025 年 05 月初版
建議售價	：NT$450

商標聲明：本書所引用之國內外公司各商標、商品名稱、網站畫面，其權利分屬合法註冊公司所有，絕無侵權之意，特此聲明。

版權聲明：本著作物內容僅授權合法持有本書之讀者學習所用，非經本書作者或碁峰資訊股份有限公司正式授權，不得以任何形式複製、抄襲、轉載或透過網路散佈其內容。
版權所有．翻印必究

本書是根據寫作當時的資料撰寫而成，日後若因資料更新導致與書籍內容有所差異，敬請見諒。若是軟、硬體問題，請您直接與軟、硬體廠商聯絡。

國家圖書館出版品預行編目資料

技術士技能檢定電腦軟體應用乙級術科解題教本｜Office 2021 /
林文恭著 -- 初版 -- 臺北市：碁峰資訊, 2025.05
　　面　；　公分
ISBN 978-626-425-057-3(平裝)
1.CST：OFFICE 2021(電腦程式)　2.CST：問題集
312.49O4　　　　　　　　　　　　　　　114003896